Hermann Hundeshagen

Der Schmied am Amboß

Hermann Hundeshagen

Der Schmied am Amboß

Ein praktisches Lehrbuch für alle Schmiede

EDITION libri rari

Verlag Th. Schäfer
Hannover

Reprint nach der 8. Auflage aus dem Jahre 1989,

seinerzeit unter dem Titel „Kleinschmiede, Arbeitsmittel und Verfahren“

im VEB Verlag Technik Berlin erschienen.

Mit freundlicher Genehmigung

des Autors Hermann Hundeshagen, Legenfeld unterm Stein

ISBN 3-88746-430-3

Best.-Nr. 2226

Gesamtherstellung

primedia Th. Schäfer GmbH, Hannover

Vorwort

„Der Schmied am Amboß“ erschien in erster Auflage 1971 in Ost-Berlin; das außerordentlich erfolgreiche Buch erlebte acht (unveränderte) Auflagen, die letzte erschien unter dem Titel „Kleinschmiede – Arbeitsmittel und Verfahren“ kurz vor der Wende im Jahre1989.

Bei diesem einzigartigen Grundlagenwerk handelt es sich um eines der technisch-handwerklichen Lehrbücher für Facharbeiter, die in der DDR erschienen und – abseits jeder Ideologie verfaßt – von herausragender Qualität waren. Solche Werke sind heute im Original sehr rar und deswegen antiquarisch vielfach gesucht. In Fachkreisen wurde immer wieder eine neue Auflage gefordert, denn in der Tat gibt es derzeit keinen Titel zum Thema Schmieden, der in so kompakter Art und Weise das gesamte berufliche Wissen des Schmiedes, Schlossers und Schiffsbetriebsschlossers darstellt.

„Der Schmied am Amboß“ ist auch deswegen so interessant und besonders, weil – bedingt durch die wirtschaftliche Lage in Ostdeutschland – in dem Buch Vorgehensweisen beschrieben sind, die genauso bereits im alten Handwerk galten, jedoch in den hochtechnisierten westlichen Ländern mit ihrer Überflußgesellschaft zum großen Teil in Vergessenheit geraten waren. Auf eine kurze Formel gebracht – das Werk beschreibt jahrhundertealte Techniken in zeitgemäßer Form und auf unsere moderne Industriegesellschaft ausgerichtet; der Stoff ist logisch aufgebaut, leicht verständlich und absolut praxistauglich dargestellt.

Zunächst werden Arbeitsmittel, die Einrichtung der Werkstatt sowie die Schmiedewerkzeuge beschrieben. Der folgende Abschnitt befaßt sich mit den Schmiedeverfahren, dem Umformen, Trennen und Fügen. Zuletzt werden Änderungen der Stoffeigenschaft und die Werkstoffprüfung abgehandelt. Die einzelnen Stoffgebiete sind umfassend dargestellt. Zahlreiche Illustrationen, überwiegend Zeichnungen, veranschaulichen den Text, wobei komplette Bildreihen Arbeitsabläufe vermitteln.

Um die Übersichtlichkeit des Stoffes zu erhöhen, wurden Kennmarken verwendet. Ihre Form kennzeichnet

● Regeln und Hinweise für die praktische Arbeit

■ Aufzählungen von Typen, Eigenschaften usw.

▲ Aufgabenbeispiele

▮ Merksätze.

„Der Schmied am Amboß“ ist unentbehrlich für jeden Schmied, der sein Handwerk berufsmäßig oder als Liebhaberei betreibt!

Der Verlag

In diesem Lehrbuch werden folgende physikalisch-technischen Einheiten nach dem Internationalen Einheitensystem (SI) verwendet:

Art	Einheit			Umrechnung	
	neu	Benennung	alt	genau	gerundet
Druck	MPa	Megapascal	at	1 at = 0,0981 N/mm² = 0,0981 MPa	0,1 N/mm² 0,1 MPa
Festigkeit			kp/mm²	1 kp/mm² = 9,81 N/mm² = 9,81 MPa	10 N/mm² 10 MPa
			kp/cm²	1 kp/cm² = 0,0981 N/mm² = 0,0981 MPa	0,1 N/mm² 0,1 MPa
Heizwert (spezifische Wärmekapazität)	$\frac{kJ}{kg \cdot K}$	$\frac{\text{Kilojoule}}{\text{Kilogramm} \cdot \text{Kelvin}}$	$\frac{kcal}{kg \cdot grd}$	$1 \frac{kcal}{kg \cdot grd} = 4{,}1868 \frac{kJ}{kg \cdot K}$	$4{,}19 \frac{kJ}{kg \cdot K}$
Kraft	N	Newton	kp	1 kp = 9,80665 N	10 N
Temperatur-differenz	K	Kelvin	grd	1 grd = 1 K	—
Wärmemenge	kJ	Kilojoule	kcal	1 kcal = 4,1868 kJ	4,19 kJ

Die in der Spalte „gerundet“ stehenden Werte liegen innerhalb einer Fehlergrenze von 2 % und sind für Berechnungen zugelassen.

Inhaltsverzeichnis

1. Entwicklung, Bedeutung und Begriff des Schmiedens

1.1. Entwicklung und Bedeutung

Schmieden ist eines der ältesten Verfahren der Metallbearbeitung. Der Beruf des Schmieds hat somit eine Geschichte von mehreren tausend Jahren. Wegen seiner Fähigkeiten und seines Anteils an der Verbesserung der Arbeits- und Lebensbedingungen der Gesellschaft wurde der Schmied stets geachtet. Im Verlauf der Entwicklung wurde eine Spezialisierung erforderlich. Es entstanden Berufe wie Huf- und Wagenschmied, Kunstschmied, Werkzeugschmied, Messerschmied, Federschmied und andere. Auch viele artverwandte Berufe gingen aus dem Schmiedeberuf hervor.

Die ständige Entwicklung der Produktionsmittel und der Bedürfnisse forderten auch vom Schmied, sich immer wieder neuen Bedingungen anzupassen. Sie führten zu einer recht unterschiedlichen Entwicklung der Arbeitsgebiete und der Produktionseinrichtungen der einzelnen Schmiedebetriebe. Einige Handwerksbetriebe entwickelten sich zu Industriebetrieben.

Im Verlauf des bisherigen wissenschaftlich-technischen Fortschritts wurden produktive Umformverfahren, wie Walzen, Pressen, Prägen, Treiben, Ziehen, Genauschmieden, entwickelt. Das Schmieden bleibt jedoch für die Metallbearbeitung auch künftig ein geeignetes Verfahren, weil es hohe Festigkeit der Erzeugnisse bei geringem Werkstoffverlust gewährleistet. Die Produktion von Schmiedestücken ist weiterhin quantitativ und qualitativ zu erhöhen. Dazu sind die vorhandenen Kapazitäten voll auszulasten und dem Bedarf entsprechend zu erhöhen.

Die Tätigkeit des Schmieds erstreckt sich vorwiegend auf:

- Wartung, Pflege und Instandhaltung sowie teilweise Neuanfertigung von Maschinen und Geräten für die Landwirtschaft und Nahrungsgüterwirtschaft
- Kooperationsleistungen für Betriebe der Industrie, des Verkehrs und des Bauwesens
- Reparaturen und Dienstleistungen für die Bevölkerung.

Diese vielseitigen Aufgaben verlangen gefestigte Grundüberzeugungen sowie umfangreiche Kenntnisse, Fähigkeiten und Fertigkeiten.

1.2. Begriff

Schmieden ist ein Verfahren der Umformtechnik. Schmiedbare Metalle erfahren im glühenden Zustand durch Schlag oder Druck eine Formänderung. Im Vergleich zum Spanen hat das Schmieden zwei wesentliche Vorteile.
Es führt

zur Werkstoffeinsparung
zur Werkstoffverbesserung

und damit zur Steigerung der Arbeitsproduktivität.

1.2.1. Werkstoffverbesserung

Stahlblöcke enthalten in ihrem inneren Aufbau kleinste Hohlräume und Schlackeneinschlüsse. Diese werden bei der Weiterverarbeitung der Blöcke durch Walzen gestreckt. Es entstehen Werkstoffasern, die die Zugfestigkeit des Werkstücks quer zur Walzrichtung verringern. Die Schwächung des Werkstoffs wirkt sich besonders bei hochbeanspruchten Teilen aus, weil die Fasern zum Bruch führen können. Eine spanende Bearbeitung würde zu weiterer Schwächung des Teils führen, die um so stärker ist, je scharfkantiger die Werkstückübergänge geformt sind. An diesen Stellen werden die Fasern unterbrochen und die Haltbarkeit durch Kerbwirkungen herabgesetzt.

Durch Schmieden wird der Werkstoff verdichtet und das Gefüge verfeinert. Die Fasern folgen, besonders bei gebogenen oder durchgesetzten (gekröpften) Stücken, der Werkstückform. Sie sind nicht unterbrochen. Daduch werden Festigkeit und Elastizität erhöht. Geschmiedete Teile können darum stärker beansprucht werden als Teile, die durch spanende Formung hergestellt wurden.

Schmieden verbessert die technischen Eigenschaften des Stahls. Das Gefüge wird verfeinert, Festigkeit und Elastizität werden erhöht.

2. Arbeitsmittel der Kleinschmiede

Mit Arbeitsmitteln wirkt der Mensch auf Arbeitsgegenstände ein und verändert sie. Zu den Arbeitsmitteln zählen Maschinen, Geräte, Vorrichtungen, Apparate und Werkzeuge. Eine typische Arbeit des Schmieds ist das Warmumformen von Stahl. Zum Umformen, z. B. zum Kneten, benötigt er: Erwärmungseinrichtungen, Ambosse, Schmiedehämmer, Schmiedezangen, Stauch- und Biegemaschinen, Biegevorrichtungen, Rollapparate, Krafthämmer (Feder- und Lufthämmer) und Pressen. Ihr zweckgerechter Einsatz ist wichtig für die Steigerung der Arbeitsproduktivität. Für den sozialistischen Facharbeiter ergibt sich daraus eine Reihe von Möglichkeiten, Reserven zu erschließen und unserer Volkswirtschaft nutzbar zu machen.

2.1. Erwärmungseinrichtungen

Stahl ist ein Werkstoff, der im kalten Zustand schwer umformbar ist. Erwärmter Stahl läßt sich viel leichter umformen, weil sein Formänderungswiderstand klein ist. Das Erwärmen des Stahls erfolgt in Erwärmungseinrichtungen. Die wichtigste in der Kleinschmiede ist der Schmiedeherd (Bild 2.1).

Bild 2.1. Schmiedeherd

2.1.1. Schmiedeherd

Ein Schmiedeherd (Bild 2.2) besteht aus Gestell, Feuerschüssel, Gebläse und Rauchfang. Löschtrog und Kohlenbehälter sind vielfach im Herd eingebaut.

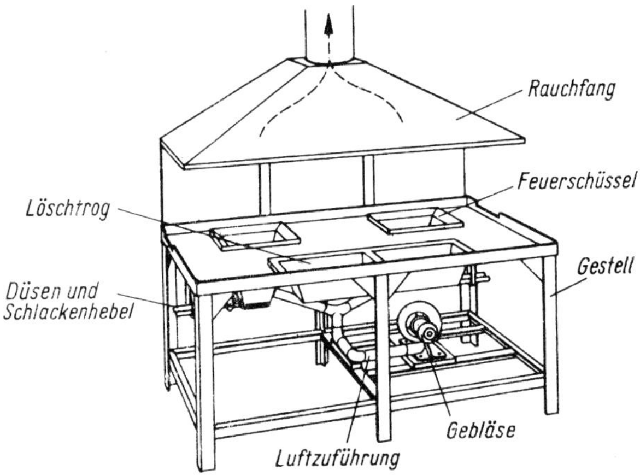

Bild 2.2
Teile am Schmiedeherd

2.1.1.1. *Feuerschüssel*

Die Feuerschüssel (Bild 2.3) besteht aus Grauguß. Zu ihr gehören die Schüssel mit Ringdüse und der Windkasten mit Luftleitung. Die Luftzufuhr wird über einen Hebel mit dem Kegelventil reguliert. Eine Öffnung im Boden des Windkastens ist durch eine Reinigungsklappe verschlossen. Wird die Klappe geöffnet, fällt die Asche, die sich im Windkasten angesammelt hat, heraus.

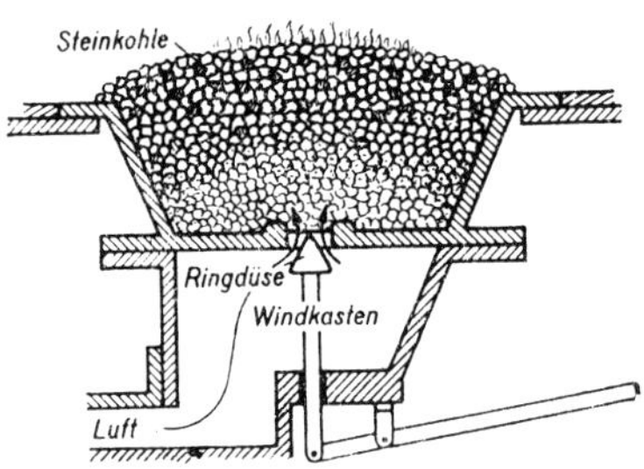

Bild 2.3
Feuerschüssel

Es gibt tiefe und flache, rechteckige und runde Feuerschüsseln. Die glühende Kohle bildet bei tiefen Feuerschüsseln über der Ringdüse eine dickere Schicht als bei flachen Feuerschüsseln. Dadurch bläst der Luftstrom nicht unmittelbar auf das Schmiedestück; das Feuer hat starke Unter- und geringe Oberhitze. Die große Unterhitze wirkt konzentriert auf das Schmiedestück und wärmt es schnell durch.

Tafel 2.1. Vergleich der Feuerschüsselformen

Form der Feuerschüssel	Vorteile	Nachteile	Anwendung
Tief	starke Glutschicht über der Ringdüse, dadurch Schutz des Schmiedestücks vor Gebläsestrahl; große Unterhitze, geringe Oberhitze, geringe Ausstrahlung	großer Kohleverbrauch	für große Schmiedestücke und hohe Temperatur; überwiegend in Schmieden eingesetzt
Flach	geringer Kohleverbrauch	dünne Glutschicht über der Ringdüse; große Oberhitze, starke Ausstrahlung	für kleine Schmiedestücke und niedrigere Temperatur; überwiegend in Schlossereien eingesetzt

In der Feuerschüssel werden die Brennstoffe bei reichlicher Luftzufuhr verbrannt und die Schmiedestücke erwärmt.

2.1.1.2. *Gebläse*

Das Gebläse erzeugt einen kräftigen Luftstrom, der regulierbar ist und in das Feuer geleitet wird. Der Luftstrom steigert die Verbrennungsgeschwindigkeit und damit die Temperatur im Feuer.

Der Ventilator besteht aus Elektromotor, Schaufelrad und Ventilatorgehäuse. Durch die Mittenöffnung des Gehäuses (Bild 2.4) wird vom Schaufelrad Luft angesaugt und durch die Luftleitung zum Schmiedefeuer gedrückt.

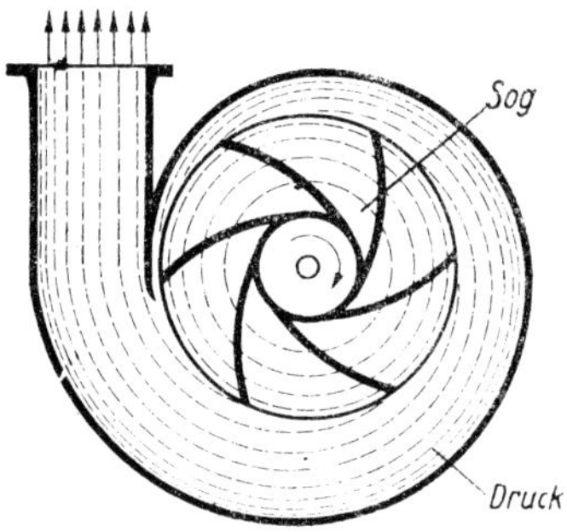

Bild 2.4
Gebläse (Prinzip)

Der Luftstrom soll stets einen gleichmäßigen Überdruck von etwa 0,002 MPa haben. Ist er größer als 0,002 MPa, strömt der Luftstrom zu schnell durch das Schmiedefeuer. Dadurch wird die Verbrennungstemperatur zu hoch und das Schmiedestück ungleichmäßig erwärmt. Luftzufuhr und Druck des Luftstroms müssen darum durch ein Absperrventil reguliert werden.

Durch das Gebläse wird der Feuerschüssel ein regulierbarer Luftstrom zugeführt, um die Verbrennung der Brennstoffe zu fördern und die Erwärmung der Schmiedestücke zu beschleunigen.

Der Förderstrom des Ventilators wird nach der geförderten Luftmenge in m^3/min angegeben. Er muß der Größe und der Anzahl der Feuer entsprechen (Tafel 2.2).

Tafel 2.2. Förderstrom und Leistungsaufnahme von Gebläsen

Förderstrom	Anzahl der Feuer mit Düsenweite von		Leistungsaufnahme
m^3/min	30 mm	50 mm	kW
2,5	2	1	0,15
5	5	2	0,30
8	10	4	0,50

2.1.1.3. *Rauchfang und Schornstein*

Beim Verbrennen der Schmiedekohle bilden sich gesundheitsschädliche Rauchgase, die im Rauchfang abgefangen und durch den Schornstein abgeleitet werden müssen. Die Größe des trichterförmigen Rauchfangs richtet sich nach Anzahl und Größe der Schmiedefeuer. Beim Erwärmen sperriger Schmiedestücke kann der Rauchfang hochgeklappt werden.

Rauchgase sind leichter als Luft, steigen deshalb durch den Rauchfang und werden zusätzlich von der am Schornstein vorbeiströmenden Außenluft herausgesaugt. Dadurch wird die Strömungsgeschwindigkeit der Rauchgase erhöht. Um schädliche Windeinflüsse auszuschalten, muß die Schornsteinmündung in jedem Fall so hoch geführt werden, daß kein Stau oder Rückstrom der Rauchgase eintreten kann.

Der Rauchfang fängt die beim Verbrennen der Kohle entstehenden gesundheitsschädlichen Rauchgase auf und leitet sie durch den Schornstein ins Freie.

2.1.2. Brennstoffe

Für Schmiedefeuer werden als Brennstoffe Schmiedekohle, Schmiedekoks oder Holzkohle verwendet. Schmiedekohle ist zerkleinerte Steinkohle. Die einzelnen Stücke sollen nicht kleiner als eine Haselnuß und nicht größer als eine Walnuß sein. Gehandelt werden die Größen Nuß I bis Nuß IV. Nach der Zusammensetzung unterscheidet man Magerkohle mit 80 % und Fettkohle mit 75 % Kohlenstoffgehalt.

Schmiedekoks ist zerkleinerter Hüttenkoks. Er wird durch Verkoken aus Fettkohle hergestellt. Koks enthält fast keinen Schwefel und nur wenige fremde Bestandteile.

Holzkohle besteht aus Holz, das durch Erhitzen unter Sauerstoffabschluß verkohlt wurde. Sie enthält keinen Schwefel, ist sehr leicht und verbrennt sehr schnell.

Die Brennstoffe des Schmiedefeuers sind Schmiedekohle, Schmiedekoks und Holzkohle.

2.1.2.1. *Verbrennungsvorgang*

Eine Verbrennung ist eine chemische Reaktion, die nur unter bestimmten Bedingungen erfolgt. Ausgangsstoffe für die Verbrennung sind ein brennbarer Stoff (Schmiedekohle, Koks, Holzkohle) und Sauerstoff. Brennbare Stoffe reagieren erst mit Sauerstoff, nachdem sie auf eine genügend hohe Temperatur, die Entzündungstemperatur, erwärmt wurden. Jeder Stoff hat eine bestimmte Entzündungstemperatur. Sie beträgt bei Schmiedekohle 350 °C, Schmiedekoks 750 °C, Holzkohle 300 °C.

Brennbare Stoffe können mit oder ohne Flamme verbrennen. Stoffe, die in der Verbrennungshitze brennbare Gase entwickeln, z. B. Schmiedekohle, verbrennen mit Flamme. Bei den anderen Stoffen, z. B. bei Schmiedekoks, tritt nur eine Glüherscheinung auf. Jede Verbrennung zeigt physikalische Erscheinungen, wie große Wärmeentwicklung und Licht.

Zu jeder Verbrennung sind ein brennbarer Stoff, die entsprechende Entzündungstemperatur und genügend Sauerstoff erforderlich. Schmiedekohle verbrennt mit großer Flamme, Schmiedekoks glüht.

Der Umgang mit Brennstoffen birgt Gefahren für Mensch und Gut in sich. Dem Arbeitsschutz wird in der DDR durch gesetzliche Bestimmungen in umfassender Weise Rechnung getragen. Für den sozialistischen Facharbeiter ist deshalb die Kenntnis und Beachtung der Gesetze und Anordnungen von besonderer Wichtigkeit.

2.1.2.2. *Anforderungen an die Schmiedekohle*

Schmiedekohle muß verschiedene Anforderungen erfüllen. Sie soll

- möglichst wenig Schwefel enthalten, da dieser den Stahl rotbrüchig macht
- im Feuer gut zusammenbacken und eine große Innenhitze erzeugen, damit der Stahl schnell erwärmt wird
- nach dem Verbrennen nur wenig Rückstände, wie Schlacke und Asche, hinterlassen und zum leichteren Reinigen des Schmiedefeuers möglichst alle Rückstände in der Schlacke binden
- schwer sein, damit sie der Gebläsewind nicht fortbläst
- tiefschwarz glänzend aussehen und Nußgröße haben.

2.1.2.3. *Vergleich der festen Brennstoffe*

Tafel 2.3. Brennstoffe

Brennstoff	Vorteile	Nachteile	Verwendung
Schmiedekohle	schwer, backt gut zusammen; ergibt hohe Verbrennungstemperaturen, große Flamme, gute Unterhitze, bildet eine gute Schlacke	enthält Schwefel und andere fremde Bestandteile, hinterläßt viele Rückstände	für alle Schmiedearbeiten und hohe Temperaturen
Koks	enthält fast keinen Schwefel, verbrennt mit niedriger, klarer Flamme, glüht, gestattet direkten Einblick in das Innere des Feuers und auf das glühende Schmiedestück, hohe Verbrennungstemperatur	hart und spröde, backt nicht zusammen, kein geschlossenes Feuer, glühende Koksstücke spritzen aus dem Feuer (Verbrennungen), Feuer erlischt schnell	für alle Schmiedearbeiten und hohe Temperaturen
Holzkohle	sehr rein, verbrennt mit ganz kleiner, klarer Flamme, hinterläßt wenig Rückstände	leicht, erzeugt keine hohe Temperatur, backt nicht zusammen, verbrennt zu schnell, ist teuer und für allgemeine Schmiedezwecke unwirtschaftlich	nur für kleine Schmiedestücke aus hochwertigem Stahl, die keinen Schwefel aufnehmen dürfen

2.1.3. Feuerbedienung

2.1.3.1. *Geräte am Feuer*

Zur Feuerbedienung sind verschiedene Geräte erforderlich (Bild 2.5).

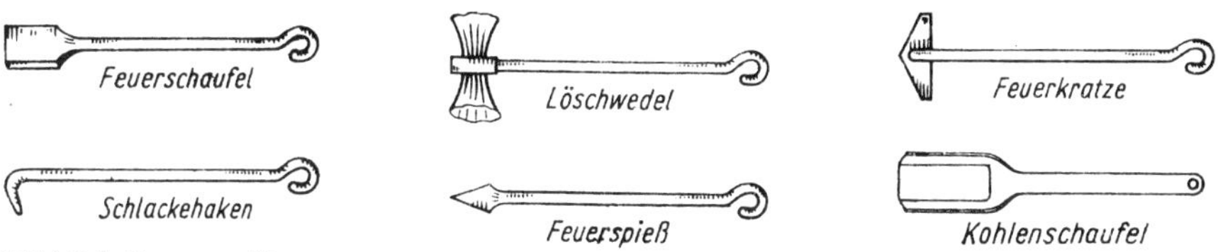

Bild 2.5. Feuergeräte

2.1.3.2. *Feuerführung*

Vor dem Anzünden des Schmiedefeuers wird die Feuerschüssel von Asche und Schlacketeilen gründlich gereinigt. Dann werden leicht brennbare Stoffe (Papier, Stroh, Holzwolle, Hobelspäne oder Holzstückchen) in der Feuerschüssel entzündet. Mit der Entzündungstemperatur (Zündpunkt) des Papiers, dessen Zündpunkt bei 185 °C liegt, würde es kaum gelingen, die Schmiedekohle mit ihrem höherliegenden Zündpunkt von 350 °C zu entzünden. Die Wärme des brennenden Papiers reicht aber aus, um Holz zu entzünden. Das brennende Holz kann die daraufgeschüttete Schmiedekohle in Brand setzen.

Mit der Feuerschaufel wird abgeflammte Kohle aufgelegt. Nachdem das Gebläse eingeschaltet ist und die Kohle brennt, wird frische Kohle zur Glutbildung nachgelegt. Man läßt das Feuer abflammen, das heißt, man läßt es durchbrennen, bis der Schwefel aus der Kohle verbrannt ist. Solange Schwefel verbrennt, sind Flamme und Rauchgase gelb. Ist die Flamme klar und steigen keine gelben Rauchgase mehr auf, kann der Stahl eingelegt werden. Für die Feuerführung ist zu beachten:

> Das Schmiedefeuer benötigt zum Erwärmen der Schmiedestücke abgeflammte Kohle, deshalb wird ständig frische Kohle am Rande des Feuers zum Abflammen nachgelegt.

Ein Schmiedefeuer soll möglichst große Innenhitze entwickeln, darum wird es gut zusammengehalten. Dazu benutzt der Schmied die Feuerkratze. Oft legt er um die hintere Feuerhälfte einen zum Halbkreis gebogenen breiten Flachstahl.

Im Schmiedefeuer muß die brennende Kohle mit dem Löschwedel angefeuchtet werden, damit sie zusammenbackt und eine haubenförmige Kruste bildet. Die teerigen Bestandteile der Schmiedekohle werden beim Erwärmen flüssig. Durch das Anfeuchten mit Wasser wird der Teer fest und bindet die Kohlestückchen zu einer Kruste. Ist die Kruste zu dicht, wird sie mit dem Feuerspieß gelockert.

Das Schmiedefeuer muß während des Brennens von Zeit zu Zeit von Schlacke gereinigt werden. Beim Verbrennen der Schmiedekohle bleiben Asche und Schlacke als Rückstände übrig, die sich nachteilig auf die Wärmeausnutzung des Feuers auswirken. Die Asche fällt zum Teil in körnigem Zustand in den Windkasten unterhalb der Feuerschüssel, wo sie durch Öffnen der Reinigungsklappe entfernt wird. Die Schlacke schmilzt aus der Schmiedekohle heraus, sammelt sich auf dem Boden der Feuerschüssel und bildet einen festen, spröden und harten Schlackekuchen oder Schlackenring, der mit dem Schlackenhaken entfernt wird.

Die Größe eines Schmiedefeuers richtet sich nach der Größe der Schmiedestücke. Es darf nicht größer sein als unbedingt erforderlich.

Das Schmiedefeuer darf während der Arbeitspausen nicht erlöschen; deshalb wird ein Holzstück eingelegt und mit Kohle abgedeckt.

Aufgabe einer richtigen Feuerführung ist es, dafür zu sorgen, daß

- die Kohle abgeflammt ist
- gut zusammenbackt
- große Innenhitze erzeugt wird
- das Feuer entschlackt wird
- das Feuer die richtige Größe hat
- in den Arbeitspausen das Feuer nicht erlischt.

Die gewissenhafte Beachtung dieser Grundregeln trägt dazu bei, Brennstoffe, die an anderer Stelle unserer sozialistischen Volkswirtschaft eingesetzt werden können, einzusparen.

2.1.3.3. *Wärmeenergie*

Alle Stoffe bestehen aus Teilchen (Atomen, Molekülen). Die Teilchen sind in dauernder Bewegung. Bei festen Körpern führen sie Schwingungen aus. Alle Teilchen besitzen kinetische und potentielle Energie. Bei höherer Temperatur nimmt die Teilchenbewegung zu.

> Die Temperatur kennzeichnet die mittlere kinetische Energie der Teilchen. Ändert sich die Temperatur eines Körpers, ändert sich die kinetische Energie seiner Teilchen.

2.1.3.4. *Wärmemenge*

Die kinetische Energie der Teilchen eines Körpers wird vergrößert, indem man den Körper mit einem anderen Körper in Berührung bringt, dessen Teilchen eine größere kinetische Energie haben.

Flamme und Glut des Schmiedefeuers haben eine größere kinetische Energie als das eingehaltene Schmiedestück. Das Schmiedestück nimmt kinetische Energie aus dem Schmiedefeuer auf und erwärmt sich.

> Einen Körper erwärmen heißt, ihm Energie oder Wärme zuzuführen; ihn abkühlen bedeutet, Wärme zu entziehen.
> Wärmemenge = Wärmeenergie = kinetische Energie

Die Wärmemenge, die man erhält, wenn 1 kg eines Brennstoffs vollkommen verbrennt, ist der Heizwert. Er gibt an, wieviel Kilojoule (kJ) bei völliger Verbrennung von 1 kg eines festen oder flüssigen oder von 1 m^3 eines gasförmigen Brennstoffs frei werden.

Schmiedekohle hat einen Heizwert von etwa 29 330 kJ, d. h., wenn man 1 kg Schmiedekohle verbrennt, erhält man eine Wärmemenge von etwa 29 330 kJ.

▲ Aufgabenbeispiel

In einem offenen Schmiedefeuer werden 15 kg Schmiedekohle mit einem Heizwert von 29 330 kJ/kg verbrannt.

Gesucht:

1. erzeugte Wärmemenge W
2. praktisch ausgenutzte Wärmemenge W_N.

Gegeben:

Masse $m = 15$ kg Schmiedekohle
Heizwert $Hu = 29\,330$ kJ/kg
Wirkungsgrad $\eta = 0{,}05$.

Lösung:

1. erzeugte Wärmemenge

$$W = m \cdot Hu$$
$$W = 15\ \text{kg} \cdot 29\,330\ \text{kJ/kg} \qquad \underline{W = 439\,950\ \text{kJ};}$$

W Wärmemenge
m Masse der Kohle
Hu Heizwert

2. praktisch ausgenutzte Wärme

$$\eta = \frac{W_N}{W};$$

η Wirkungsgrad
W_N Nutzwärme
W Wärmemenge

$$W_N = \eta \cdot W$$
$$W_N = 0{,}05 \cdot 439\,950\ \text{kJ} \qquad \underline{W_N = 21\,997{,}5\ \text{kJ}.}$$

Die einem Körper zugeführte Wärmemenge W ist der Masse m und der Temperaturänderung Δt proportional.

2.1.3.5. *Spezifische Wärmekapazität*

Beim Erwärmen von 1 kg Wasser um 1 K braucht man 4,19 kJ. Zum Erwärmen aller anderen Stoffe um 1 K sind andere Wärmemengen je Kilogramm erforderlich. Diese Wärmemenge nennt man „spezifische Wärmekapazität" oder „spezifische Wärme".

Die spezifische Wärmekapazität eines Stoffes ist die in kJ gemessene Wärmemenge, die man braucht, um 1 kg des Stoffes um 1 K zu erwärmen.

Daraus ergibt sich die Grundgleichung der Wärmelehre:

$$W = m \cdot c \cdot \Delta t;$$

W Wärmemenge
m Masse
c spezifische Wärmekapazität
Δt Temperaturdifferenz.

Umstellung der Gleichung nach c:

$$c = \frac{W}{m \cdot \Delta t}$$

Die spezifische Wärmekapazität erhält die Einheit $\frac{\text{kJ}}{\text{kg} \cdot \text{K}}$

Die spezifische Wärmekapazität in $\frac{kJ}{kg \cdot K}$ ist für

Stahl	0,48	Aluminium	0,90
Gußeisen	0,47	Eis	2,09
Kupfer	0,38	Wasser	4,19.

▲ Aufgabenbeispiel

In einem Schmiedefeuer werden

1. 500 g Kupfer von 20 °C auf 800 °C erwärmt
2. 2,6 kg Stahl von 20 °C auf 1250 °C erwärmt.

Welche Wärmemengen werden theoretisch gebraucht?
Geben Sie das Ergebnis bei Kupfer auch in Wattsekunden an!

Gesucht:

1. W in kJ und W in Ws für Kupfer
2. W in kJ für Stahl.

Gegeben:

1. $m = 500\ g$
$c = 0{,}38\ \frac{J}{g \cdot K}$
$t_1 = 20\ °C$
$t_2 = 800\ °C$

2. $m = 2{,}6\ kg$
$c = 0{,}48\ \frac{kJ}{kg \cdot K}$
$t_1 = 20\ °C$
$t_2 = 1250\ °C$.

Lösung:

1. $W = m \cdot c \cdot \Delta t$
$W = m \cdot c \cdot (t_2 - t_1)$
$W = 500\ g \cdot 0{,}38\ \frac{J}{g \cdot K} \cdot (800\ °C - 20\ °C)$
$W = 500\ g \cdot 0{,}38\ \frac{J}{g \cdot K} \cdot 780\ K$
$W = 148\,200\ J$
$W = 148{,}200\ kJ$
$1\ J = 1\ W \cdot s$
$W = 148\,200\ W \cdot s$.

2. $W = m \cdot c \cdot \Delta t$
$W = m \cdot c \cdot (t_2 - t_1)$
$W = 2{,}6\ kg \cdot 0{,}48\ \frac{kJ}{kg \cdot K} \cdot (1250\ °C - 20\ °C)$
$W = 2{,}6\ kg \cdot 0{,}48\ \frac{kJ}{kg \cdot K} \cdot 1230\ K$
$W = 1535{,}04\ kJ$.

2.1.3.6. *Wärmeausnutzung*

Haben zwei Körper unterschiedliche Temperaturen, erfolgt zwischen ihnen ein Wärmeübergang. Der Körper höherer Temperatur wird abgekühlt und der Körper niederer Temperatur erwärmt.

Die Wärmemenge kann im Schmiedefeuer nicht voll ausgenutzt werden. Der größte Teil der Wärme geht beim offenen Schmiedefeuer durch Strahlung und Wärmeübergang zur Luft sowie beim Erhitzen der nichtbrennbaren Rückstände der Kohle verloren. Nur ein kleiner Teil der Wärmemenge, etwa 0,05, wird im Schmiedefeuer an das Schmiedestück abgegeben. Das Verhältnis der ausgenutzten Wärmemenge zur aufgewendeten wird als Wirkungsgrad bezeichnet. Schmiedeöfen haben einen höheren Wirkungsgrad als Schmiedefeuer (Tafel 2.4).

Der geringe Wirkungsgrad des Schmiedefeuers sollte vor allem die Neuerer unter unseren sozialistischen Facharbeitern veranlassen, technische Möglichkeiten aufzuspüren, die eine höhere Wirtschaftlichkeit des Schmiedebetriebes zum Ergebnis haben.

Tafel 2.4. Kennwerte verschiedener Erwärmungseinrichtungen

Erwärmungseinrichtung	Wirkungsgrad	Steinkohlenverbrauch zum Erhitzen von 100 kg Stahl kg	Aufzunehmende Wärmemenge, um 1 kg Stahl auf 1200 °C zu erhitzen kJ
Schmiedefeuer	0,04···0,08	35···100	29 330
Flammofen	0,08···0,12	25··· 35	15 922
Regenerativofen	0,15···0,25	12···20	7 751,5

▲ Aufgabenbeispiel

Ein Stahlstück mit einer Masse von 6 kg wird zum Schmieden von 20 °C auf 1270 °C im Schmiedefeuer erwärmt. Berechnen Sie

1. die theoretisch notwendige (ausgenutzte) Wärmemenge W_N
2. die praktisch zu erzeugende Wärmemenge W_W bei einem Wirkungsgrad von 0,05
3. die erforderliche Menge Schmiedekohle m.

Gesucht:

1. W_N
2. W_W
3. m Schmiedekohle.

Gegeben:

$m = 6$ kg Stahl

$c = 0{,}48 \dfrac{\text{kJ}}{\text{kg} \cdot \text{K}}$

$t_1 = 20$ °C Anfangstemperatur

$t_2 = 1270$ °C Endtemperatur

$Hu = 29\,330$ kJ/kg.

Lösung: 1.

$$W_N = m \cdot c \cdot \Delta t$$

$$W_N = m \cdot c \cdot (t_2 - t_1)$$

$$W_N = 6\ \text{kg} \cdot 0{,}48 \frac{\text{kJ}}{\text{kg} \cdot \text{K}} \cdot (1270\ °\text{C} - 20\ °\text{C})$$

$$W_N = 6\ \text{kg} \cdot 0{,}48 \frac{\text{kJ}}{\text{kg} \cdot \text{K}} \cdot 1250\ \text{K} \qquad \underline{W_N = 3\,600\ \text{kJ}.}$$

2.

$$\eta = \frac{W_N}{W_W}$$

$$W_W = \frac{W_N}{\eta}$$

$$W_W = \frac{3\,600\ \text{kJ}}{0{,}05} \qquad \underline{W_W = 72\,000\ \text{kJ}.}$$

3.

$$W_W = m \cdot Hu$$

$$m = \frac{W_W}{Hu}$$

$$m = \frac{72\,000\ \text{kJ}}{29\,330\ \text{kJ/kg}} \qquad \underline{m = 2{,}45\ \text{kg}.}$$

Um ein Schmiedestück mit 6 kg Masse von 20 °C auf 1 270 °C zu erwärmen, benötigt man eine Wärmemenge von theoretisch 3 600 kJ, praktisch 72 000 kJ. Das entspricht einem Kohlenverbrauch von 2,45 kg.

2.1.4. Schmiedetemperaturen

2.1.4.1. *Bedeutung*

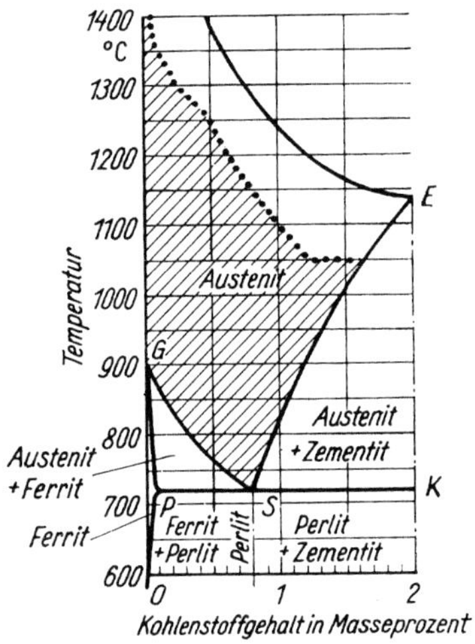

Die Formbarkeit und Plastizität des Stahls erhöht sich mit der Temperatur. Die richtige Schmiedetemperatur wird bei Kohlenstoffstählen durch deren Kohlenstoffgehalt bestimmt und liegt im Bereich des Austenits. Dieser Bereich ist dem Eisen-Kohlenstoff-Zustandsdiagramm zu entnehmen (Bild 2.6). Die jeweils höchste Schmiedetemperatur, entsprechend dem Kohlenstoffgehalt, ist aus der oberen punktierten Begrenzungslinie der schraffierten Fläche zu entnehmen.

Bild 2.6
Eisen-Kohlenstoff-Zustandsdiagramm (Ausschnitt)

Es ergeben sich für die Schmiedetemperaturen folgende Grenzwerte:

Tafel 2.5. Grenzwerte für Schmiedetemperaturen

Kohlenstoff %	Höchste Schmiedetemperatur °C	Kohlenstoff %	Höchste Schmiedetemperatur °C
0,05	1400	0,8	1150
0,1	1350	0,9	1120
0,2	1320	1,0	1100
0,3	1290	1,1	1080
0,4	1270	1,2	1050
0,5	1240	1,3	1050
0,6	1210	1,4	1050
0,7	1170	1,5	1050

Je höher der Kohlenstoffgehalt, desto niedriger muß die Schmiedetemperatur sein.

2.1.4.2. *Glühfarben*

Beim Erwärmen des Stahls müssen die richtigen Schmiedetemperaturen eingehalten werden. Jede Temperatur erzeugt im Stahl eine bestimmte Glühfarbe, die der Schmied kennen muß (Tafel 2.6). Das sichere Erkennen der jeweiligen Glühfarben mit bloßem Auge wird von den Lichtverhältnissen in der Schmiedewerkstatt beeinflußt und ist schwierig. In einem leicht abgedunkelten Schmiederaum lassen sich die Glühfarben gut erkennen. Aus diesem Grund sollen Schmiedeherd und Amboß nicht im direkten Sonnenlicht stehen.

Mit Hilfe der Glühfarben lassen sich die Schmiedetemperaturen bestimmen.

Farbbezeichnung	Temperatur °C	Gerundete Werte °C
Weiß	1250···1350	≈ 1300
Hellgelb	1150···1250	≈ 1200
Dunkelgelb	1050···1150	≈ 1100
Gelbrot	880···1050	≈ 1000
Hellrot	830··· 880	≈ 900
Hellkirschrot	800··· 830	
Kirschrot	780··· 800	≈ 800
Dunkelkirschrot	750··· 780	
Dunkelrot	650··· 750	≈ 700
Braunrot	580··· 650	≈ 600
Schwarzbraun	520··· 580	≈ 500

Tafel 2.6 Glühfarben

2.1.5. Einhalten des Stahls

Das Einlegen des Stahls in das Schmiedefeuer und das Erwärmen wird als „Einhalten" bezeichnet. Das Schmiedestück wird bei geschlossenem Feuer von vorn eingeschoben, bei offenem Feuer von oben eingelegt. Nach dem Einlegen wird das Feuer mit der Feuerschaufel sofort wieder geschlossen. Das Werkstück muß im Feuer so liegen, daß es von allen Seiten, besonders von unten, von Glut umgeben ist. Zur Erhöhung der Arbeitsproduktivität und zur besseren Wärmeausnutzung, die wiederum zu einer Einsparung der von unserer sozialistischen Volkswirtschaft benötigten Brennstoffe führt, können bei verschiedenen Schmiedearbeiten mehrere Stücke gleichzeitig eingehalten werden. Beim Herausnehmen eines erwärmten Stücks wird ein kaltes Stück neu eingelegt und somit vorgewärmt. Dadurch wird die Arbeitszeit verkürzt, und der Schmied kann ohne Unterbrechung arbeiten.

Unter Einhalten des Stahls versteht man das Einlegen des Schmiedestücks in das Schmiedefeuer und das Erwärmen.

2.1.5.1. *Vorgang beim Erwärmen*

Beim Erwärmen erfolgt ein Übergang der kinetischen Energie von einem Körper, dessen Teilchen größere Wärmeenergie besitzen (Schmiedefeuer), an solche Stoffe, deren Wärmemenge geringer ist (Schmiedestück).

2.1.5.2. *Chemische Einflüsse auf den Kohlenstoffstahl im Schmiedefeuer*

Das Erwärmen des Kohlenstoffstahls im Schmiedefeuer verändert die Oberfläche des Stahls chemisch. Diese Veränderungen werden hervorgerufen durch chemische Verbindungen der Stahlbestandteile Eisen (Fe) und Kohlenstoff (C) mit dem Sauerstoff (O) der Gebläseluft und mit dem Schwefel (S) der Schmiedekohle.

Verbindung mit Sauerstoff

Die beim Erwärmen des Stahls entstehenden Verbindungen des Sauerstoffs mit dem Eisen und dem Kohlenstoff führen zu Zunderbildung, Entkohlung oder Verbrennung.

Zunder oder Hammerschlag sind Oxidschichten, die sich beim Erwärmen auf der Oberfläche des Stahls bilden. Bei steigender Temperatur im Schmiedefeuer bildet sich der Zunder folgendermaßen:

- Bei 300 °C überzieht sich die Oberfläche des Stahls mit einer dünnen Oxidhaut.
- Bei 500···700 °C wird die dünne Oxidhaut zur dicken Zunderschicht, die entsprechend ihrem FeO-Gehalt mit großer Zusammenhangskraft fest am Stahl hält.
- Im Temperaturbereich von 750 bis etwa 900 °C bleibt die bisher gebildete Zunderschicht unverändert.

- Bei 900···1 000 °C fällt die Zunderschicht leicht ab, es bildet sich sofort wieder eine neue Schicht.
- Bei sehr hohen Temperaturen folgen dicht aufeinander die Stufen: Zunderschichtbildung – Abfallen der Zunderschicht – Neubildung der Zunderschicht.

Beim Schmieden bilden sich immer wieder neue Zunderschichten. Sie werden mit sinkender Temperatur dünner und fallen durch Hammerschläge vom Werkstück als Hammerschlag ab.

Zunder oder Hammerschlag ist eine Verbindung des Eisens mit Sauerstoff in der Schmiedehitze. Er blättert beim Schmieden ab und bildet den Abbrand (5···10 % des Volumens).

2.1.6. Fehler beim Erwärmen

Da Fehler beim Erwärmen u. U. zu nicht behebbarem Ausschuß führen können und damit die Arbeitsproduktivität negativ beeinflussen, bedarf diese Arbeitsstufe einer gründlichen Kenntnis der möglichen Folgen, aber auch der Vorkehrungen zur Verhinderung derartiger Folgen.

Entkohlung. Werden Schmiedestücke zu schnell, zu lange, zu hoch oder mehrmals erwärmt, dann oxydieren Eisen und Kohlenstoff. Als Rückstand bildet sich eine weiche Eisenschicht, die man „Weichhaut" oder „Eisenhaut" nennt. Das Verbrennen des Kohlenstoffs aus dem Stahl bezeichnet man als „Entkohlung". Sind die entkohlten Schichten dünn, spricht man von einer „Randentkohlung".

$$2\,Fe_3C + O_2 \rightarrow 6\,Fe + 2\,Co$$

Entkohlte Randschichten haben eine geringere Härte als der darunterliegende, nicht entkohlte Werkstoff. Sie sind nicht oder nur wenig härtbar. Entkohlte Randschichten sind mit Schneidwerkzeugen abzuarbeiten.

Die Entkohlung wird eingeschränkt, wenn die Schmiedeteile langsam auf etwa 700 °C bis in den Kern hinein erwärmt werden. Das ist besonders bei Stücken mit großen Querschnitten zu beachten. Haben die Schmiedestücke die Umwandlungstemperatur erreicht, werden sie schnell auf die gewünschte Schmiedetemperatur von 1 000···1 350 °C erwärmt. Wird das Schmiedestück durchgeschmiedet, gelangt durch das Kneten, Verschieben und Umlagern des Gefüges kohlenstoffhaltiger Werkstoff aus dem Kern in die Außenschicht. Dadurch entsteht wieder ein gleichmäßiges Gefüge.

Das Entweichen des Kohlenstoffs aus den Randzonen des Stahls heißt Entkohlung. Je länger, je höher und je häufiger Stahl erwärmt wird, um so mehr entkohlt er.

Überhitzung. Wenn man Stahl längere Zeit ohne Sauerstoffzutritt erwärmt, wird das Gefüge grobkörnig und spröde. Der Stahl hat sich dabei chemisch nicht verändert. Er ist überhitzt und kann durch Schmieden, Walzen oder Glühen wieder gebrauchsfähig gemacht werden.

Stahl ist überhitzt, wenn er längere Zeit hoch erwärmt wird, ohne sich mit Sauerstoff zu verbinden. Er wird grobkörnig und spröde.

Verbrennung. Wenn man Stahl bis etwa 1 200 °C und darüber unter Sauerstoffeinwirkung erwärmt, wird das Gefüge chemisch verändert. Sauerstoff dringt entlang der Korngrenzen in den Stahl ein und bildet mit dem Eisen Eisenoxide. Die Gefügekristalle des Stahls werden von Zunder eingehüllt.

$$3\,Fe + 2\,O_2 \rightarrow Fe_3O_4$$

Die Zusammenhangskraft (Kohäsion) des Stahlgefüges sinkt dadurch stark. Der Stahl ist kalt- und warmbrüchig und deshalb technisch unbrauchbar. Besonders leicht verbrennen kohlenstoffreiche Werkzeugstähle.

Stahl verbrennt bei hoher Temperatur und reichlicher Luftzufuhr. Deshalb darf der Gebläsestrahl auf keinen Fall unmittelbar auf das glühende Schmiedestück treffen.

Verbindung mit Schwefel. Beim Erwärmen des Stahls im Schmiedefeuer verbindet sich das Eisen mit dem Schwefel, der im Koks und in der Steinkohle enthalten ist, zu Schwefeleisen (Eisensulfid). Schwefeleisen hat einen niedrigen Schmelzpunkt.

$$Fe + S \rightarrow FeS$$

Bildet sich entlang der Korngrenzen Eisensulfid, wird der Kornzusammenhalt verringert. Der Stahl ist rotbrüchig. Beim Schmieden bricht er im rotwarmen Zustand. Schwefel hat ein starkes Verbindungsbestreben zu Eisen. Deshalb muß Schmiedekohle mit geringem Schwefelgehalt verwendet werden. Das Schmiedestück darf erst in das Schmiedefeuer gelegt werden, wenn der Schwefel aus der Kohle verbrannt ist.

Schwefel macht den Stahl rotbrüchig und verringert Schmiedbarkeit und Festigkeit. Die Kohle ist darum vor Einlegen des Stahls abzuflammen.

Tafel 2.7. Fehler beim Erwärmen

Werkstoff	Fehler	Folgen	Behebung
Stahl	zu hoch erwärmt	überhitzt, Gefüge grobkörnig, Festigkeit sinkt, verbrannt, unbrauchbar	gut durchschmieden, regenerieren, glühen
	zu niedrig erwärmt	Gefügeumwandlung noch nicht vollzogen, zu hoher Formänderungswiderstand, Sprödigkeit, Riß- und Bruchgefahr	höher erwärmen
	zu tief eingelegt	Gebläsestrom trifft direkt auf Werkstück, Außenschicht entkohlt	höher einlegen, gut durchschmieden
	zu schnell erwärmt	Kern noch nicht durchgewärmt, Stück wird nicht durchgeschmiedet, ungleichmäßige Gefügespannung	langsamer erwärmen, glühen
	zu lange erwärmt	Außenschicht entkohlt, Gefüge grobkörnig, Festigkeit sinkt	schneller erwärmen, vor allem oberhalb der Umwandlungstemperatur

Aufgaben

1. Welche Aufgabe haben Rauchfang und Schornstein?
2. Welche Anforderungen werden an eine gute Schmiedekohle gestellt?
3. Welche Vorteile hat ein Brennstoffgemisch von Schmiedekoks und Schmiedekohle beim Erwärmen der Schmiedestücke?
4. Erläutern Sie die Feuerführung und die Verwendung der Feuergeräte!
5. Nennen Sie die Glühfarben und ihre Temperaturen!
6. Was versteht man unter Schmiedeanfangs- und Schmiedeendtemperaturen?
7. Erklären Sie das Verzundern, das Entkohlen und das Verbrennen des Stahls im Schmiedefeuer!
8. Welche Unterschiede bestehen zwischen einem überhitzten und einem verbrannten Stahl?
9. Welchen Einfluß haben Sauerstoff und Schwefel auf den Stahl beim Erwärmen im Schmiedefeuer?
10. Für eine Schmiedearbeit werden 28 kg Schmiedekohle mit einem Heizwert von 28 492 kJ/kg verbrannt. Berechnen Sie
    1. die erzeugte Wärmemenge
    2. die tatsächlich ausgenutzte Wärme bei einem Wirkungsgrad von 0,04!
11. In einer Schmiede brennen vier Feuer mit einem Wirkungsgrad von 0,04. Der tägliche Verbrauch an Schmiedekohle mit einem Heizwert von 29 330 kJ/kg beträgt etwa 65 kg. Durch gute Feuerführung gelingt es, den Wirkungsgrad auf 0,048 zu verbessern. Berechnen Sie die zusätzliche Wärmemenge, die dadurch nutzbar gemacht wird!

12. In einem Schmiedefeuer werden nacheinander 10 kg; 17 kg; 50 kg und 68 kg Schmiedekohlen mit einem Heizwert von 31 425 kJ/kg verbrannt. Danach werden die gleichen Mengen Koks – Heizwert 25 140 kJ/kg – verbraucht. Berechnen Sie die erzeugte Wärmemenge und die praktisch ausgenutzte Wärmemenge, wenn der Wirkungsgrad 0,05 beträgt!
13. Welche Wärmemenge wird theoretisch gebraucht, um Stahlstücke von 3,1 kg und 12,7 kg von 20 °C auf die Schmiedetemperatur von 1 200 °C zu bringen?
14. Stellen Sie die bisher dargestellten Möglichkeiten zur Steigerung der Arbeitsproduktivität zu einer Tafel zusammen:

Maßnahme	Auswirkungen

2.2. Schmiedewerkzeuge

2.2.1. Amboß

Der Amboß, auf dem das glühende Stück geschmiedet wird, nimmt durch seine Masse (Massenträgheit) die Kraft der Hammerschläge auf und bewirkt gleichzeitig eine Gegenkraft. Man sagt: „Der Amboß zieht." Schmiedestücke mit großen Querschnitten werden mit schweren Hämmern bearbeitet, deshalb muß auch die Masse des Ambosses groß sein. Hat der Amboß eine zu geringe Masse, federt er beim Schmieden und bietet nicht die erforderliche Gegenkraft, weil ein Teil der Hammerkraft durch Schwingungen des Ambosses und Erschütterungen des Erdbodens verbraucht wird. In der Kleinschmiede wird meist ein Amboß von 150 bis 200 kg Masse verwendet (Bild 2.7). Er ist aus Flußstahl gegossen. Die Amboßbahn ist aufgeschweißt und gehärtet.

Bild 2.7. Amboß

Der Amboß ist so geformt, daß er die verschiedenen Schmiedetechniken ermöglicht. In der Amboßbahn befindet sich ein Vierkant-, oft auch noch ein Rundloch. Das Vierkantloch dient zur Aufnahme der Amboßaufsätze, das Rundloch hauptsächlich zum Lochen.

Die Güte des Ambosses erkennt man am reinen hellen Klang beim Hammeraufschlag. Ein zersprungener oder zu weicher Amboß klingt dumpf. Jeder Amboß muß etwa 1,5 ··· 2 m vom Schmiedeherd entfernt aufgestellt sein, damit die Schmiedestücke vom Schmiedefeuer bequem und schnell zum Amboß gebracht werden können. Die Amboßbahn soll etwa 750 mm über dem Fußboden liegen. Als Amboßunterlage, Amboßklotz genannt, dienen Hartholzklötze oder auch mit Stahlblech umhüllte Betonklötze. Der Amboßklotz hat rechteckige oder elliptische Form. Seine tragende Fläche ist größer als die des Amboßfußes, damit er die Kraft der Schläge besser aufnehmen kann. Der Amboß muß fest auf dem Amboßklotz stehen, deshalb ist er 2···3 cm in den Klotz eingelassen.

2.2.2. Schmiedehämmer

2.2.2.1. *Aufbau und Wirkungsweise*

Beim Schmieden wird der Werkstoff durch die Kraft des herabfallenden Hammers geformt. Je schwerer der Hammer und je größer die Aufschlaggeschwindigkeit ist, um so größer ist die Kraft des Hammers (Bilder 2.8 und 2.9).

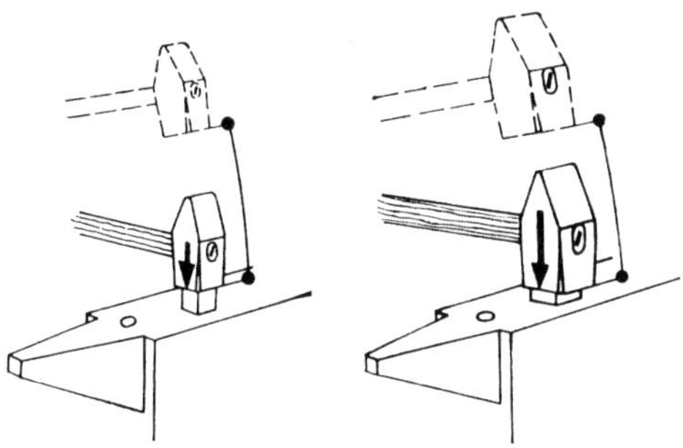

Bild 2.8
Arbeit = Kraft · Weg
Doppelte Formungsarbeit durch doppelte Hammermasse bei gleicher Aufschlaggeschwindigkeit

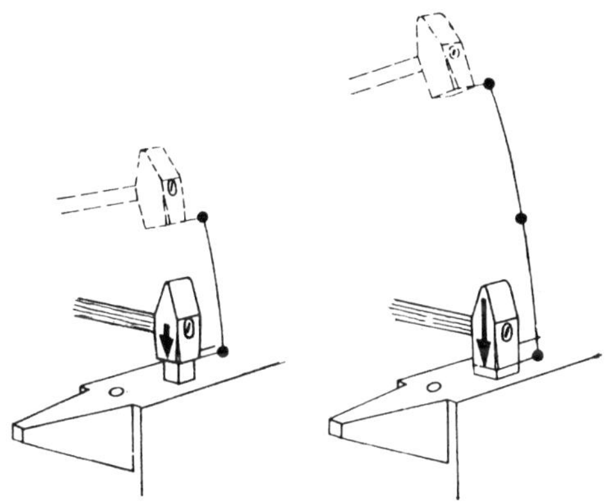

Bild 2.9
Arbeit = Kraft · Weg
Doppelte Formungsarbeit durch doppelte Höhe bei gleicher Hammermasse

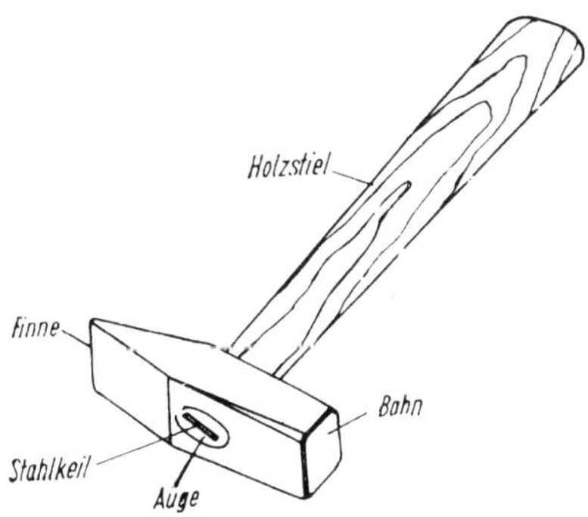

Bild 2.10
Schmiedehammer (Handhammer)

Der Hammer (Bild 2.10) besteht aus dem Hammerkopf und dem Hammerstiel. Der Hammerkopf ist aus Werkzeugstahl. Seine Bahn ist ballig geformt. Seine Finne ist eine schmale, gerundete Schlagfläche zum Strecken des Werkstoffs. Hammerbahn und Finne sind gehärtet und sauber geschliffen.

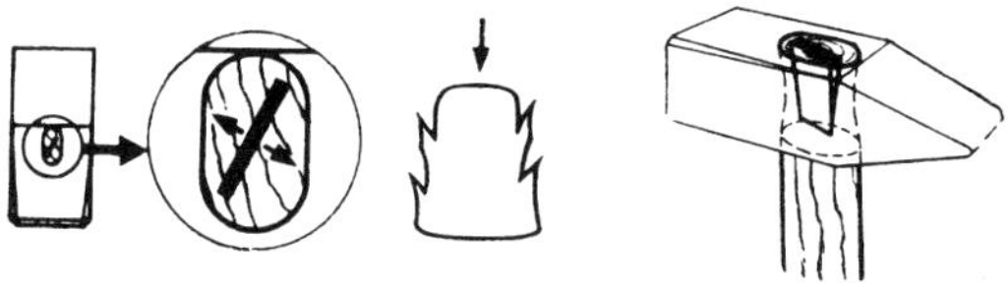

Bild 2.11
Aufstielen des Hammers

Das Auge des Hammerkopfes ist nach der Stielseite verjüngt. Der Stiel muß glatt und aus astfreiem Eschenholz sein. Er wird von der engen Augenseite in den Hammerkopf eingesetzt und von der anderen Seite fest verkeilt (Bild 2.11). Der Stahlkeil wird schräg eingeschlagen, damit sich der Stiel allseitig fest an die Lochwandung preßt. Der Keil muß festsitzen; deshalb hat er Widerhaken und ist unten breiter als oben. In der Schmiede gebräuchliche Hämmer sind in Tafel 2.8 zusammengestellt.

Tafel 2.8. Einteilung der Hämmer

- Schmiedehämmer
  - Handhämmer
    - Flachhämmer
    - Ballhämmer
    - Treibhämmer
  - Zuschlaghämmer
    - Vorschlaghämmer
    - Kreuzschlaghämmer
  - Hilfshämmer
    - Druckhämmer
      - Kehlhämmer
      - Setzhämmer
      - Schlichthämmer
    - Lochhämmer
      - Rundlochhämmer
      - Vierkanthämmer
      - Ovalhämmer
      - Splinthämmer
    - Gesenkhämmer
      - rund
      - quadratisch
      - sechskantig
    - Trennhämmer
      - Schrothämmer (kalt)
      - Schrothämmer (warm)
      - Halbrundschrothämmer
      - Schlitzhämmer
      - Falzhämmer
    - Senkhämmer
      - rund
      - quadratisch

2.2.2.2. *Hammerarten*

Handhämmer werden mit einer Hand geführt. Ihre Masse beträgt 1···2 kg. Zuschlaghämmer werden mit beiden Händen geführt. Ihre Masse beträgt 3···15 kg. Ihre Stiele sind 600···800 mm lang. Beim Vorschlaghammer (Bild 2.12) steht die Finne quer zum Stiel; beim Kreuzschlaghammer (Bild 2.13) verläuft sie in Stielrichtung.

Hilfshämmer werden vom Vorschmied auf das Schmiedestück gesetzt und vom Zuschläger eingetrieben. Die Stiele der Hilfshämmer sitzen stets lose, um Prellschläge zu verhindern.

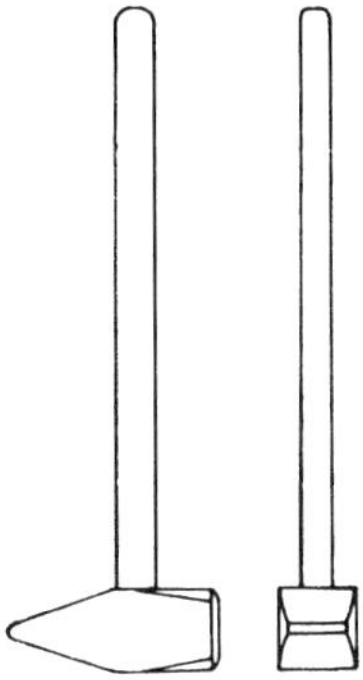

Bild 2.12. Vorschlaghammer

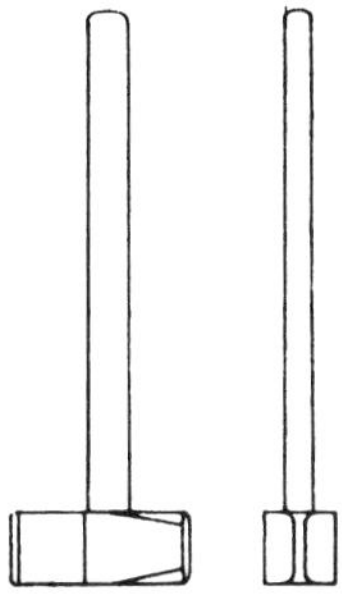

Bild 2.13. Kreuzschlaghammer

Tafel 2.9. Hammerarten

Form	Benennung	Ausführung	Hammermasse kg	Verwendung
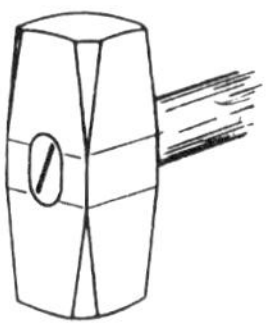	Flachhämmer	Beide Hammerseiten haben glatte, aber nicht gewölbte Bahn; Kanten schwach gebrochen	1···2	Schmieden ebener, glatter Flächen
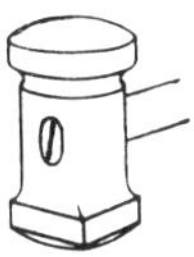	Ballhämmer	Beide Hammerseiten haben stark gewölbte Bahn; die eine Seite ist meist quadratisch	1···2	Schmieden von Rundungen; Brechen der Kanten an rundgebogenen Werkstücken
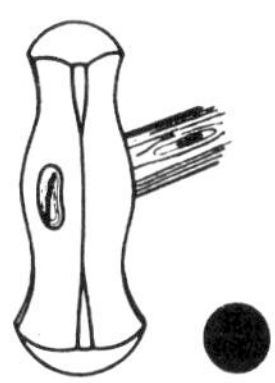	Treibhammer	Bahn kuglig, verschiedene Radien	0,25···0,50	Kunstschmiedearbeiten, Treibarbeiten, Bleiarbeiten
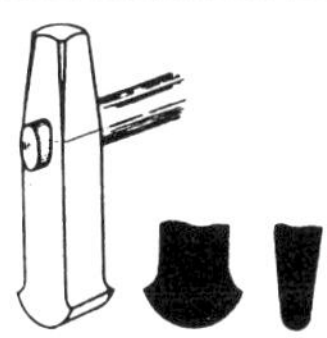	Druckhämmer: Kehlhammer	Hammerende halbrund, verschiedene Radien	0,5···1	Einkehlen von Rundungen, Strecken, Vorarbeiten beim Absetzen
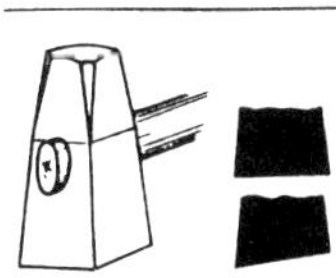	Setzhammer	Hammerende quadratisch oder rechteckig, mit ebener Fläche und scharfen Kanten	1	scharfkantiges genaues Absetzen

Tafel 2.9. Fortsetzung

Form	Benennung	Ausführung	Hammermasse kg	Verwendung
	Schlichthammer	quadratisches Hammerende mit ebener Fläche und leicht gebrochenen Kanten	1···3	Schlichtarbeiten
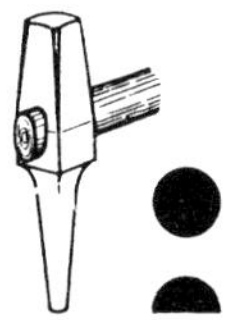	Lochhämmer: Rundlochhammer	eine Hammerhälfte zum Kegelstumpf geformt; Fläche am Hammerende rund; verschiedene Durchmesser	0,3···1,5	Rundlochungen
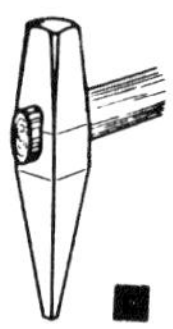	Vierkanthammer	eine Hammerhälfte als Pyramidenstumpf geformt; Wandungen glatt und scharfkantig; verschiedene Größen	0,3···1,5	quadratische Lochungen
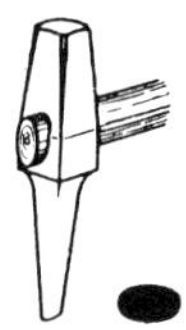	Ovalhammer	eine Hammerhälfte oval, verschiedene Größen	0,3···1,5	ovale (ellipsenförmige) Lochungen
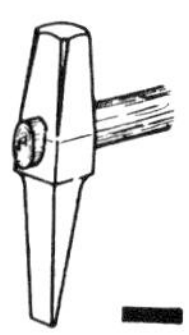	Splinthammer	Lochhammer mit schmalem, rechteckigem Querschnitt	0,3···1,5	Herstellen von schmalen, länglichen Lochungen, Aufnahme von flachen Splinten
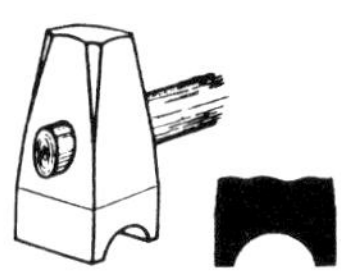	Gesenkhämmer: rund	Hammerende mit glatter Fläche und halbrunder Aussparung quer zum Hammerstiel; verschiedene Radien	1···2	Herstellen von Rundzapfen, Abschlichten runder Werkstücke
	quadratisch	dreikantige Aussparungen quer zum Hammerstiel; verschiedene Größen	1···2	Herstellen von quadratischen Zapfen und Ansätzen

Tafel 2.9. Fortsetzung

Form	Benennung	Ausführung	Hammermasse kg	Verwendung
	sechskantig	trapezförmige Aussparungen quer zum Hammerstiel; verschiedene Größen	1···2	Herstellen von sechskantigen Zapfen und Ansätzen
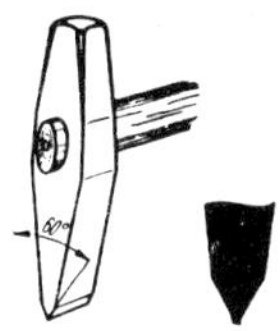	Trennhämmer: Schrothammer (Schrotbeil zum Kaltschroten)	eine Hammerhälfte keilförmig ausgeschmiedet mit scharfer Schneide; Keilwinkel 60°	0,5···1	Trennen aller Werkstücke im kalten Zustand
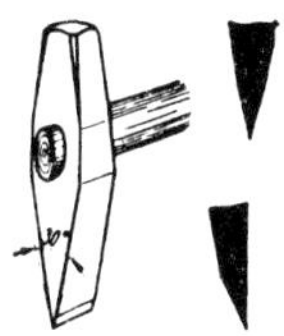	Schrothammer zum Warmschroten	wie Schrothammer, Keilwinkel 20···30°	0,5···1	Trennen von Werkstücken im warmen Zustand
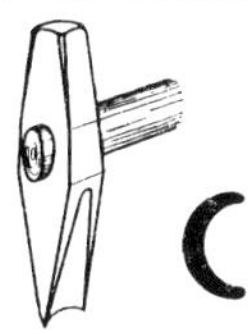	Halbrundschrothammer (Verhauhammer)	eine Hammerhälfte keilförmig ausgeschmiedet und halbrund gekehlt; Schneide halbrund, bestimmter Radius	0,5···1	Abtrennen von Stahlenden, halbrund, für runde oder halbrunde Ausarbeitungen
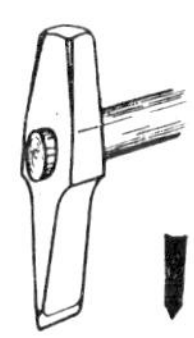	Schlitzhammer	ähnlich dem Schrothammer mit schlankem Keil; Keilwinkel an der Schneide etwa 30°; Schneide an beiden Enden gut abgerundet	0,5···1	Einarbeiten von Schlitzen; Vorarbeiten von runden, eckigen und länglichen Löchern im Gitterbau
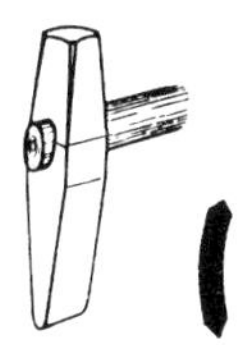	Falzhammer	ähnlich dem Schrothammer, Schneide leicht gekrümmt und gerundet	0,3···1	Einarbeiten der Falz in Hufeisen
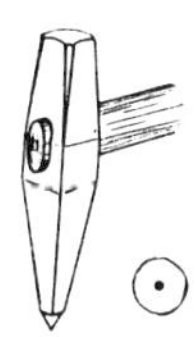	Senkhämmer: rund	wie Rundhämmer, Ende kegelförmig zugearbeitet; Kegelwinkel 60···150°	0,3···1	Herstellen kegelförmiger Senkungen, Entgraten

Tafel 2.9. Fortsetzung

Form	Benennung	Ausführung	Hammermasse kg	Verwendung
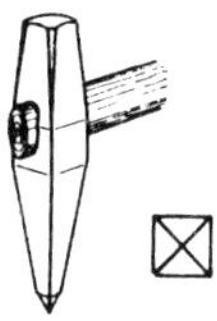	quadratisch	Ende pyramidenförmig (vierseitig) zugearbeitet	0,3 · · · 1	pyramidenförmige (vierseitige) Senkungen

Schmiedehämmer sind geordnet und leicht erreichbar unterzubringen (Bild 2.14). Ordnung am Arbeitsplatz unterstützt die Steigerung der Arbeitsproduktivität.

Bild 2.14
Übersichtliche Anordnung der Hämmer am Arbeitsplatz

2.2.3. Schmiedezangen

Schmiedeteile lassen sich am leichtesten von der Stange schmieden, weil man sie mit der Hand am sichersten halten kann. Kurze Schmiedestücke werden beim Schmieden mit der Zange (Bild 2.15) gehalten.

2.2.3.1. *Aufbau und Wirkungsweise*

Die Zange wirkt als zweiseitiger Hebel. Damit ihre Hebelwirkung möglichst groß ist, soll sich im Durchschnitt die Länge des Mauls zur Länge der Schenkel wie 1:6 verhalten (Bild 2.16). Dadurch wird die Handkraft etwa versechsfacht.
Beim Festhalten kurzer Schmiedestücke mit der Zange wird so eine größere Kraft erzeugt als beim direkten Festhalten mit der Muskelkraft der Hand.
Die Wirkung eines Hebels genügt dem Gesetz

$$\text{Kraft} \cdot \text{Kraftarm} = \text{Last} \cdot \text{Lastarm}$$
$$F_1 \cdot a = F_2 \cdot b.$$

Die Zange besteht aus zwei zweiseitigen Hebeln.

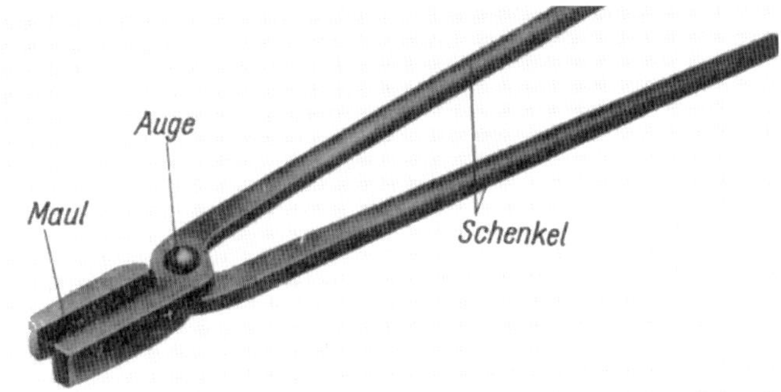

Bild 2.15. Benennungen an der Zange

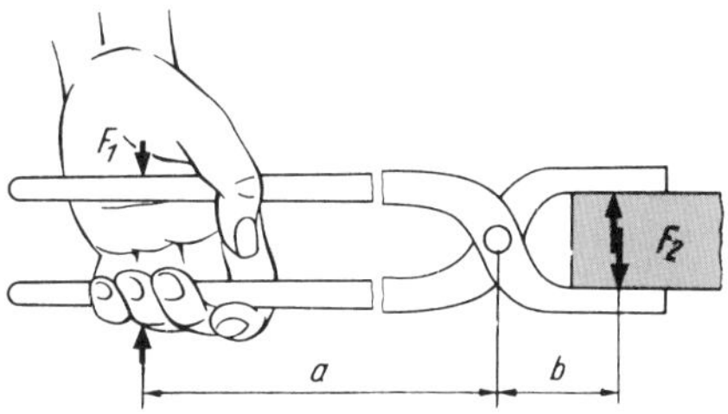

Bild 2.16
Kräfte an der Zange

▲ Aufgabenbeispiel

Wie groß ist die auf das Schmiedestück wirkende Kraft F_2 im Bild 2.16, wenn der Schmied die Zangenschenkel mit einer Handkraft von $F_1 = 100$ N umschließt?

Gesucht:

F_2.

Gegeben:

$F_1 = 100$ N
$a = 240$ mm
$b = 40$ mm.

Lösung:

$F_1 \cdot a = F_2 \cdot b.$

Daraus folgt durch Umstellung:

$$F_2 = \frac{F_1 \cdot a}{b}$$

$$F_2 = \frac{100\ \text{N} \cdot 240\ \text{mm}}{40\ \text{mm}}$$

$$F_2 = \frac{24\,000\ \text{N} \cdot \text{mm}}{40\ \text{mm}} \qquad \underline{F_2 = 600\ \text{N}.}$$

Der Schmied stellt seine Schmiedezangen meist selbst her.

Dabei ist folgendes zu beachten:

- Die Schenkel müssen so kräftig sein, daß sie weder dem Handdruck nachgeben noch federn.
- Der Abstand zwischen den Schenkeln soll etwa 100 mm nicht übersteigen, damit sie der Schmied ohne Anstrengung umfassen kann.
- Das Zangenmaul muß so ausgebildet sein, daß es das Schmiedestück mit einer großen Fläche berührt, um große Reibungsflächen zwischen Zangenmaul und Schmiedestück zu erhalten.
- Das Maul muß kräftig sein, damit es sich bei Erwärmung nicht aufbiegt.

Wenn das Maul das Schmiedestück nicht richtig umfaßt, kann die auf die Schenkel wirkende Kraft von der Zange nicht vollständig übertragen werden. Im Bild 2.17 berührt das Maul das Schmiedestück nur mit einer kleinen Fläche an den Kanten.

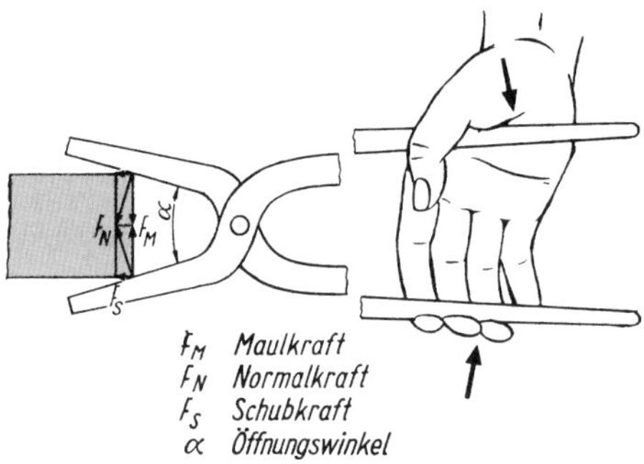

Bild 2.17
Kraftwirkung am Zangenmaul bei zu großem Werkstück

Die Werkstoffdicke ist hier im Verhältnis zum Öffnungswinkel α des Zangenmauls zu groß. Trotz der großen Kraftübertragung kann das Werkstück nicht gehalten werden, weil die dabei auftretende Schubkraft F_S das Schmiedestück so lange aus dem Maul schiebt, bis die Reibung an den Maulschenkeln größer wird als die Kraft F_S, und erst jetzt das Stück festhält. Das Schmiedestück sitzt jedoch nicht fest im Zangenmaul. Es kann beim Schmieden aus dem Maul herausspringen und Unfälle hervorrufen.

Zangen sind geordnet und griffbereit in Feuernähe aufzubewahren.

Zangen müssen fest und sicher greifen, deshalb muß für jedes Schmiedestück eine passende Zange gewählt werden. Beim Halten großer Stücke ist ein Spannring auf die Zange zu schieben, damit die Hand beim Halten nicht ermüdet.

2.2.3.2. *Zangenarten*

Die Werkstücke sind in Form und Größe verschieden, darum verwendet der Schmied verschiedene Zangen. Sie werden nach der Form des Mauls bezeichnet.

Tafel 2.10. Zangenarten

Form	Benennung	Ausführung	Anwendung
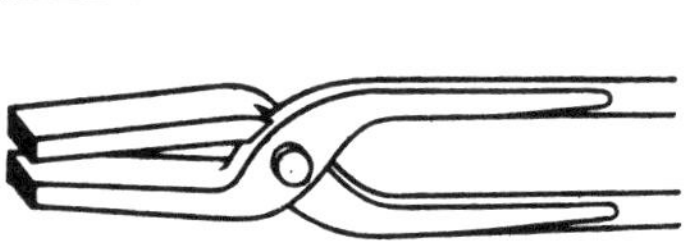	Flachzange	flache Maulform	Flach- und Quadratstahl in Längs- und Querrichtung

Tafel 2.10. (Fortsetzung)

Form	Benennung	Ausführung	Anwendung
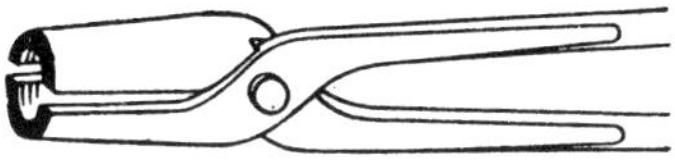	Rundmaulzange	hohle (runde) Maulform	Rundstahl in Längsrichtung
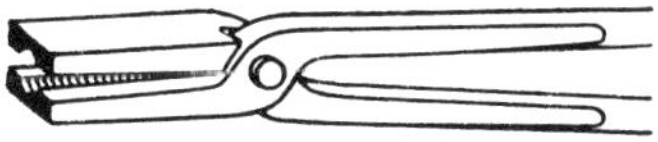	Quadratmaulzange	quadratische Maulform	Quadratstahl in Längsrichtung
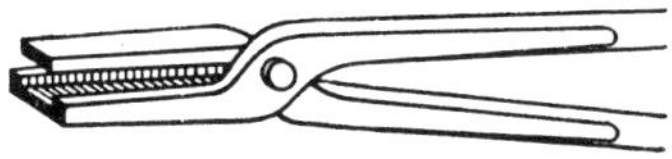	Klauenzange	flache Maulform, Unterteil mit Seitenlappen	Quadrat- und Flachstahl, verhindert seitliches Herausrutschen
	Kastenzange	flache Maulform mit je zwei Seitenlappen	große Flachstähle in Längsrichtung, verhindert seitliches Herausrutschen
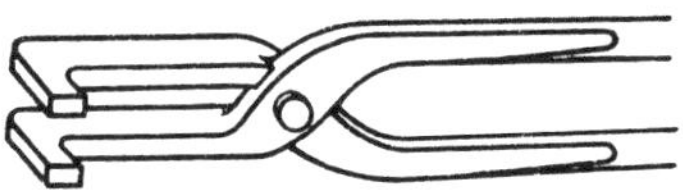	Hakenzange	flaches Maul, hakenförmig abgebogen	sperrige Stücke
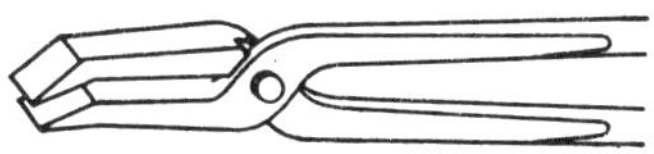	Winkelzange	flaches Maul, im Winkel gebogen	sperrige Stücke mit besonderer Form
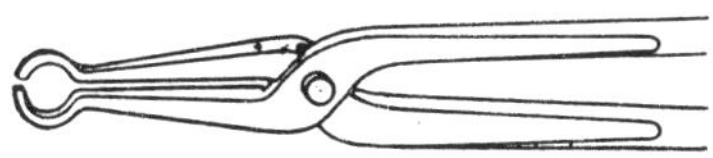	Nietzange	Ösenmaul	Greifen von Nieten
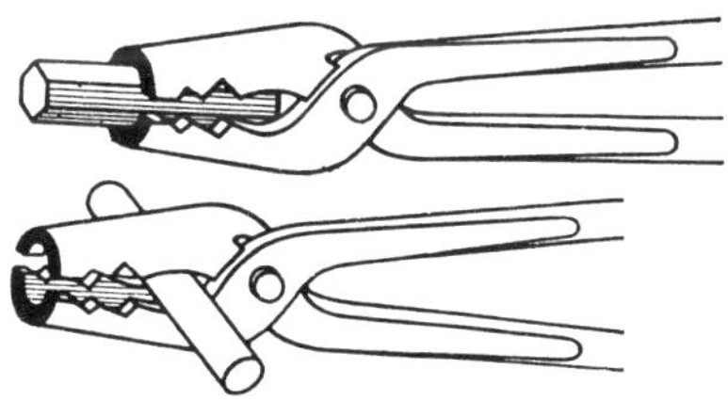	Wolfsmaulzange	runde oder viereckige Maulform, seitliche Aussparungen	Rund-, Sechskant- und Quadratstahl in Quer- und Längsrichtung
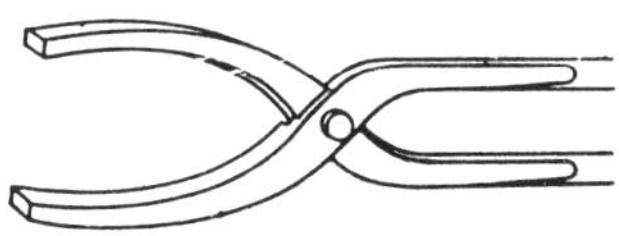	Aufbrennzange	große, flache Maulform	Aufbrennen von Stahlbeschlägen auf dicke Holzteile
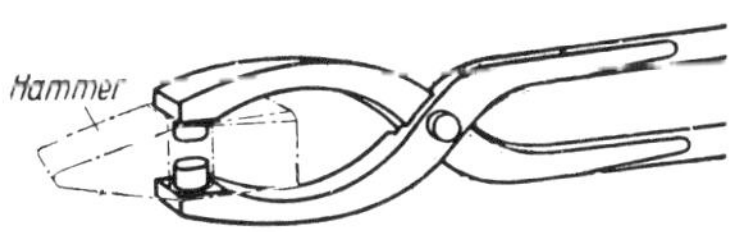	Werkzeugzange	Maul mit Innenzapfen	Halten von Werkzeugen; Zapfen greift in Werkzeugauge ein

2.2.4. Werkzeuge und Vorrichtungen

Für die einzelnen Schmiedearbeiten benutzt der Schmied Werkzeuge und Vorrichtungen, die ihm helfen, bestimmte Arbeitstechniken schnell und sicher auszuführen. Die rationelle Anwendung und ständige Erweiterung dieser Arbeitsmittel trägt wesentlich zur Steigerung der Arbeitsproduktivität bei.

Entsprechend den Arbeitsgebieten der Kleinschmiede, ist in den einzelnen Werkstätten eine unterschiedliche Anzahl dieser Werkzeuge und Vorrichtungen im Gebrauch. Viele von ihnen wurden in den Werkstätten selbst entwickelt und hergestellt. Um die schwere Arbeit durch bessere Werkzeuge und Vorrichtungen zu erleichtern, gibt es hier viele Möglichkeiten und Aufgaben für die sozialistischen Neuerer und Meister von morgen.

2.2.4.1. *Werkzeuge zum Spannen*

Vielen Schmiedestücken kann ihre Form nur gegeben werden, wenn sie in einer bestimmten Lage fest eingespannt sind. Dazu dienen in der Schmiede der Flaschen- oder Zangenschraubstock (Bild 2.18) und der Schmiedeschraubstock (Bild 2.19). Der geschmiedete Flaschenschraubstock ist an der Werkbank über einem Fuß befestigt,

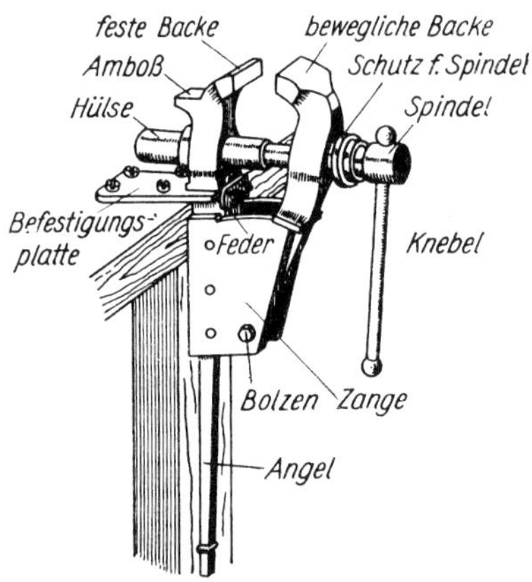

Bild 2.18
Flaschenschraubstock

Bild 2.19
Schmiedeschraubstock

um die beim Arbeiten auftretenden Erschütterungen gut abzufangen. Der größere und stabilere Schmiedeschraubstock steht auf dem Werkstattboden und hat etwa Amboßhöhe. Beide Schraubstöcke werden für Biege-, Stauch- und Trennarbeiten eingesetzt.

2.2.4.2. *Werkzeuge zum Amboß*

Neben den Schmiedehämmern und -zangen benötigt der Schmied zum Formen seiner Werkstücke Hilfswerkzeuge, die in das Vierkantloch des Ambosses eingesetzt werden.

Mit dem Abschrot werden kleine Querschnitte getrennt (Bild 2.20).

Das Hörnchen dient zum Biegen kleiner Rundungen (Bild 2.21) und zum Kantenbrechen oder Abrunden gelochter Werkstücke.

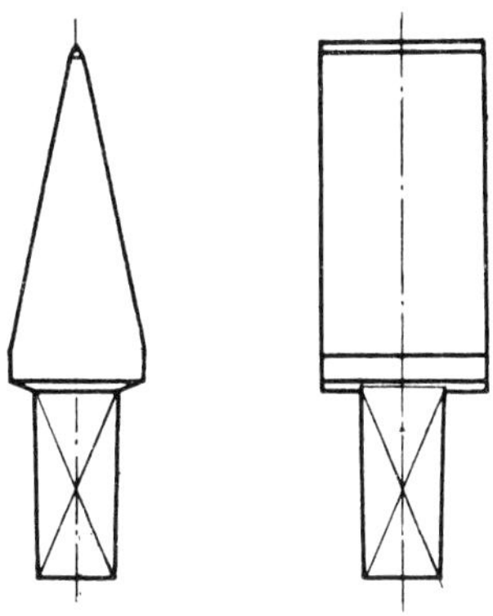

Bild 2.20. Abschrot

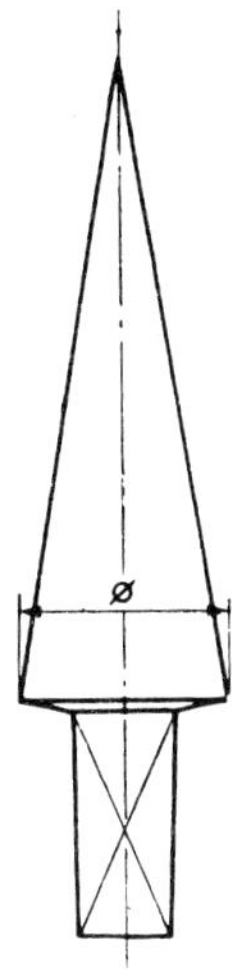

Bild 2.21. Hörnchen

Mit den Hilfsgesenken oder Schlichtlagen werden meistens abgesetzte Werkstücke geformt (s. Bilder 3.66 bis 3.70). Ein zweckmäßiges Biegegerät ist die Biegegabel mit dem Biegegesenk (Bild 2.22). Es erleichtert das Rundbiegen kurzer Stücke mit großem Querschnitt.

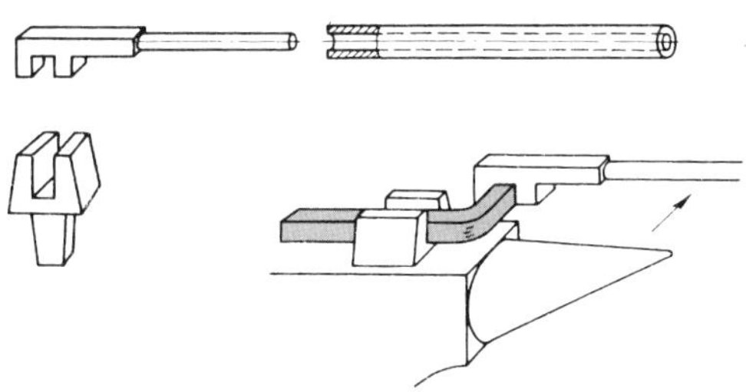

Bild 2.22
Biegen mit Biegegabel und Biegegesenk

Das Rollen von Werkstücken in großer Stückzahl wird vorteilhaft mit Rollgesenken ausgeführt (Bild 2.23).

Zur Kleinschmiede gehört die Loch- und Gesenkplatte (Bild 2.24). Die verschiedenen quadratischen und kreisförmigen Durchbrüche dienen zum Lochen und Stauchen (Kopfmachen). An allen Stirnflächen der drehbar gelagerten Platte befinden sich

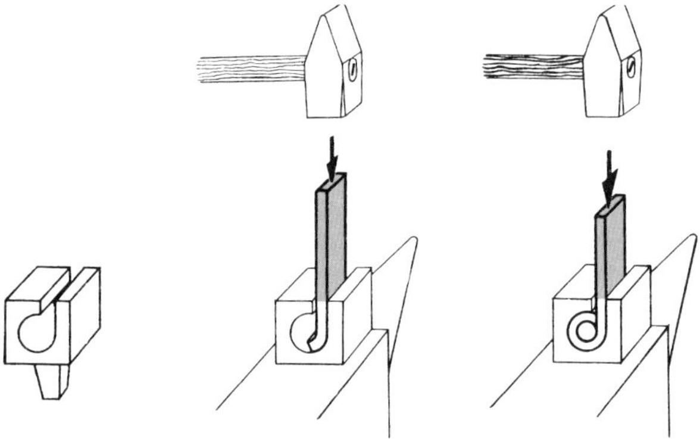

Bild 2.23
Rollen im Hilfsgesenk

Bild 2.24
Loch- und Gesenkplatte

halbkreisförmige Aussparungen mit unterschiedlichen Radien, die zum Gesenkschmieden und Biegen benutzt werden.

Eine Richtplatte (Bild 2.25) mit stabilem Ständer wird zum Ausrichten verbogener Werkstücke, zum Glattschmieden und Schlichten gebraucht.

Bild 2.25. Richtplatte

2.2.4.3. *Vorrichtungen*

Vorrichtungen sind Hilfsmittel, die in der Fertigung den Arbeitsaufwand verringern und die Qualität des Erzeugnisses verbessern. Sie sind dem jeweiligen Werkstück und Arbeitszweck angepaßt. Ihre Gestaltung richtet sich nach der Anzahl und der Form der herzustellenden Werkstücke. Am meisten werden in der Schmiede Vorrichtungen zum Biegen gebraucht. Einfache Vorrichtungen fertigt der Schmied selbst.

Sollen z. B. 200 Kettenringe mit 45 mm Innendurchmesser aus Rundstahl mit einem Durchmesser von 10 mm gefertigt werden, wäre eine Einzelherstellung unproduktiv. In diesem Fall wickelt der Schmied den Rundstahl wendelförmig um eine Welle mit 45 mm Durchmesser (Bild 2.26). Die entstandenen Wendeln werden in Längsrichtung aufgeschnitten und die gebogenen Ringe geschweißt. Dadurch wird Arbeitszeit eingespart.

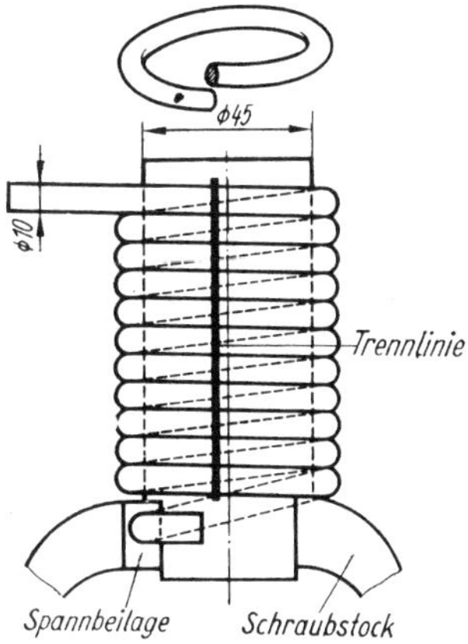

Bild 2.26
Biegen von Kettenringen

Biegevorrichtungen werden für die verschiedenen Biegearbeiten verwendet. Rohrbiegevorrichtungen ermöglichen das Biegen von Rohren mit verschiedenen Biegeradien. Zum Biegen von Winkelstahl gibt es ebenfalls besondere Vorrichtungen, die das Ausbiegen der Schenkel verhindern. Auf der im Bild 2.27 gezeigten Vorrichtung kann der Winkelstahl nach beiden Seiten gebogen werden, so daß der hochkant gebogene Schenkel außen oder innen liegt.

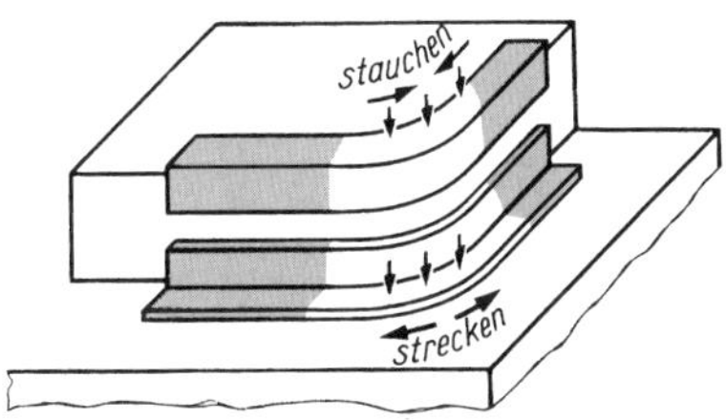

Bild 2.27
Vorrichtung zum Biegen von Winkelstahl

Für viele sich oft wiederholende Biegearbeiten werden von unserer Industrie Biegevorrichtungen und -apparate serienmäßig hergestellt. Man unterscheidet

- Winkelbiegeapparate
- Bandrollapparate
- Rohrbiegeapparate
- Rundbiegevorrichtungen.

Mit diesen Vorrichtungen können Flach-, Quadrat-, Rund- und Winkelstähle sowie Rohre in die jeweils notwendige Form gebracht werden. Kleine Querschnitte werden kalt, größere warm gebogen. Die Biegevorrichtungen können von Hand oder durch Getriebemotor betätigt werden.

Aufgaben

1. Nennen Sie Maschinen, die in Ihrer Werkstatt verwendet werden!
2. Sprechen Sie über die verschiedenen Schmiedezangen und deren Verwendung!
3. Welche Anforderungen werden an eine Schmiedezange gestellt?

4. Wodurch unterscheiden sich Hilfshämmer von Hand- und Zuschlaghämmern?
5. Beschreiben Sie den Amboß, und geben Sie an, was bei seinem Aufstellen zu beachten ist!
6. Weisen Sie nach, daß durch gruppenweises und übersichtliches Aufbewahren der Schmiedewerkzeuge die Arbeitsproduktivität gesteigert und Unfallgefahren gemindert werden können!
7. Berichten Sie über den rationellen Einsatz der Werkzeuge am Amboß!
8. Erklären Sie Aufbau, Wirkungsweise und Einsatz von Vorrichtungen Ihres Betriebes!

3. Schmiedeverfahren

Beim Schmieden werden Metalle im warmen Zustand durch verschiedene Verfahren geformt. Schmiedeverfahren werden in die Gruppen Umformen, Trennen und Verbinden eingeteilt. Die Zuordnung zeigt Tafel 3.1.

Tafel 3.1. Schmiedeverfahren

Schmiedeverfahren

Umformen	Trennen	Fügen
Stauchen	Abschroten	Schrumpfen
Strecken	Spalten	Schweißen
Absetzen	Lochen	
Schlichten		
Biegen		
Verdrehen		

Eine scharfe Trennung der einzelnen Schmiedeverfahren ist nicht möglich. Die Vielseitigkeit der Formen von Schmiedestücken bedingt, daß beim Schmieden eines bestimmten Werkstücks auch verschiedene Verfahren in unterschiedlicher Reihenfolge angewendet werden müssen.

3.1. Umformen

Durch Umformen wird ein Halbzeug zu einem Schmiedestück geformt, ohne daß Werkstoff abgetrennt oder hinzugefügt wird. Beim Umformen bleibt das Volumen des Schmiedestücks bis auf den Abbrand unverändert. Die Werkstoffmenge des Schmiedestücks ist annähernd die gleiche wie vor dem Schmieden.

Der erwärmte Werkstoff befindet sich in bildsamem Zustand und wird durch Hammerschläge umgeformt. Mit jedem Hammerschlag wird die Höhe des Schmiedestücks verringert. Länge und Breite nehmen zu. Der Werkstoff wird gestaucht. Der Schmied kann durch entsprechendes Aneinanderreihen von Stauchschlägen ein Schmiedestück strecken, breiten, spitzen oder biegen.

Durch Hammerschläge werden die Werkstoffteilchen zum Fließen gebracht und in die neue Form gezwungen. Dabei werden die Kristalle des Gefüges gegeneinander verschoben. Dieser Verlagerung setzt der Werkstoff einen Widerstand – den Formänderungswiderstand – entgegen.

> Formänderungswiderstand ist der Widerstand, den der Werkstoff dem Ändern seiner Form entgegensetzt.

Die Bildsamkeit des Stahls hängt von seiner Zusammensetzung ab. Mit steigendem Kohlenstoffgehalt nimmt die Festigkeit des Stahls zu und die Bildsamkeit ab. Ebenso beeinflussen Schwefel- und Phosphoranteile die Formbarkeit. Mit zunehmendem Schwefelgehalt wird die Formänderung im warmen Zustand, mit steigendem Phosphorgehalt die Formänderung im kalten Zustand erschwert bzw. unmöglich.

Der Formänderungswiderstand hängt von der Werkstoffzusammensetzung ab.

Bei kaltem Werkstoff haften die Kristalle fest aneinander. Das Formen ist nur mit großem Kraftaufwand möglich. Je wärmer der Werkstoff ist, um so weicher wird er, die Kristalle lassen sich leichter verformen und verschieben.

Der Formänderungswiderstand hängt von der Temperatur des Werkstoffs ab.

Bei breiten, aber niedrigen Werkstücken ist die Reibung des Schmiedestücks an Amboß- und Hammerbahn größer als bei schmalen, hohen Teilen.

Der Formänderungswiderstand hängt von der Form des Schmiedestücks, vom Verhältnis Breite zu Höhe, ab.

Je schneller die Formänderung erfolgt, desto größer ist der Widerstand, den der Werkstoff leistet. Als Vergleich: Wenn man die Hand in Wasser taucht, spürt man keinen nennenswerten Widerstand. Wenn man auf das Wasser schlägt, spürt man einen großen Widerstand (Massenträgheit).

Der Formänderungswiderstand eines Werkstoffs hängt von der Formänderungsgeschwindigkeit ab.

3.1.1. Schmiedevorgang

Unter dem Einfluß von Schlag oder Druck ändern die Metalle ihre Form. Die Formänderung kann im kalten und warmen Zustand durchgeführt werden. Erwärmte Werkstücke setzen ihrer Formung einen geringeren Widerstand entgegen, und ihr Werkstoffgefüge wird weniger deformiert.

Schmieden ist eine Formänderung im warmen Zustand durch Schlag oder Druck.

Die Warmformung wird im allgemeinen in den Kleinschmieden mit Handhämmern und Zuschlaghämmern, in den Großschmieden mit Schmiedehämmern oder Schmiedepressen durchgeführt.

3.1.1.1. *Schmiedetemperatur*

Vor dem Schmieden ist der Stahl auf Schmiedetemperatur zu erwärmen. Die günstigsten Schmiedetemperaturen des Stahls werden durch den Kohlenstoffgehalt bestimmt und liegen im Gefügebereich des Austenits, oberhalb GSE im Eisen-Kohlenstoff-Zustandsdiagramm. In diesem Bereich ist das Gefüge aufgelockert. Die Kristalle haben gute Gleitflächen, die ein Verschieben, Verdrängen und Formen des Werkstoffs ermöglichen, ohne dabei ihre innere Zusammenhangskraft zu verlieren (Bild 3.1).

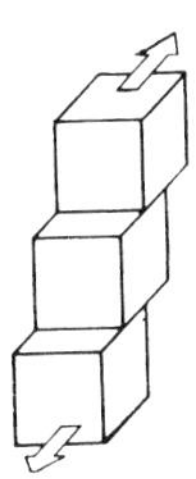

Bild 3.1
Gleitschema der Kristalle bei der Formung

Oberhalb der Rekristallisationstemperatur besitzt der Werkstoff die größte Bildsamkeit.

Stahl mit niedrigem Kohlenstoffgehalt ist möglichst hoch zu erwärmen (etwa 1 200 °C). Stahl mit hohem Kohlenstoffgehalt ist möglichst wenig über die untere Umwandlungslinie (723 °C) zu erwärmen. Die Temperatur von 1 050 °C darf nicht überschritten werden, weil der Stahl sonst entkohlt und grobkörnig wird. Bei grobkörnigem Gefüge nehmen Festigkeit und Schmiedbarkeit ab (Bild 3.2).

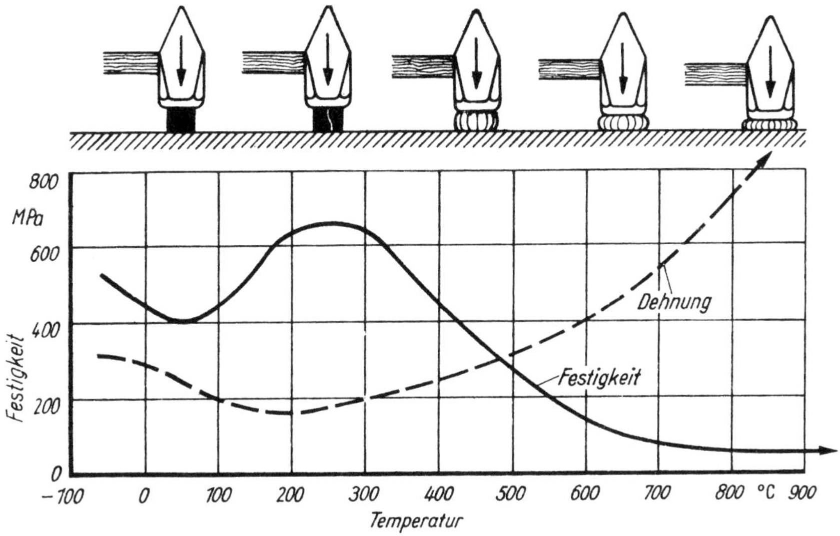

Bild 3.2 Einfluß der Schmiedetemperatur auf die Formbarkeit

Je höher der Kohlenstoffgehalt, desto niedriger muß die Schmiedeanfangstemperatur sein. Je höher der Stahl erwärmt wird, um so größer ist seine Plastizität, um so besser die Schmiedbarkeit.

3.1.1.2. *Energieumwandlung und Formungsarbeit*

Beim Freiformschmieden wird der Stahl frei zwischen Amboß und Hammer geformt. Diese Tätigkeit erfordert Körperkraft, Geschicklichkeit und Übung. Der Hammer wird auf das auf dem Amboß liegende erwärmte Schmiedestück geschlagen. Die zur Formänderung notwendigen Kräfte werden durch die Bewegungsenergie (kinetische Energie) des Hammers erzeugt. Diese Energie, Arbeitsvermögen genannt, bewirkt eine Formänderung, wenn durch den Amboß eine gleich große Gegenkraft wirkt (Bild 3.3) Der Amboß muß eine große Masse haben, weil sonst ein Teil des Arbeitsvermögens infolge Schwingungen und Erschütterungen für die Formung verlorengeht.

Beim Schmieden erhalten die Werkstoffteilchen durch den Hammer einen Schub, werden aber infolge ihrer gegenseitigen Reibung an einer schnellen Fortbewegung gehindert. Reibung erzeugt Wärme. Daraus erklärt sich, daß sich die Schmiedetem-

Bild 3.3
Formänderung durch Schmieden

peratur im Innern des Schmiedestücks beim schnellen Schmieden etwas erhöht. Das Schmiedestück kühlt langsamer ab.

Beim Schmieden wird die Energie des Hammers zur Formungsarbeit durch Fortbewegung der Werkstoffteilchen umgewandelt. Ein Teil der Energie wandelt sich dabei in Wärme um.

3.1.1.3. *Schmieden ohne Zuschläger*

Kleinere Schmiedeteile werden vom Vorschmied allein bearbeitet (Bild 3.4). Er hält mit der linken Hand das Schmiedestück rechtwinklig zur Amboßkante und schwingt mit der rechten den Handhammer.

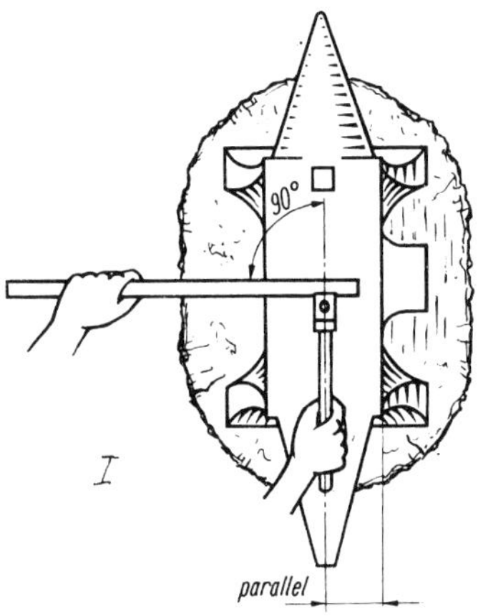

Bild 3.4. Halten des Schmiedestücks und Hammerführung beim Schmieden ohne Zuschläger

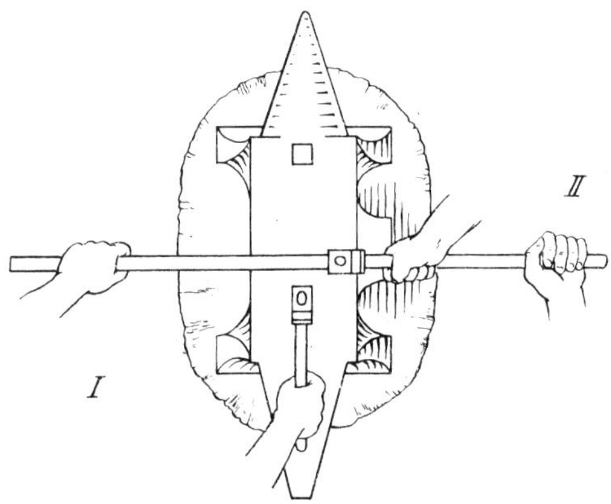

Bild 3.5. Halten des Schmiedestücks und Hammerführung beim Schmieden mit Zuschläger

3.1.1.4. *Schmieden mit Zuschläger*

Beim Schmieden großer Teile arbeitet der Schmied mit einem Zuschläger oder mit zwei Zuschlägern (Bild 3.5). Vorschmied und Zuschläger stehen sich gegenüber und schlagen abwechselnd auf das Werkstück. Schmied und Zuschläger setzen einen Fuß etwa $^1/_2$ Schrittlänge seitlich vor und halten den Oberkörper möglichst aufrecht. Der Zuschläger führt den Hammer mit beiden Händen. Er umfaßt mit der rechten Hand den Hammerstiel etwa eine Handbreite vor dem Hammerkopf, mit der linken Hand das hintere Ende des Stiels und führt so den Hammerstiel an der rechten Körperseite vorbei. Der Schmied hält das Werkstück rechtwinklig zur Amboßkante und gibt mit seinem Hammer den Takt.

3.1.1.5. *Takt beim Schmieden*

Beim Schmieden kann man sich wegen des Lärms durch Sprechen schlecht verständigen. Das Schmieden unter mehreren Hämmern fördert die Bildung eines Kollektivs, weil gegenseitige Rücksichtnahme und Unterstützung erst die Gewähr für einen Arbeitserfolg und unfallfreies Arbeiten bieten. Der Vorschmied gibt dem Zuschläger mit dem Schmiedehammer den Takt an. Der Takt teilt dem Zuschläger mit

- Beginn und Ende des Zuschlagens
- Schlagstelle
- Schlaggeschwindigkeit
- Schlagstärke
- Zuschlagen mit Bahn oder Finne.

Beim Schmieden unter mehreren Hämmern muß der Vorschmied das Werkstück drehen und wenden. Liegt das Schmiedestück nicht flach auf der Schmiedefläche des Ambosses auf oder wird es nicht rechtzeitig gewendet, entstehen Prellschläge. Dadurch kann das Stück aus der Zange fliegen und Unfälle verursachen. Das Arbeiten in der Schmiede ist mit großen Unfallgefahren verbunden. Unachtsamkeit beim Bearbeiten der warmen Schmiedestücke kann Brandverletzungen verursachen. Die Unfallverhütungsvorschriften sind unbedingt zu beachten:

Ärmel nach innen umkrempeln!
Lederschürze tragen!
Passende Zangen verwenden!
Nicht von der Arbeit ablenken lassen!

Unsere Regierung hat durch gesetzliche Maßnahmen und Bereitstellung finanzieller Mittel Voraussetzungen zur erhöhten Arbeitssicherheit geschaffen. In allen Betriebskollektivverträgen sind Mittel für Arbeitsschutzmaßnahmen festgelegt.

Aufgaben

1. Was versteht man unter Formänderungswiderstand? Erläutern Sie, wovon er abhängt!
2. Erklären Sie den Schmiedevorgang!
3. In welchem Zusammenhang stehen Schmiedetemperatur und Formbarkeit?
4. Erläutern Sie das Schmieden mit Zuschläger!

3.1.2. Stauchen

3.1.2.1. *Zweck und Anwendungsbereich*

Beim Stauchen eines Schmiedestücks wird der Querschnitt vergrößert und die Länge verringert (Bild 3.6).

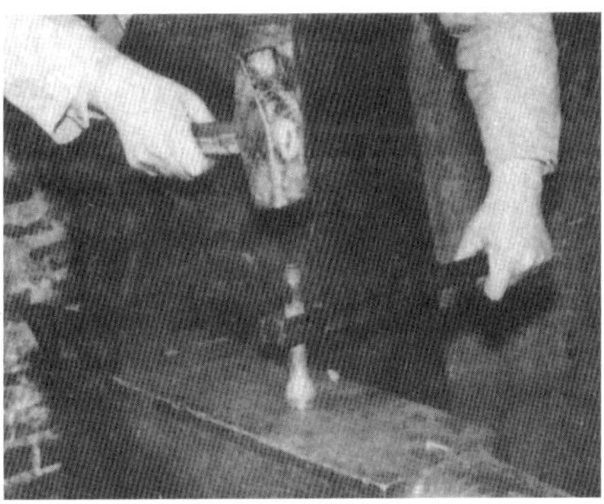

Bild 3.6
Stauchen auf dem Amboß

Das Stauchen wird angewendet:

- Vor Biege-, Loch- und Feuerschweißarbeiten werden Wülste angestaucht. So wird verhindert, daß sich der Querschnitt des Schmiedestücks an der Bearbeitungsstelle verringert (Bild 3.7).

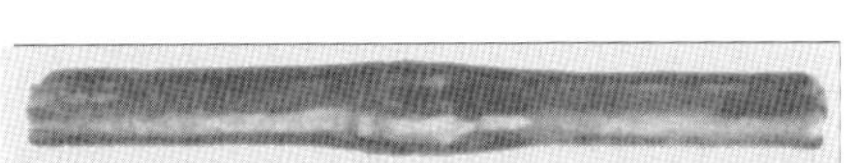

Bild 3.7
Schmiedestück, in der Mitte gestaucht

- Zur Formbildung von Köpfen und Bunden.
  An Schraubenbolzen, Zapfen, Wellen und Achsen werden Wülste angestaucht, um eine genügende Werkstoffanhäufung zur Ausbildung der Köpfe oder Bunde zu erhalten (Bild 3.8).

Bild 3.8
Schmiedestück, am Ende gestaucht

- Zum Passendmachen.
  Geschmiedete Hebel, Zugstangen, Pleuelstangen und Bolzen haben an den Enden Lageraugen, An- und Absätze. Sind solche Teile zu lang geworden, kann kein Werkstoff abgetrennt werden. Sie werden gestaucht und so auf das Fertigmaß gebracht (Bild 3.9).

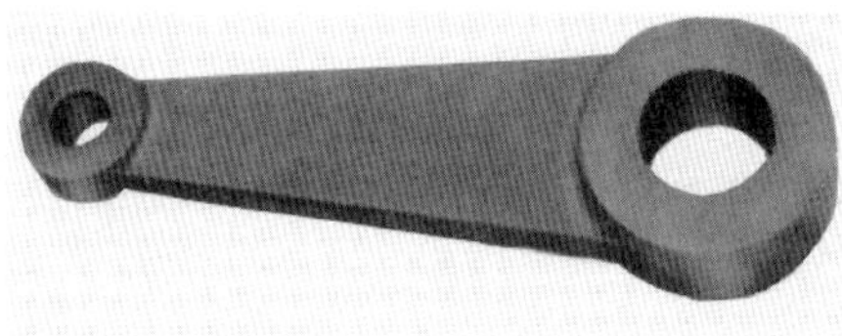

Bild 3.9
Augenhebel

Stauchen ist ein Schmiedeverfahren, bei dem der Querschnitt vergrößert und gleichzeitig die Länge verringert wird. Es wird zur Vorbereitung von Biege-, Loch- und Schweißarbeiten, zum Ausformen von Köpfen und Bunden und zum Passendmachen angewendet.

3.1.2.2. *Stauchvorgang*

Erwärmen

Beim Stauchen ist das Schmiedestück an der Stauchstelle kurz und hoch zu erwärmen. Dadurch wird an der Stauchstelle der Formänderungswiderstand gering, und der Wulst kann leicht ausgeformt werden. Je länger die erwärmte Stauchstelle ist, um so eher können stabförmige Schmiedestücke durch die Schlagwirkung des Hammers seitlich ausbiegen und schließlich knicken. Das erwärmte Schmiedestück ist daher vor dem Stauchen bis dicht an die Stauchstelle in Wasser zu tauchen, das heißt, die Stauchstelle ist durch Abkühlen einzugrenzen.

Kräfte

Beim Stauchen wird der Werkstoff durch die Schlagkraft des Hammers aus der Längsrichtung verdrängt und fließt quer zur Kraftrichtung der Werkzeuge (Bild 3.10). Der Werkstofffluß wird durch den Formänderungswiderstand und durch die Reibung beeinflußt.

Formänderungswiderstand

Die kalten Schmiedewerkzeuge, Hammer und Amboß, kühlen die Werkstoffschichten an der Oberfläche des Schmiedestücks ab. Die Bildsamkeit wird in diesen Schichten verringert, das heißt, der Formänderungswiderstand nimmt zu, und der Werkstofffluß wird gehemmt. Bei in der Mitte liegenden Stauchstellen wird der Werkstofffluß nicht durch die Werkzeugflächen, sondern durch den großen Formänderungswiderstand des angrenzenden kalten Werkstoffs verringert (Bild 3.11). Der Werkstoff ist in der Mitte der Stauchstelle gut plastisch und wird dort tonnenartig geformt.

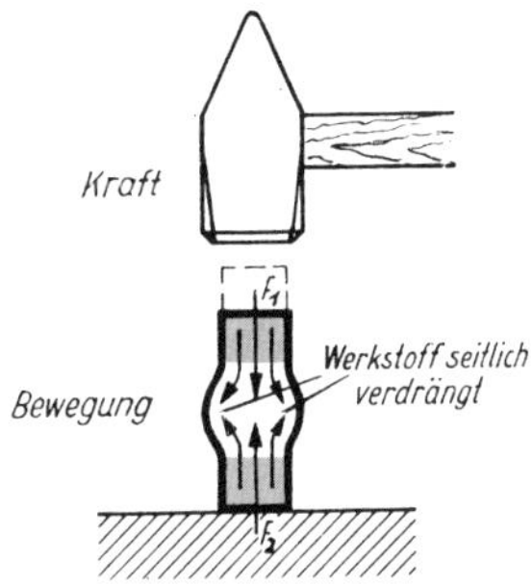

Bild 3.10. Werkstofffluß beim Stauchen

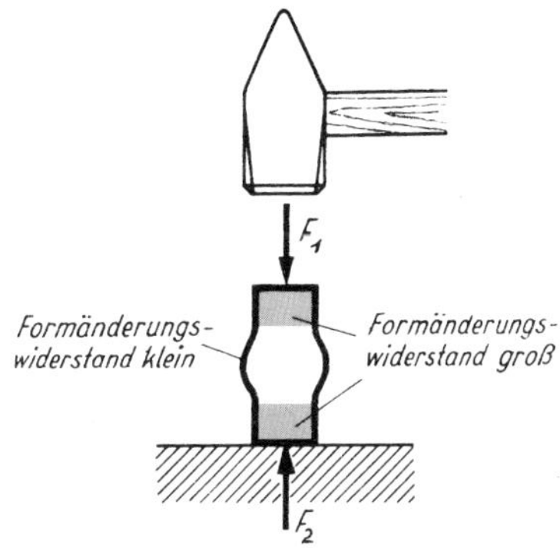

Bild 3.11. Formänderungswiderstand beim Stauchen

Reibung

Zwischen Werkzeugflächen und Oberflächen der Schmiedestücke wird beim Schmieden Reibung erzeugt. Dadurch wird das Fließen des Werkstoffs erschwert (Bild 3.12). Geschliffene und polierte Hammer- und Amboßbahnen verringern die Reibung.

Schlagwirkung

Die Schlagkraft des Hammers muß bis in den Kern der Stauchstelle hinein wirken. Je schwerer der Hammer ist, um so größer ist die Stauchwirkung. Wirkt der Schlag nicht bis in den Kern hinein, dann fließt der Werkstoff an den Stirnflächen. Hier wird das Schmiedestück breiter (Bild 3.13), weil lediglich die Reibung überwunden wird.

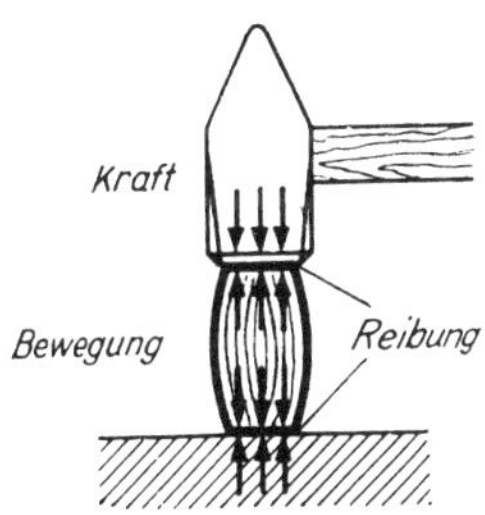

Bild 3.12. Reibung beim Stauchen

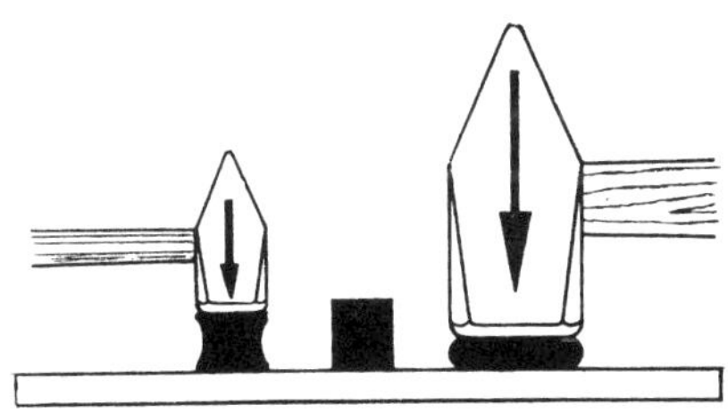

Bild 3.13. Einfluß der Hammermasse auf die Umformung

Kalter Werkstoff behindert das Fließen, weil durch seinen großen Formänderungswiderstand die Bildsamkeit verringert wird. Die Schlagwirkung des Hammers muß tief in den Kern der Stauchstellen hinein wirken. Je schwerer der Hammer, um so größer die Stauchwirkung.

3.1.2.3. *Stauchverfahren*

Beim Stauchen muß die Stauchkraft F_1 des Hammers senkrecht zur Amboßbahn wirken. Nur dann kann die gleich große Gegenkraft F_2 des Ambosses wirksam werden (Bild 3.14). Ein schräg geführter Hammer mit der Kraft F_1 (Bild 3.15) ergibt eine

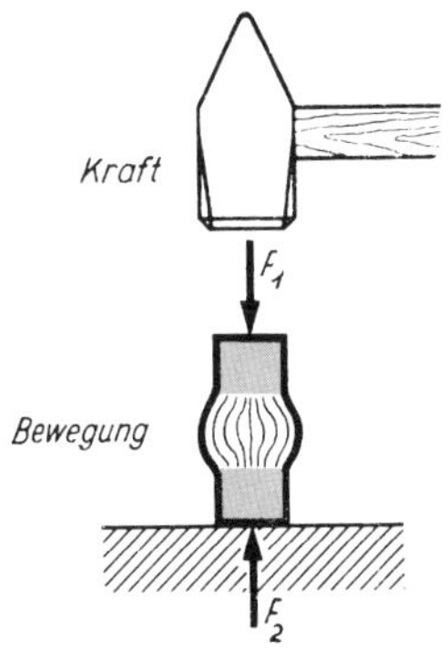

Bild 3.14. Kraft und Gegenkraft beim Stauchen

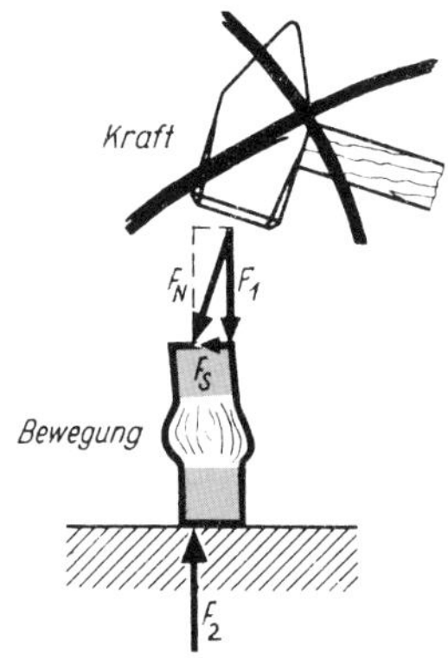

Bild 3.15. Schubkraft bei schräggeführten Hammerschlägen

waagerecht wirkende Schubkraft F_s, die den Werkstoff nach einer Seite verdrängt. Das Schmiedestück verbiegt sich. Folgende Arbeitsregeln sind zu beachten:

- Beim Stauchen sind die Hammerschläge so zu führen, daß die Hammerbahn beim Auftreffen auf das Schmiedestück parallel zur Schmiedefläche liegt.
- Stabförmige Schmiedestücke müssen senkrecht auf den Amboß gesetzt werden.
- Nach jedem Schlag muß das Schmiedestück gedreht werden. Dadurch gleichen sich kleine Knickungen am Schmiedestück wieder aus.
- Das Schmiedestück muß beim Stauchen sofort gerichtet werden, wenn es durch seitliche Schubkräfte stark ausbiegt. Es biegt sich sonst bei den folgenden Stauchschlägen weiter. Die Stauchwirkung wird geschwächt.

Beim Stauchen unterscheidet man

Stauchen am Ende des Schmiedestücks
Stauchen zwischen den Enden des Schmiedestücks.

Stauchen am Ende des Schmiedestücks

Das Stauchen am Ende wird angewendet, wenn an stabförmigen Schmiedestücken Köpfe oder Wülste anzustauchen sind.

Kurze Schmiedestücke werden senkrecht auf die Amboßbahn gestellt und gestaucht (s. Bild 3.6). Die Stauchwirkung ist groß, weil der Amboß mit seiner großen Masse die Wucht der Schläge aufnimmt.

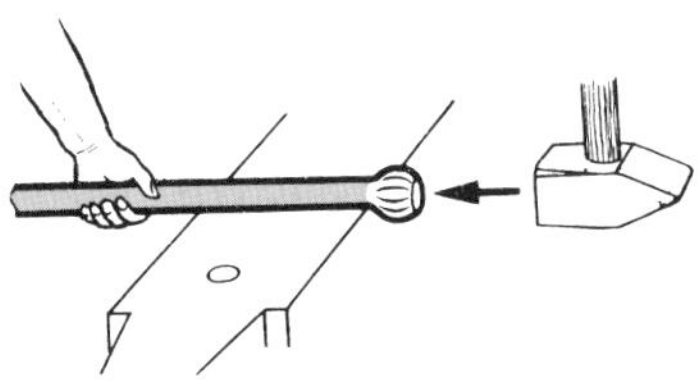

Bild 3.16. Waagerechtes Stauchen auf der Amboßbahn

Bild 3.17. Stauchen durch Aufstoßen des Schmiedestücks

Gebogene Stäbe, die am Ende angestaucht werden sollen, spannt der Schmied in den Schraubstock ein, da sie beim Aufsetzen infolge der Stauchkraft abfedern und sich verbiegen können.

Lange Schmiedestücke werden in waagerechter Lage auf der Amboßbahn gestaucht (Bild 3.16). Die Stauchwirkung ist gering, weil die Schläge nur von der Handkraft des Schmiedes und von der geringen Masse des Schmiedestücks aufgenommen werden.

Arbeitet der Schmied allein, so nützt er die Masse des Schmiedestücks aus, indem er die Stauchstelle auf die Amboßbahn aufstößt (Bild 3.17). Beim Schmieden mit Zuschläger wird das Schmiedestück auf den Stauchamboß aufgesetzt. Der Zuschläger schlägt mit dem Vorschlaghammer auf das kalte Stabende (Bild 3.18).

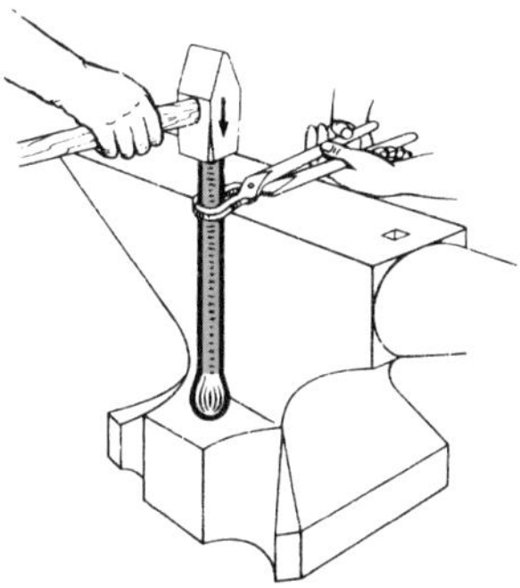

Bild 3.18
Stauchen auf dem Stauchamboß

Häufig wird der angestauchte Wulst im Nageleisen oder in der Lochplatte (Bild 3.19) fertig geschmiedet. Dabei muß der Hammer senkrecht geführt werden, weil sonst ein schiefer Kopf entsteht (Bild 3.20). Werden die Stabenden stark angestaucht, entsteht Grat. Um das zu vermeiden, kühlt der Schmied das Stauchende kurz ab und staucht dann an.

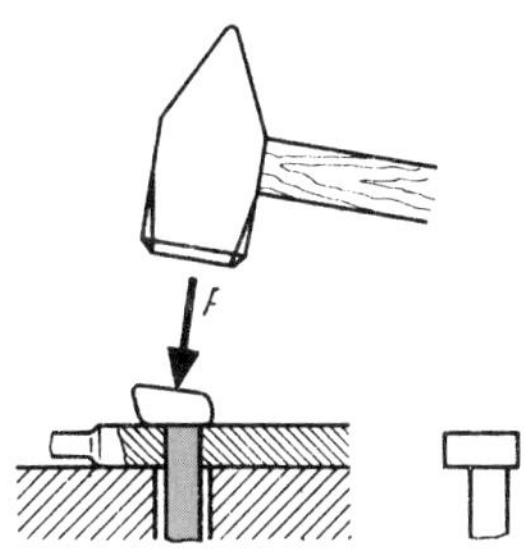

Bild 3.20. Schiefer Stauchwulst durch schräge Hammerschläge

Bild 3.19
Stauchen in der Lochplatte

Das Stauchen am Ende des Schmiedestücks ist hauptsächlich eine Vorarbeit zum Kopfmachen. Das Stück wird entweder auf den Amboß, den Stauchansatz oder Stauchklotz aufgesetzt und durch Hammerschläge oder durch Aufstoßen gestaucht.

Stauchen zwischen den Enden des Schmiedestücks

Zwischen den Enden wird gestaucht, wenn gebogen oder gelocht werden soll. Diese Staucharbeit wird bei langen Schmiedestücken meistens auf dem Stauchansatz oder auf einer schweren Platte, die in den Boden eingelassen ist, ausgeführt.

Lange Schmiedestücke, die nur wenig gestaucht werden, legt der Schmied quer über den Amboß und schlägt mit der Hammerbahn auf die Stirnseite des Schmiedestückendes. Die Eigenmasse des Werkstücks bildet die Gegenkraft.

Es kann ferner so gestaucht werden, daß die Verdickung einseitig liegt (Bild 3.21). Das einseitige Stauchen wird beim Biegen scharfkantiger Ecken angewendet. Hierbei wird die Stauchstelle einseitig durchgesetzt.

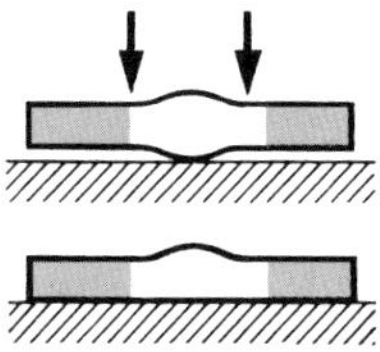

Bild 3.21
Einseitiges Stauchen zum Biegen scharfkantiger Ecken

Rund- und Quadratstähle lassen sich besser stauchen als Flachstähle. Schmiedestücke, deren Querschnitte quadratisch oder rund sind, setzen dem Ausbiegen an allen Seiten einen gleichmäßigen Widerstand entgegen. Flachstähle, deren Profil unterschiedliche Abmessungen hat, werden stets zur längeren Seite hin knicken (Bild 3.22). Der Widerstand wird größer, je weiter die Werkstoffteilchen vom Schwerpunkt ihrer Querschnittsfläche entfernt liegen.

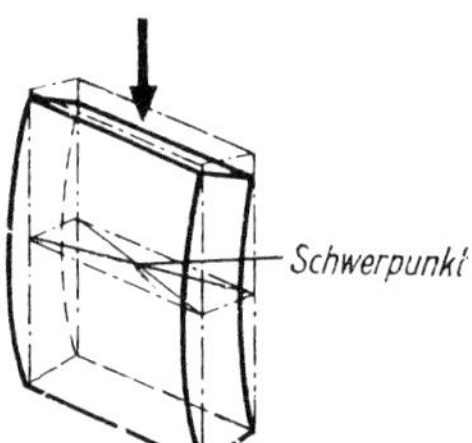

Bild 3.22
Durchbiegung eines flachen Schmiedestücks

Schmiedestücke können an jeder beliebigen Stelle zwischen den beiden Enden gestaucht werden. Rund- und Quadratstähle lassen sich besser als Flachstähle stauchen, da sie nicht so leicht einknicken. Flachstähle, die breit und dünn sind, lassen sich schwer stauchen, da sie leicht einbiegen.

Stauchen mit Stauchmaschine

Eine Stauchmaschine (Bild 3.23) ist in fast jeder Schmiede vorhanden. Sie dient zum Stauchen dicker Stähle zwischen den Enden. Sie kann auch zum Kopfanstauchen und zum Drücken eingesetzt werden. Ihr Stauchdruck ist groß und gleichmäßig.

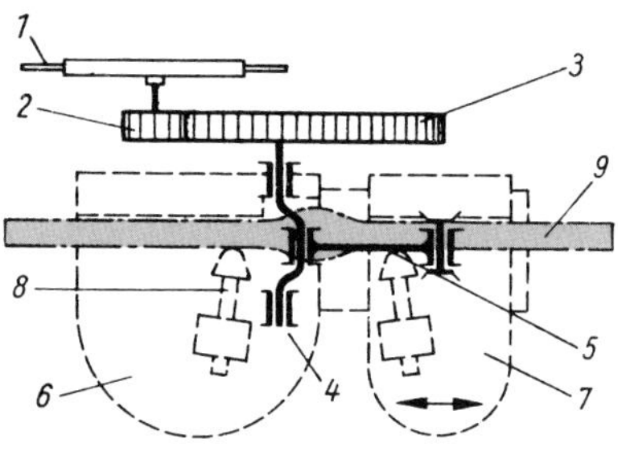

Bild 3.23
Stauchmaschine (Prinzip)

1 Handrad; *2* kleines Zahnrad; *3* großes Zahnrad; *4* Kurbelwelle; *5* Schub- und Zugstange; *6* fester Backen; *7* beweglicher Backen; *8* Spannkloben; *9* Stauchstück

Die Stauchmaschine besteht aus einem massiven, gegossenen Maschinenkörper mit fester Platte und Spannvorrichtung. Eine zweite Platte mit Spannvorrichtung ist beweglich angeordnet. Sie gleitet auf die feste Platte zu und übt dadurch den Stauchdruck aus. Die Spannvorrichtung ist so eingerichtet, daß Werkstücke verschiedener Breite eingespannt werden können. Mit Hilfe von Zusatzbacken und durch Versetzen der Spannvorrichtung können verschiedene Formen gestaucht werden.

Die Stauchverfahren sind in Tafel 3.2 dargestellt.

Tafel 3.2. Stauchverfahren

Art des Verfahrens	Ausführung	Arbeitsmittel	
Stauchen am Ende des Schmiedestücks 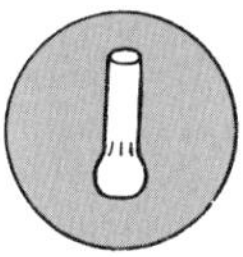	Schmiedestück am Ende hellgelb erwärmen; kurze Schmiedestücke senkrecht auf die Amboßbahn stellen und mit dem Handhammer stauchen; lange Schmiedestücke waagerecht auf der Amboßbahn stauchen	Amboß, Schmiedezange, Handhammer	Vergrößerung des Querschnitts durch Anschmieden von Wülsten, z. B. bei Schraubenköpfen, Lagerköpfen, An- und Absätzen
Stauchen zwischen den Schmiedestückenden 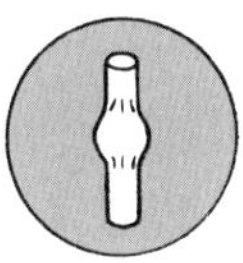	Stauchstelle erwärmen; Schmiedestück auf dem Stauchansatz mit dem Handhammer stauchen; lange Schmiedestücke werden waagerecht auf der Amboßbahn gestaucht	Amboß (Stauchamboß), Schmiedezange, Handhammer (Vorschlaghammer)	Vergrößerung des Querschnitts, z. B. bei Hebeln, Zugstangen, Pleuelstangen und Bolzen sowie zum Lochen und Biegen; Verkürzung der Länge durch Anschmieden von Wülsten

3.1.2.4. *Umformungslängen beim Stauchen*

Die erforderlichen Längen zum Umformen eines Rohstücks in ein Fertigstück werden in der Schmiede meistens geschätzt. Dadurch entstehen Werkstoffverluste, weil die Schmiedestücke entweder zu lang oder zu kurz werden können. Sind sie zu lang, muß Werkstoff abgeschrotet werden, sind sie zu kurz, sind die Stücke Ausschuß. In beiden Fällen geht unserer Volkswirtschaft wertvoller Werkstoff verloren. Der Schmied muß darum die notwendigen Umformungslängen, die er für das Schmieden der Werkstücke braucht, vorher berechnen. Bei diesen Berechnungen treten überwiegend folgende Bezeichnungen auf (Bild 3.24):

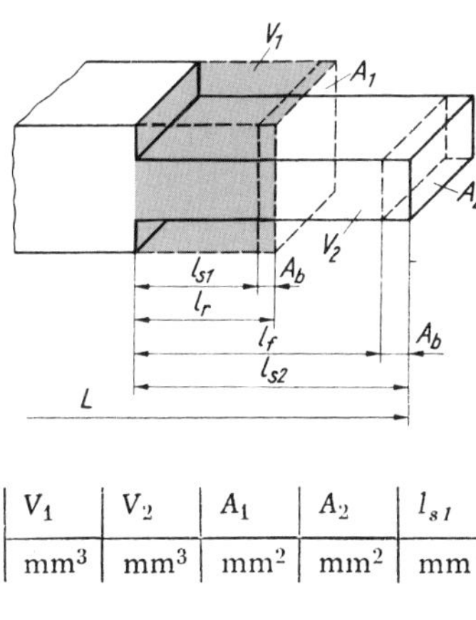

Bild 3.24
Bezeichnungen für das Berechnen der Umformlängen

V_1 Volumen des Rohstücks
V_2 Volumen des Fertigstücks
A_1 Querschnitt des Rohstücks
A_2 Querschnitt des Fertigstücks
l_{s1} Schmiedelänge für die Rohlänge
l_{s2} Schmiedelänge für die Fertiglänge
l_r Rohlänge
l_f Fertiglänge
A_b Abbrand
L Gesamtlänge des Schmiedestücks

V_1	V_2	A_1	A_2	l_{s1}	l_{s2}	l_r	l_f	A_b	L
mm^3	mm^3	mm^2	mm^2	mm	mm	mm	mm	%	mm

Das Volumen der meisten Schmiedestücke läßt sich mit folgender Gleichung errechnen:

$$V = A \cdot L.$$

Die Länge ist dann

$$L = \frac{V}{A}.$$

Die Umformungslänge kann beim Schmieden die Rohlänge l_r oder die Fertiglänge l_f sein.

Der beim Schmieden durch Hammerschlag verlorengehende Abbrand (etwa 5···10 % des Volumens) muß bei den Umformungslängen berücksichtigt werden.

Rohlänge

$$l_r = l_{s1} + A_b$$

Fertiglänge

$$l_f = l_{s2} - A_b$$

Bezeichnet man das Volumen des Rohstücks mit V_1 und das Volumen des fertig geschmiedeten Werkstücks mit V_2, gilt bei Vernachlässigung des Abbrandes

$$V_1 = V_2.$$

$$V_1 = A_1 \cdot l_{s1}$$

$$V_2 \triangleq A_1 \cdot l_{s1}$$

$$l_{s1} = \frac{V_2}{A_1}$$

$$V_2 = A_2 \cdot l_{s2}$$

$$V_1 \triangleq A_2 \cdot l_{s2}$$

$$l_{s2} = \frac{V_1}{A_2}$$

▲ Aufgabenbeispiel

An einem Quadratstahl 80 mm × 80 mm ist ein Flachzapfen 32 mm × 80 mm von $l = 100$ mm Länge anzuschmieden. Der Abbrand beträgt 10 %.

Gesucht:

Schmiedelänge l_{s1}
Rohlänge l_r
Abbrand A_b.

Gegeben:

$a_1 = 80$ mm
$a = 32$ mm
$b = 80$ mm
$l = 100$ mm
$A_b = 10$ %
$= 0{,}1\, l_{s1}$

Lösung:

$$l_{s1} = \frac{V_2}{A_1}$$

$$l_{s1} = \frac{a \cdot b \cdot l}{a_1 \cdot a_1}$$

$$l_{s1} = \frac{32\text{ mm} \cdot 80\text{ mm} \cdot 100\text{ mm}}{80\text{ mm} \cdot 80\text{ mm}}$$

$$\underline{l_{s1} = 40\text{ mm.}}$$

▲ Aufgabenbeispiel

Ein Quadratstahl 80 mm × 80 mm ist 100 mm lang und wird zu einem Flachstahl 32 mm × 80 mm heruntergeschmiedet. Der Abbrand beträgt 10 %.

Gesucht:

Schmiedelänge l_{s2}
Fertiglänge l_f
Abbrand A_b.

Gegeben:

$a_1 = 80$ mm
$a = 32$ mm
$b = 80$ mm
$l = 100$ mm
$A_b = 10$ %
$= 0{,}1\, l_{s1}$

Lösung:

$$l_{s2} = \frac{V_1}{A_2}$$

$$l_{s2} = \frac{a_1 \cdot a_1 \cdot l}{a \cdot b}$$

$$l_{s2} = \frac{80\text{ mm} \cdot 80\text{ mm} \cdot 100\text{ mm}}{32\text{ mm} \cdot 80\text{ mm}}$$

$$\underline{l_{s2} = 250\text{ mm.}}$$

Die Schmiedelänge für die Rohlänge beträgt 40 mm.

$$l_r = l_{s1} + A_b$$
$$A_b = 0{,}1\ l_{s1}$$
$$A_b = 0{,}1 \cdot 40\ \text{mm} = 4\ \text{mm}$$
$$l_r = 40\ \text{mm} + 4\ \text{mm}$$
$$l_r = 44\ \text{mm}$$

Um an einem Quadratstahl 80 mm × 80 mm einen Flachstahl von 32 mm × 80 mm und 100 mm Länge anzuschmieden, benötigt man eine Umformungslänge von 44 mm.

> Sind alle Maße des fertigen Stücks und der Querschnitt des Rohmaterials gegeben, wird die Rohlänge l_r gesucht. Der Abbrand ist zur Schmiedelänge l_{s1} zu addieren.

Die Schmiedelänge für die Fertiglänge beträgt 250 mm.

$$l_f = l_{s2} - A_b$$
$$A_b = 0{,}1\ l_{s2}$$
$$A_b = 0{,}1 \cdot 250\ \text{mm} = 25\ \text{mm}$$
$$l_f = 250\ \text{mm} - 25\ \text{mm}$$
$$l_f = 225\ \text{mm}$$

Wird ein Quadratstahl 80 mm × 80 mm von 100 mm Länge zu einem Flachstahl 32 mm × 80 mm ausgeschmiedet, erhält man eine Umformungslänge von 225 mm.

> Sind alle Maße des Rohwerkstoffs und der Querschnitt des fertigen Stücks gegeben, wird die Fertiglänge l_f gesucht. Der Abbrand ist von der Schmiedelänge l_{s2} zu subtrahieren.

▲ Aufgabenbeispiel

Es ist ein Bolzen, 30 mm Durchmesser, 180 mm lang, mit einem Vierkantkopf 50 mm × 50 mm, 25 mm lang, zu schmieden. Der Abbrand beträgt 8 % (Bild 3.25).

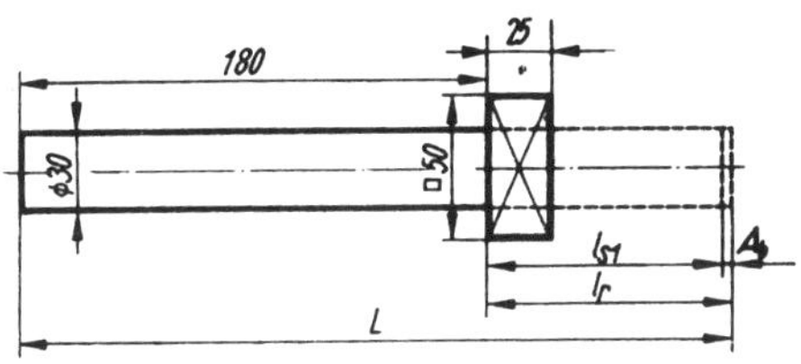

Bild 3.25
Bolzen

Gesucht:

1. Schmiedelänge l_{s1} für den Kopf
2. Rohlänge l_r für den Kopf
3. Gesamtlänge L des Rohstücks.

Gegeben:

$$d = 30\ \text{mm}$$
$$l = 180\ \text{mm}$$
$$a = 50\ \text{mm}$$
$$l_k = 25\ \text{mm}$$
$$A_b = 8\ \% = 0{,}08\ l_{s1}.$$

Lösung:

1. $l_{s1} = \dfrac{V_2}{A_1}$

$$V_2 = a^2 \cdot l_k$$
$$V_2 = 50\ \text{mm} \cdot 50\ \text{mm} \cdot 25\ \text{mm} \qquad V_2 = 62\,500\ \text{mm}^3$$
$$A_1 = \frac{d^2\pi}{4}$$
$$A_1 = \frac{30\ \text{mm} \cdot 30\ \text{mm} \cdot 3{,}14}{4} \qquad A_1 = 707\ \text{mm}^2$$
$$l_{s1} = \frac{62\,500\ \text{mm}^3}{707\ \text{mm}^2} \qquad \underline{l_{s1} = 88{,}4\ \text{mm}.}$$

2. $l_r = l_{sl} + A_b$
$A_b = 0{,}08\, l_{sl}$
$A_b = 0{,}08 \cdot 88{,}4\text{ mm}$ $A_b = 7\text{ mm}$
$l_r = 88{,}4\text{ mm} + 7\text{ mm}$ $l_r = 95{,}4\text{ mm.}$

3. $L = l_r + l$
$L = 95{,}4\text{ mm} + 180\text{ mm}$ $L = 275{,}4\text{ mm.}$

Ein Arbeitsbeispiel für die Herstellung eines Schraubenrohlings ist in Tafel 3.3 zusammengestellt.

Aufgaben

1. Welchen Zweck hat das Stauchen?
2. Wann wird das Stauchen angewendet?
3. Wie wird das Stauchen am Werkstückende durchgeführt?
4. Welche Mängel können beim Stauchen auftreten, und wie werden sie verhindert?
5. Erläutern Sie die Wirkungsweise der Stauchmaschine!
6. An einem Rundstahl ∅ 20 mm ist ein quadratischer Kopf 35 mm × 35 mm, 18 mm dick, anzustauchen. Der Abbrand ist 8 %.
   Berechnen Sie für den Kopf
   a) die Schmiedelänge l_{sl}
   b) die Rohlänge l_r!
7. Berechnen Sie Schmiedelänge und Rohlänge eines Bolzens mit folgenden Maßen: ∅ 20 mm, Bolzenlänge 140 mm (ohne Kopf), Rundkopf ∅ 35 mm, 15 mm dick. Der Abbrand beträgt 6 %!
8. Ein Rundstahl von ∅ 20 mm wird gestaucht und zu einem Quadratstahl 25 mm × 25 mm, 70 mm lang, geschmiedet. Der Abbrand beträgt 9 %.
   Berechnen Sie:
   a) die Schmiedelänge l_{sl} des Rundstahls
   b) die Rohlänge l_r des Rundstahls
   c) Volumen und Masse des fertigen Quadratstahls $\left(\rho = 7{,}85\ \frac{\text{kg}}{\text{dm}^3}\right)$
   d) Volumen und Masse des Rundstahls vor dem Stauchen.
   e) Vergleichen Sie beide Massen, und stellen Sie den Masseverlust fest!

3.1.3. Strecken

3.1.3.1. *Zweck und Anwendungsbereich*

Im Gegensatz zum Stauchen wird beim Strecken eines Schmiedestücks die Länge oder Breite vergrößert und der Querschnitt verringert (Bild 3.26). Beim Strecken bleibt die

Bild 3.26. Strecken

Tafel 3.3. Arbeitsstufen beim Schmieden eines Schraubenrohlings

Technische Darstellung

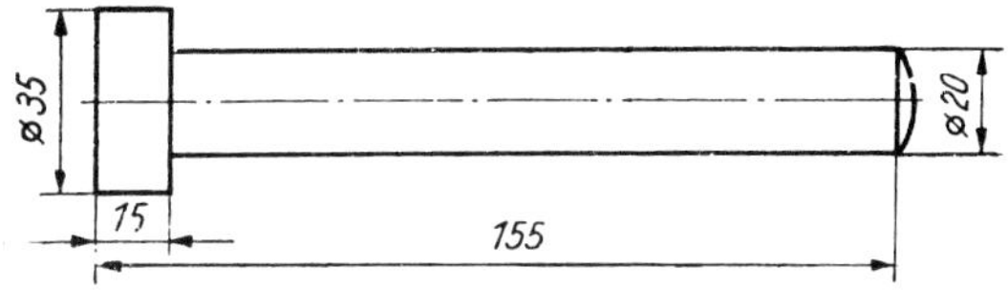

Bild	Arbeitsstufe	Beschreibung der Arbeitsstufe	Arbeitsmittel
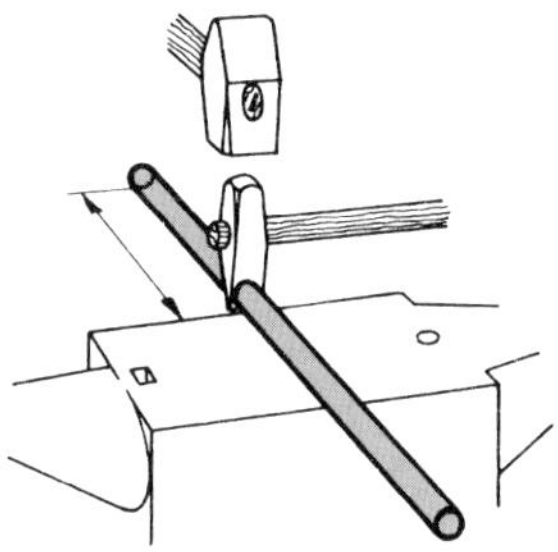	Nach dem Erwärmen Werkstoff, 20 mm Durchmesser, auf 190 mm Rohlänge abschroten	Rohlänge der Schraube markieren; an Abschrotstelle in Rotglut auf dem Amboß Rohling abschroten	Amboß, Schmiedeherd, Schmiedezange, Stahlmaßstab, Schrothammer, Zuschlaghammer
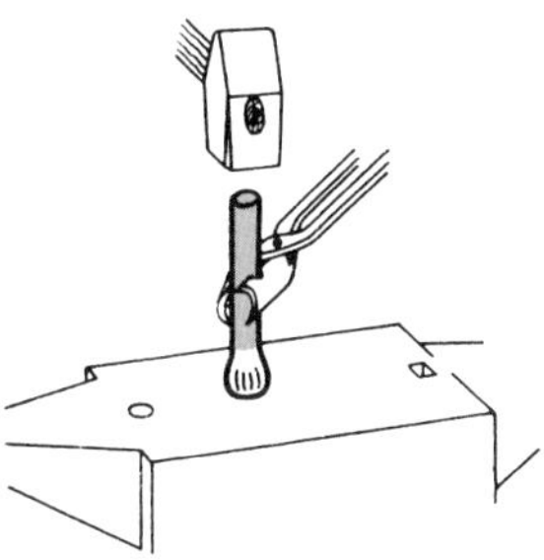	Rohling stauchen	Rohling am Abschrotende hellgelb erwärmen; senkrecht mit dem erwärmten Ende auf den Amboß stellen und auf etwa 50 mm Länge anstauchen	Schmiedeherd, Amboß, Schmiedezange, Zuschlaghammer, Stahlmaßstab
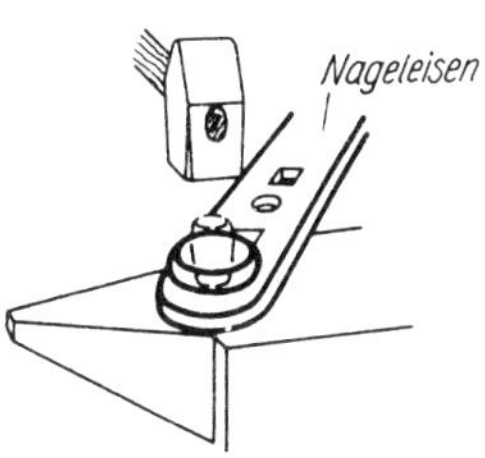	Kopf im Nageleisen stauchen	Schaft des Schmiedestücks in das Nageleisen stecken, anstauchen, Ende auf 15 mm Dicke schmieden	Amboß, Schmiedezange, Nageleisen, Zuschlaghammer, Handhammer, Stahlmaßstab
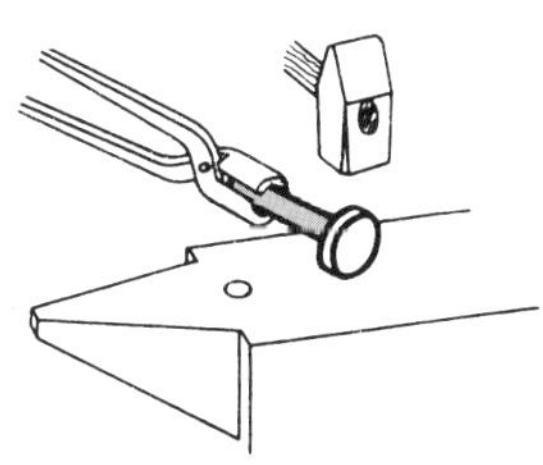	Kopf auf Maß schmieden	Kopf mit dem Handhammer auf dem Amboß unter Drehen des Schmiedestücks rund auf Maß schmieden, Schraubenrohling noch einmal in das Nageleisen stecken und Kopf mit leichten Schlägen fertig schlichten	Amboß, Schmiedezange, Nageleisen, Handhammer, Stahlmaßstab

geometrische Form des Querschnitts erhalten, wenn z. B. ein Quadratstahl zu einem Quadratstahl, ein Rundstahl zu einem Rundstahl und ein Flachstahl zu einem Flachstahl mit geringerem Querschnitt herabgeschmiedet wird (Bild 3.27). Die geometrische Form des Querschnitts kann beim Strecken aber auch verändert werden (Bild 3.28).

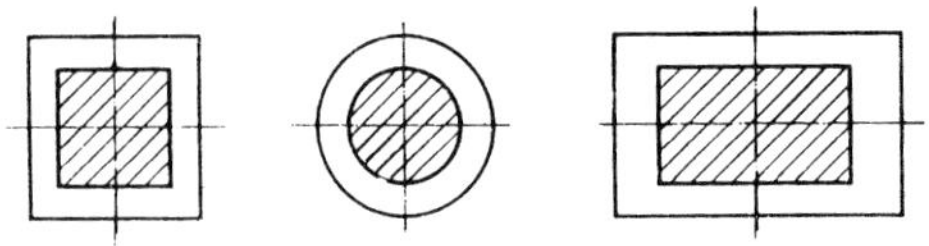

Bild 3.27
Geometrische Form des Querschnitts bleibt erhalten

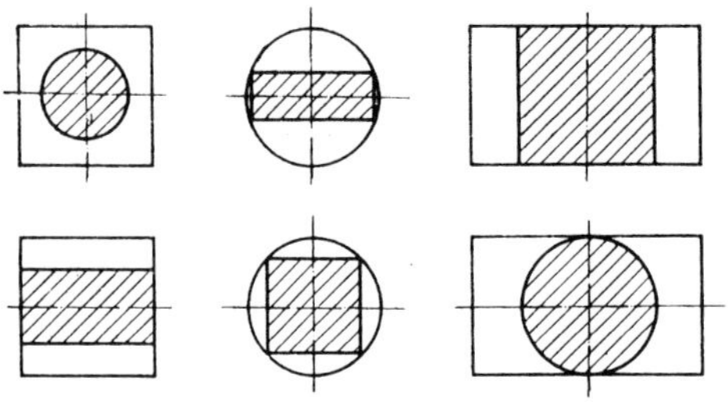

Bild 3.28
Geometrische Form des Querschnitts verändert sich

Streckarbeiten werden als Breiten bezeichnet, wenn ein Schmiedestück breiter geschmiedet wird, z. B. das Maul von Feuerzangen, Wagenbeschlagteile, Öhre für Stielwerkzeuge (Bild 3.29).

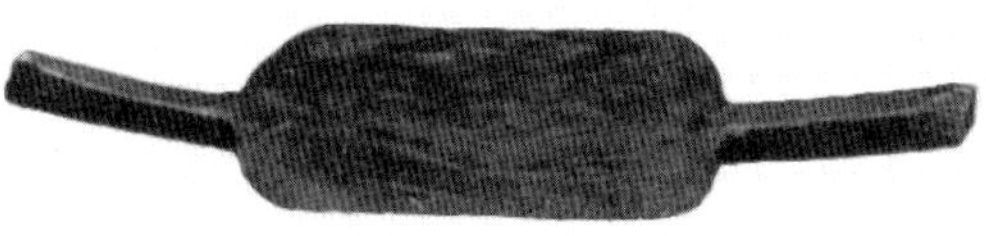

Bild 3.29
Breiten

Streckarbeiten werden als Schärfen oder Spitzen bezeichnet, wenn Schmiedestücke scharf oder spitz geschmiedet werden. Hämmer, Meißel usw. werden geschärft, Körner, Durchschläge und Haken gespitzt.

Strecken ist ein Schmiedeverfahren, bei dem die Länge vergrößert und der Querschnitt verkleinert wird. Es wird angewendet, wenn Schmiedestücke lang, breit, scharf oder spitz geschmiedet werden sollen.

3.1.3.2. *Streckvorgang*

Erwärmen

Der Werkstoff ist hoch, langsam und gleichmäßig bis zum Kern durchzuwärmen, damit er beim Strecken gleichmäßig fließen kann. Bei schneller Erwärmung sind die äußeren Werkstoffpartien zwar genügend plastisch, der Kern aber noch fest (Bild 3.30). Beim Strecken können die erwärmten äußeren Schichten leichter fließen, während der Kern des Schmiedestücks infolge seines höheren Formänderungswiderstands am Fließen gehindert wird. Dadurch entstehen Spannungen, das Schmiedestück kann sich verziehen.

Kräfte

Beim Strecken wird das Fließen des Werkstoffs neben der Hammergeschwindigkeit und der Masse des Hammers durch Größe und Form der Hammerfläche beeinflußt. Die Aufschlagkraft des Hammers verteilt sich auf die gesamte Hammerfläche als Druck.

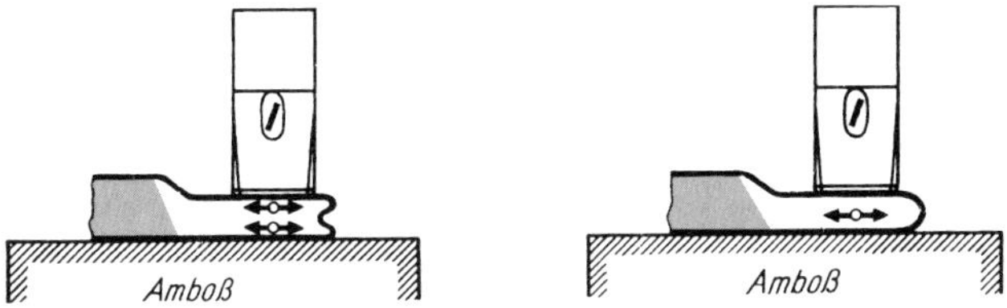

Bild 3.30. Werkstofffluß bei falscher und richtiger Erwärmung

a) Wärme nicht bis zum Kern durchgedrungen
b) Schmiedestück gleichmäßig und vollständig erwärmt

▲ Aufgabenbeispiel

Berechnen Sie den Druck der Hammerbahn (Bild 3.31) und der Hammerfinne (Bild 3.32), wenn mit gleicher Kraft geschlagen wird!

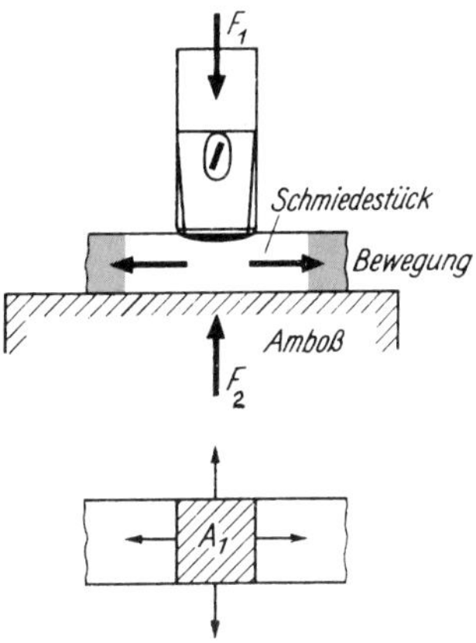

Bild 3.31. Streckwirkung der Hammerbahn

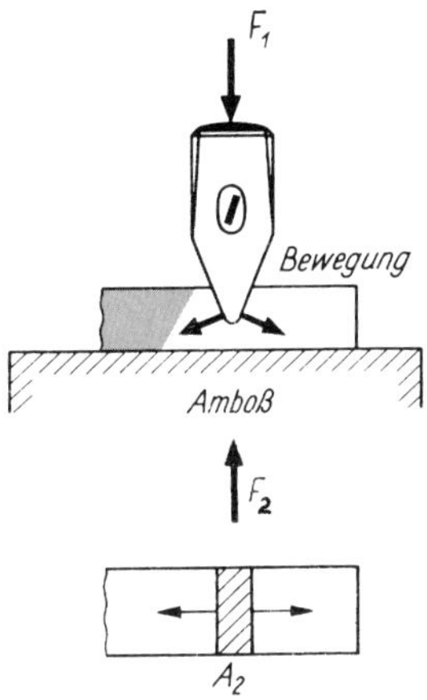

Bild 3.32. Streckwirkung der Hammerfinne

Gesucht:

Druck der Hammerbahn p_B. Druck der Hammerfinne p_F.

Gegeben:

Fläche Hammerbahn $A_1 = 9\ \text{cm}^2$
Hammerkraft $F_1 = 360$ N.

Fläche Hammerfinne $A_2 = 2\ \text{cm}^2$
Hammerkraft $F_1 = 360$ N.

Lösung:

$$\text{Druck} = \frac{\text{Kraft}}{\text{Fläche}}$$

$$p = \frac{F_1}{A}$$

$$p_B = \frac{F_1}{A_1}$$

$$p_B = \frac{360\ \text{N}}{900\ \text{mm}^2}$$

$$p_B = 0{,}4\ \frac{\text{N}}{\text{mm}^2}$$

$$p_B = 0{,}4\ \text{MPa}$$

$$p_F = \frac{F_1}{A_2}$$

$$p_F = \frac{360\ \text{N}}{200\ \text{mm}^2}$$

$$p_F = 1{,}8\ \frac{\text{N}}{\text{mm}^2}$$

$$p_F = 1{,}8\ \text{MPa}.$$

Es entsteht ein kleiner Druck. Die Eindringtiefe der Hammerbahn ist gering. Der Werkstoff fließt nach allen Seiten gleichmäßig.

Es entsteht ein großer Druck. Die Eindringtiefe der Hammerfinne ist groß. Durch die abgerundete Keilform der Finne fließt der Werkstoff vorwiegend nach zwei Seiten in entgegengesetzter Richtung.

Hammerbahn: große Fläche – kleiner Druck – kleine Streckwirkung.
Hammerfinne: kleine Fläche – großer Druck – große Streckwirkung.

Schub und Drang

Durch das Strecken fließt der Werkstoff des Schmiedestücks nach allen Seiten. Das Fließen in die Länge bezeichnet man als Schub *S* und das Fließen in die Breite als Drang *D* des Werkstoffs (Bild 3.33). Schlägt man wiederholt auf dieselbe Stelle des

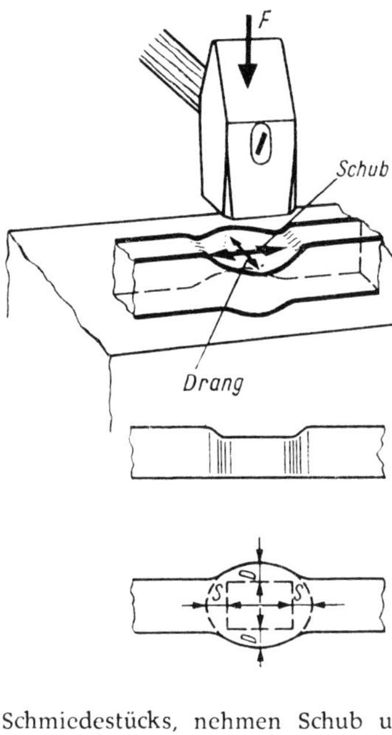

Bild 3.33
Schub und Drang beim Schmieden

Schmiedestücks, nehmen Schub und Drang gleichmäßig zu. Reiht der Schmied die Schläge dicht aneinander, wird die Länge des Schmiedestücks um die Größe des Schubs von Schlag zu Schlag vergrößert. Die Breite bleibt an den einzelnen Schlagstellen so groß wie an der ersten Schlagstelle.

3.1.3.3. *Streckverfahren*

Der Schmied kann allein, mit Zuschläger oder mit einem Krafthammer strecken. Für große Schmiedestücke und große Stückzahlen sind Krafthämmer wirtschaftlich. Ein Schmied kann beim Einsatz von Krafthämmern in ununterbrochener Folge Streckarbeiten ausführen. Während ein Schmiedestück gestreckt wird, werden andere erwärmt. Dadurch werden unproduktive Nebenzeiten und Energie gespart.

Wenn manuell mit einem Zuschläger gearbeitet wird, wendet der Zuschläger je nach Bedarf den Vor- oder den Kreuzschlaghammer an.

Beim Strecken unterscheidet man
einseitiges Strecken
zweiseitiges Strecken.

Einseitiges Strecken

Beim einseitigen Strecken wird der Werkstofffluß durch Einschlagen einseitiger Vertiefungen erreicht. Dazu kann der Schmied Hammerfinne, Kehlhammer, Amboßhorn oder Amboßkante verwenden.

Strecken mit Finne oder Kehlhammer

Das Strecken mit der Hammerfinne wird am meisten angewendet (Bild 3.34). Beim Zuschlagen treibt die Kraft F die Finne wie einen Keil tief in den Werkstoff und streckt ihn. Die Kraft F zerlegt sich dabei in die beiden Wangenkräfte F_N, die immer senkrecht zu den Wangenflächen des Hammers wirken und größer als die Kraft F sind. Dabei leisten die Wangenkräfte F_N (Normalkräfte) die Streckarbeit. Sie sind um so größer, je kleiner der Keilwinkel der Wangenflächen zueinander ist. Man erhält also bei einem kleinen Keilwinkel große Kräfte. Die Hammerschläge sind so zu setzen, daß die Vertiefungen quer zur Streckrichtung verlaufen. Die Erhöhungen werden mit der Hammerbahn in den Werkstoff eingestaucht. Dadurch wird das Schmiedestück noch weiter gestreckt.

Beim Strecken mit dem Kehlhammer (Bild 3.35) vollzieht sich der gleiche Vorgang wie beim Strecken mit der Finne. Es ist jedoch ein Zuschläger erforderlich. Für das einseitige Strecken ist folgendes zu beachten:

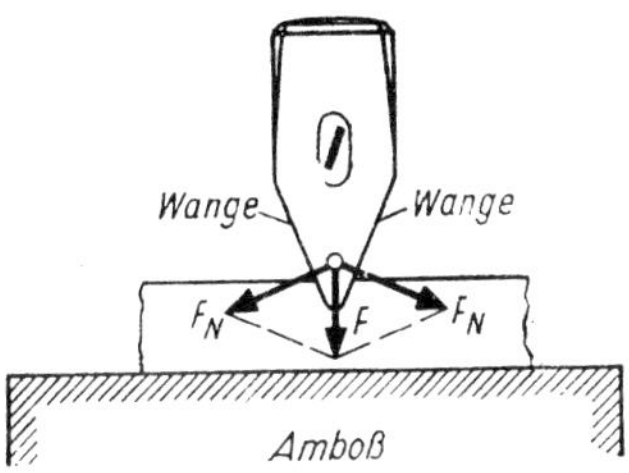

Bild 3.34. Strecken mit der Finne

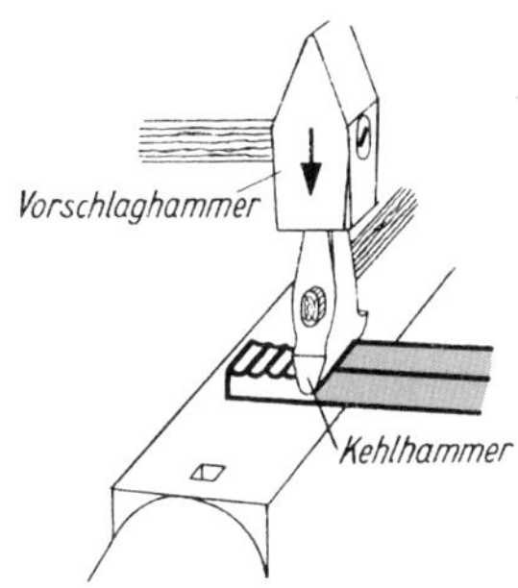

Bild 3.35. Strecken mit dem Kehlhammer

- Die Hammerschläge müssen gleichmäßig stark sein. Sie müssen Schlag an Schlag nebeneinander sitzen, weil sonst der Querschnitt des Schmiedestücks ungleichmäßig wird.
- Der Hammer darf beim Zuschlagen nicht einseitig auftreffen, sonst drückt die Hammerkante in den Werkstoff und erzeugt Unebenheiten, die auch durch Schlichten nicht mehr glattgeschmiedet werden können.
- Die Hammerbahn muß parallel zur Amboßbahn auf das Werkstück treffen. Ist das nicht der Fall, wird der Querschnitt spießkantig.
- Beim Strecken von Quadratstahl muß der Stahlstab nach jedem Schlag um 90° gewendet werden, sonst erhält er eine abweichende geometrische Form.
- Der Hammer ist beim Strecken des Werkstücks in Streckrichtung zu ziehen. Dadurch fließt der Werkstoff noch besser in diese Richtung.

Strecken auf dem Amboßhorn

Beim Strecken auf dem Amboßhorn liegt das Stück möglichst nahe der Hornspitze, und mit der Hammerbahn wird zugeschlagen. Hierbei drückt das Amboßhorn von unten Vertiefungen in das Schmiedestück. Der Werkstofffluß wird einseitig vom Amboßhorn vorangetrieben. Der Streckvorgang ist ähnlich wie beim Strecken mit der Hammerfinne.

Strecken auf der Amboßkante

Beim Strecken auf der Amboßkante wirkt die Kante wie die Hammerfinne (Bild 3.36). Die Vertiefungen sind rechtwinklig und scharfkantig. Es kommt vor, daß der Werkstoff einreißt, wenn zu stark zugeschlagen wird. Der Hammer muß so geführt werden, daß er direkt über der Amboßkante auf das Schmiedestück auftrifft, sonst können Prellschläge Verletzungen verursachen.

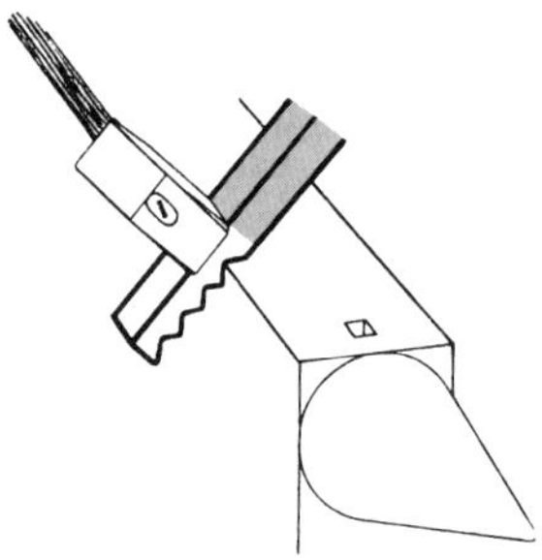

Bild 3.36
Strecken auf der Amboßkante

Zweiseitiges Strecken

Beim zweiseitigen Strecken wird der Werkstofffluß durch gleichzeitiges Einschlagen von zweiseitigen Vertiefungen erreicht (Bild 3.37). Die Streckwirkung ist dadurch größer als beim einseitigen Strecken. Zweiseitig wird mit dem Kehlhammer auf dem

Bild 3.37
Strecken mit Kehlhammer und Kehlschrot

Kehlschrot oder mit der Finne auf dem Amboßhorn gestreckt. Beim zweiseitigen Strecken ist es schwierig, die Werkzeuge so übereinander zu setzen, daß ihre Kräfte in einer Linie wirken. Bei mechanischen Hämmern wird der Hammerbär genau geführt.

Strecken mit Kehlschrot und Kehlhammer

Mit Kehlschrot und Kehlhammer werden dicke Flachstähle gestreckt. Der Schub ist groß, der Drang gering (Bild 3.38). Sobald die Kräfte F_1 und F_2 nicht in einer Linie wirken, können die Werkstoffasern abgequetscht werden. Die Dehnung ist so groß, daß Risse im Gefüge entstehen (Bild 3.39).

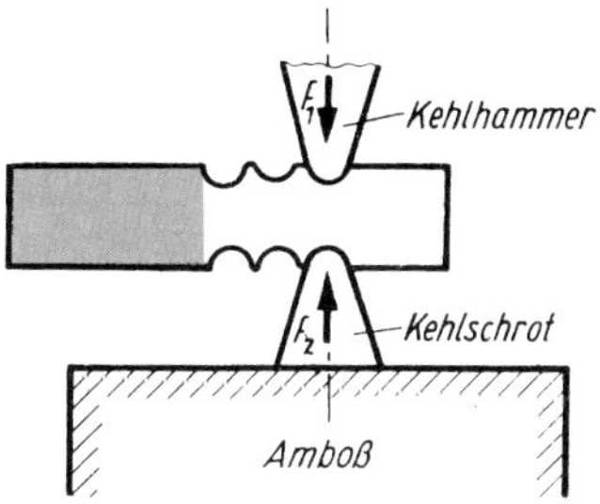

Bild 3.38. Richtiges Aufsetzen des Kehlhammers

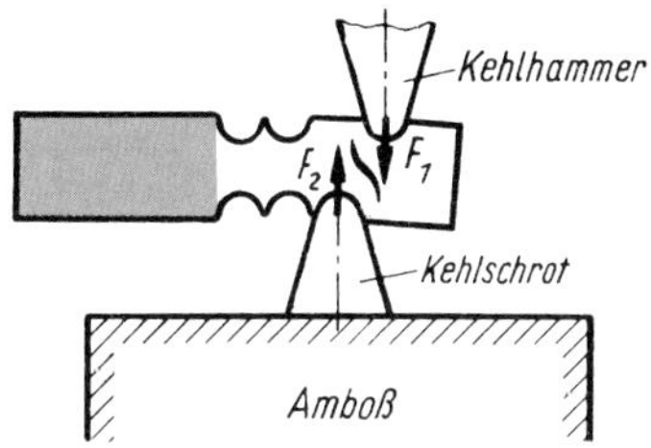

Bild 3.39. Falsches Aufsetzen des Kehlhammers

Beim zweiseitigen Strecken dürfen Kehlhammer und Kehlschrot nicht gegeneinander versetzt wirken, sonst reißen die Werkstoffasern ein oder werden abgequetscht.

Strecken mit Finne und Amboßhorn

Das Strecken mit Finne und Amboßhorn wird oft beim Passendmachen von Ringen (Bild 3.40) angewendet.

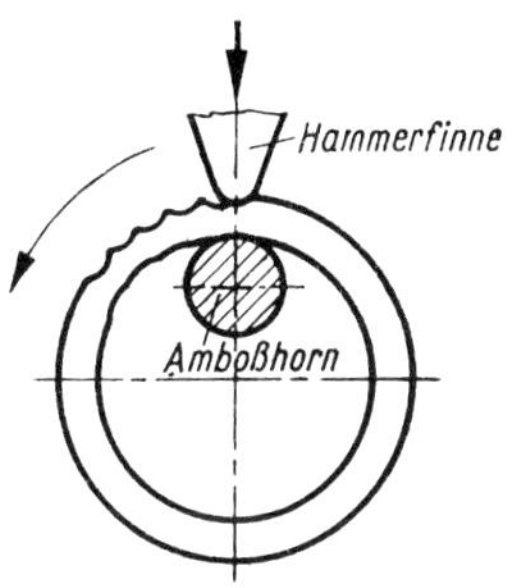

Bild 3.40
Strecken mit Finne auf Amboßhorn

Die Schmiedestücke werden auf das Amboßhorn möglichst nahe der Spitze gelegt. Je kleiner der Einkerbradius ist, um so größer ist die Streckwirkung. Unebenheiten müssen wie beim einseitigen Strecken glattgeschmiedet werden.

Die Streckverfahren sind in Tafel 3.4 abgebildet.

3.1.3.4. *Umformungslängen beim Strecken*

Beim Strecken muß wie beim Stauchen die erforderliche Umformungslänge vorher errechnet und der Ausgangsstoff entsprechend zugeschnitten werden. Man unterscheidet

Berechnen der Rohlänge l_r
Berechnen der Fertiglänge l_f.

Berechnen der Rohlänge

Bei der Rohlängenberechnung müssen alle Maße des fertigen Werkstücks bekannt sein, und der prozentuale Zuschlag für Abbrand muß addiert werden.

▲ Aufgabenbeispiel

Aus einem Quadratstahl 30 mm × 30 mm ist ein Quadratstahl 20 mm × 20 mm, 270 mm lang, durch Strecken auszuschmieden. Der Abbrand ist 8 %.

Tafel 3.4. Streckverfahren

Art des Verfahrens	Ausführung	Arbeitsmittel	Anwendung, Eigenart
Einseitig Strecken 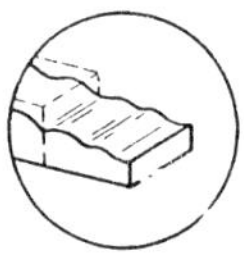	mit Hammerfinne mit Kehlhammer auf Amboßhorn auf Amboßkante	Amboß und Hammerfinne Amboß, Kehlhammer und Zuschlaghammer Amboßhorn und Hammerbahn Amboßkante und Hammerbahn	geringer Querschnitt wenig Verlängerung, geringe Querschnittsschwächung dicke Werkstücke, große Verlängerung, große Querschnittsveränderung und -schwächung; starke Formänderung
Zweiseitig Strecken 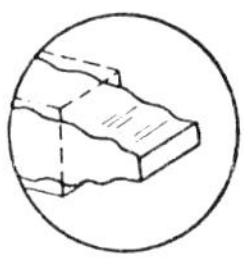	mit Kehlschrot und Kehlhammer *Abquetschgefahr beachten!* mit Hammerfinne und Amboßhorn	Kehlschrot, Kehlhammer, Zuschlaghammer Hammerfinne, Amboßhorn	dicke Schmiedestücke hauptsächlich Strecken von Ringen
Breiten 	mit Hammerfinne und Amboß Streckzuschläge zuerst in die Mitte setzen!	Hammerfinne, Amboß, evtl. Zuschlaghammer	Breiten von Wagen- und Baubeschlägen jeder Dicke und Breite, große Querschnittsveränderung
Schärfen 	mit Hammerbahn auf Amboß Wenden der Werkstücke nach bestimmten Zeiten Richtiges Erwärmen beachten!	Hammerbahn, Amboß, evtl. Zuschlaghammer	Herstellen von Schmiedewerkzeugen (Meißel, Abschrot, Schrothammer, Brecheisen, Kreuzhacke usw.)
Spitzen 	mit Hammerbahn auf Amboß und Amboßkante Wenden nach jedem Schlag!	Hammerbahn, Amboßkante, evtl. Zuschlaghammer	Werkstücke zum Einschlagen, wie Nägel, Bilderhaken

Gesucht:

1. Schmiedelänge l_{sl}
2. Rohlänge l_r.

Gegeben:

$a_1 = 30$ mm

$a_2 = 20$ mm

$l = 270$ mm

$A_b = 8\,\%$

$= 0{,}08\, l_{sl}$.

Lösung:

1. $l_{sl} = \frac{V_2}{A_1}$

$V_2 = a_2 \cdot a_2 \cdot l$

$V_2 = 20\text{ mm} \cdot 20\text{ mm} \cdot 270\text{ mm} \qquad V_2 = 108\,000\text{ mm}^3$

$A_1 = a_1 \cdot a_1$

$A_1 = 30\ \text{mm} \cdot 30\ \text{mm}$ $\qquad A_1 = 900\ \text{mm}^2$

$l_{s1} = \dfrac{108\,000\ \text{mm}^3}{900\ \text{mm}^2}$ $\qquad \underline{l_{s1} = 120\ \text{mm.}}$

2. $l_r = l_{s1} + A_b$

$A_b = 0{,}08\, l_{s1}$

$A_b = 0{,}08 \cdot 120\ \text{mm}$ $\qquad A_b = 9{,}6\ \text{mm}$

$l_r = 120\ \text{mm} + 9{,}6\ \text{mm}$

$l_r = 129{,}6\ \text{mm}$ $\qquad \underline{l_r \approx 130\ \text{mm.}}$

▲ Aufgabenbeispiel

Ein Rundstahl ∅ 40 mm ist zu einem Flachstahl 30 mm × 15 mm, 240 mm lang, auszustrecken. Der Abbrand beträgt 8 %.

Gesucht:

1. Schmiedelänge l_{s1}
2. Rohlänge l_r.

Gegeben:

$d = 40\ \text{mm}$

$a = 30\ \text{mm}$

$b = 15\ \text{mm}$

$l = 240\ \text{mm}$

$A_b = 8\ \%$

$= 0{,}08\, l_{s1}$.

Lösung:

1. $l_{s1} = \dfrac{V_2}{A_1}$

$V_2 = a \cdot b \cdot l$

$V_2 = 30\ \text{mm} \cdot 15\ \text{mm} \cdot 240\ \text{mm}$

$A_1 = \dfrac{d^2\pi}{4}$

$A_1 = \dfrac{40\ \text{mm} \cdot 40\ \text{mm} \cdot 3{,}14}{4}$ $\qquad A_1 = 1\,256\ \text{mm}^2$

$l_{s1} = \dfrac{108\,000\ \text{mm}^3}{1\,256\ \text{mm}^2}$ $\qquad \underline{l_{s1} = 85{,}9\ \text{mm.}}$

2. $l_r = l_{s1} + A_b$

$A_b = 0{,}08\, l_{s1}$

$A_b = 0{,}08 \cdot 85{,}9\ \text{mm}$ $\qquad A_b = 6{,}87\ \text{mm}$

$l_r = 85{,}9\ \text{mm} + 6{,}87\ \text{mm}$

$l_r = 92{,}77\ \text{mm}$ $\qquad \underline{l_r \approx 93\ \text{mm.}}$

Berechnen der Fertiglänge

Bei der Fertiglängenberechnung müssen alle Maße des Rohstücks gegeben sein. Der Abbrand ist von der Schmiedelänge l_{s2} zu subtrahieren.

▲ Aufgabenbeispiel

Ein Quadratstahl 40 mm × 40 mm, 240 mm lang, soll zu einem Flachstahl 30 mm × 20 mm heruntergestreckt werden. Der Abbrand ist 5 %.

Gesucht:

1. Schmiedelänge l_{s2}
2. Fertiglänge l_f.

Gegeben:

$a_1 = 40\ \text{mm}$
$l = 240\ \text{mm}$
$a = 30\ \text{mm}$
$b = 20\ \text{mm}$
$A_b = 5\ \%$
$= 0{,}05\ l_{s2}$.

Lösung:

1. $l_{s2} = \frac{V_1}{A_2}$

$V_1 = a_1 \cdot a_1 \cdot l$
$V_1 = 40\ \text{mm} \cdot 40\ \text{mm} \cdot 240\ \text{mm}$ $\qquad V_1 = 384\,000\ \text{mm}^3$
$A_2 = a \cdot b$
$A_2 = 30\ \text{mm} \cdot 20\ \text{mm}$ $\qquad A_2 = 600\ \text{mm}^2$
$l_{s2} = \frac{384\,000\ \text{mm}^3}{600\ \text{mm}^2}$ $\qquad \underline{l_{s2} = 640\ \text{mm}}$.

2. $l_f = l_{s2} - A_b$

$A_b = 0{,}05\ l_{s2}$
$A_b = 0{,}05 \cdot 640\ \text{mm}$ $\qquad A_b = 32\ \text{mm}$
$l_f = 640\ \text{mm} - 32\ \text{mm}$ $\qquad \underline{l_f = 608\ \text{mm}}$.

▲ Aufgabenbeispiel

Aus einem Rundstahl, ∅ 40 mm, 500 mm lang, soll ein Quadratstahl 25 mm × 25 mm geschmiedet werden. Der Abbrand ist 7 %.

Gesucht:

1. Schmiedelänge l_{s2}
2. Fertiglänge l_f.

Gegeben:

$d = 40\ \text{mm}$
$l = 500\ \text{mm}$
$a = 25\ \text{mm}$
$A_b = 7\ \%$
$= 0{,}07\ l_{s2}$.

Lösung:

1. $l_{s2} = \frac{V_1}{A_2}$

$V_1 = \frac{d^2 \pi}{4} \cdot l$
$V_1 = \frac{40\ \text{mm} \cdot 40\ \text{mm} \cdot 3{,}14}{4} \cdot 500\ \text{mm}$
$V_1 = 1\,256\ \text{mm}^2 \cdot 500\ \text{mm}$ $\qquad V_1 = 628\,000\ \text{mm}^3$
$A_2 = a^2$
$A_2 = 25\ \text{mm} \cdot 25\ \text{mm}$ $\qquad A_2 = 625\ \text{mm}^2$
$l_{s2} = \frac{628\,000\ \text{mm}^3}{625\ \text{mm}^2}$ $\qquad \underline{l_{s2} = 1\,004{,}8\ \text{mm}}$.

2. $l_f = l_{s2} - A_b$

$A_b = 0{,}07 \cdot l_{s2}$
$A_b = 0{,}07 \cdot 1004{,}8\ \text{mm}$ $\qquad \underline{A_b = 70{,}3\ \text{mm}}$
$l_f = 1004{,}8\ \text{mm} - 70{,}3\ \text{mm}$
$l_f = 934{,}5\ \text{mm}$ $\qquad \underline{l_f \approx 935\ \text{mm}}$.

▲ Aufgabenbeispiel

Aus einem Flachstahl, 60 mm × 30 mm, 628 mm lang, soll ein Rundstahl von ∅ 20 mm geschmiedet werden. Der Abbrand ist 7 %.

Gesucht: Länge l_f des fertigen Rundstahls.

Gegeben:
$a = 60$ mm
$b = 30$ mm
$l = 628$ mm
$d = 20$ mm
$A_b = 7$ %
$= 0{,}07 \cdot l_{s2}$.

Lösung:

$$l_{s2} = \frac{V_1}{A_2}$$

$$V_1 = a \cdot b \cdot l$$

$$V_1 = 60 \text{ mm} \cdot 30 \text{ mm} \cdot 628 \text{ mm} \qquad V_1 = 1\,130\,400 \text{ mm}^3$$

$$A_2 = \frac{d^2\pi}{4}$$

$$A_2 = \frac{20 \text{ mm} \cdot 20 \text{ mm} \cdot 3{,}14}{4} \qquad A_2 = 314 \text{ mm}^2$$

$$l_{s2} = \frac{1\,130\,400 \text{ mm}^3}{314 \text{ mm}^2} \qquad \underline{l_{s2} = 3\,600 \text{ mm}}$$

$$l_f = l_{s2} - A_b$$

$$A_b = 0{,}07 \cdot l_{s2}$$

$$A_b = 0{,}07 \cdot 3\,600 \text{ mm} \qquad A_b = 252 \text{ mm}$$

$$l_f = 3\,600 \text{ mm} - 252 \text{ mm} \qquad \underline{l_f = 3\,348 \text{ mm.}}$$

▲ Aufgabenbeispiel

Welche Fertiglänge erreicht ein Rundstahl von ∅ 25 mm, wenn das Rohstück ein Rundstahl von ∅ 50 mm, 250 mm lang ist und der Abbrand 10 % beträgt?

Gesucht: Fertiglänge l_f des Rundstahls.

Gegeben:
$d_1 = 50$ mm
$l = 250$ mm
$d_2 = 25$ mm
$A_b = 10$ %
$= 0{,}1\, l_{s2}$

Lösung:

$$l_{s2} = \frac{V_1}{A_2}$$

$$V_1 = \frac{d_1^2 \cdot \pi}{4} \cdot l$$

$$A_2 = \frac{d_2^2 \cdot \pi}{4}$$

$$l_{s2} = \frac{d_1^2 \cdot \pi \cdot l \cdot 4}{d_2^2 \cdot \pi \cdot 4}$$

$$l_{s2} = \frac{50 \cdot 50 \cdot 3{,}14 \cdot 250 \cdot 4}{25 \cdot 25 \cdot 3{,}14 \cdot 4} \qquad \underline{l_{s2} = 1\,000 \text{ mm}}$$

$$l_f = l_{s2} - A_b$$

$$A_b = 0{,}1\, l_{s2}$$

$$A_b = 0{,}1 \cdot 1\,000 \text{ mm} \qquad A_b = 100 \text{ mm}$$

$$l_f = 1\,000 \text{ mm} - 100 \text{ mm} \qquad \underline{l_f = 900 \text{ mm.}}$$

3.1.3.5. *Breiten*

Zu den Streckverfahren gehören neben dem einseitigen und dem zweiseitigen Strecken das Breiten, Schärfen und Spitzen. Das Breiten wird bei der Herstellung von Wagenbeschlägen und beim Schmieden von Öhren und Tüllen an Werkzeugen und Geräten, wie Gabel, Schaufel, Hacke, Stoßeisen, besonders häufig angewendet.

Bild 3.41
Breiten

Zum Breiten benutzt der Schmied meistens die Finne (Bild 3.41). Das Schmiedestück wird einseitig gestreckt. Die ersten Hammerschläge werden in die Mitte des auszubreitenden Stücks gesetzt. Durch die folgenden Schläge wird der Werkstoff nach beiden Seiten hin verdrängt. Die Hammerschläge sind so zu setzen, daß die Vertiefungen quer zur Ausbreitrichtung verlaufen (Bild 3.42). Dadurch wird das Fließen des Werkstoffs so gelenkt, daß das Werkstück breiter wird.

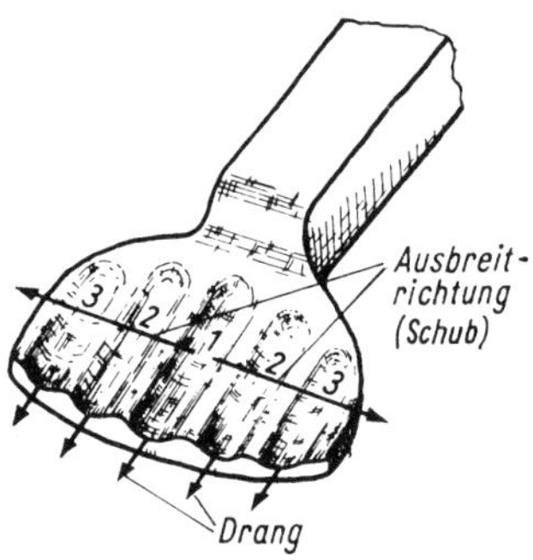

Bild 3.42
Werkstofffluß beim Breiten mit Hammerfinne

Beim Breiten erfolgt das Vorantreiben des Werkstoffflusses von einer Seite quer zur Längsrichtung (Faserverlauf), wobei die Breite zunimmt, die Dicke abnimmt und die Länge sich kaum verändert. Der Drang ist gering.

Nach dem Breiten muß mit der Hammerbahn oder mit dem Schlichthammer sorgfältig geglättet werden.

3.1.3.6. *Schärfen*

Geschärft werden fast alle Schneidwerkzeuge, wie Meißel, Schrothammer, Abschrot, Axt, Hacke, Stockenkeil. Unter Schärfen versteht man das Ausschmieden eines Keils (Bild 3.43). Hierbei nimmt die Länge zu, der Querschnitt gleichmäßig bis zur Schneide ab. Das Werkstück wird zweiseitig gestreckt. Seitlicher Drang muß eingestaucht werden. Beim Schärfen wird meistens mit der Hammerbahn geschmiedet (Bild 3.44). Die Schneide muß an der Amboßkante liegen, damit die Kante der Hammerbahn nicht auf die Amboßbahn trifft.

Bild 3.43
Schärfen

Beim Schärfen erfolgt das Vorantreiben des Werkstoffflusses von zwei Seiten in Längsrichtung, wobei die Dicke gleichmäßig abnimmt und in einer Schneide endet.

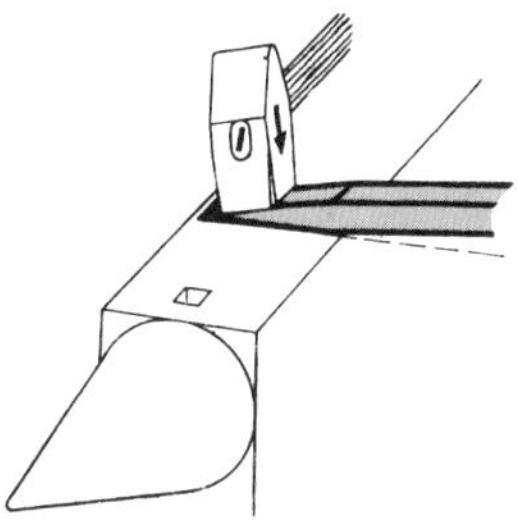

Bild 3.44. Werkstückhaltung und Hammerführung beim Schärfen

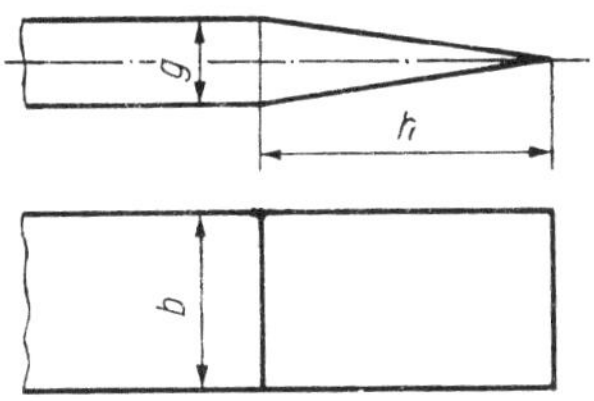

Bild 3.45. Abmessungen zur Volumenberechnung

Umformungslängen beim Schärfen

Beim Schärfen wird ein keilförmiges Werkstück geschmiedet (Bild 3.45). Das Volumen des Keils wird errechnet:

$$V = \frac{g \cdot h}{2} \cdot b.$$

▲ Aufgabenbeispiel

An einem Meißel 25 mm × 12 mm ist ein 60 mm langer Keil zu schmieden.

▲ Aufgabenbeispiel

Ein Stockenkeil ist 180 mm lang. Er wurde aus einem Flachstahl 60 mm × 40 mm geschmiedet.

Gesucht:

Berechnen Sie die Schmiedelänge (ohne Abbrand) für beide Beispiele!

Gegeben:

Meißelstahl 25 mm × 12 mm
Keillänge 60 mm.

Gegeben:

Flachstahl 60 mm × 40 mm
Keillänge 180 mm.

Lösung:

$$l_{sl} = \frac{V_2}{A_1}$$

$$l_{sl} = \frac{\frac{g \cdot h}{2} \cdot b}{b \cdot g}$$

$$l_{sl} = \frac{g \cdot h \cdot b}{2 \cdot b \cdot g}$$

$$l_{sl} = \frac{12\ \text{mm} \cdot 60\ \text{mm} \cdot 25\ \text{mm}}{2 \cdot 25\ \text{mm} \cdot 12\ \text{mm}}$$

$$l_{sl} = \underline{30\ \text{mm.}}$$

Lösung:

$$l_{sl} = \frac{V_2}{A_1}$$

$$l_{sl} = \frac{\frac{g \cdot h}{2} \cdot b}{b \cdot g}$$

$$l_{sl} = \frac{g \cdot h \cdot b}{2 \cdot b \cdot g}$$

$$l_{sl} = \frac{40\ \text{mm} \cdot 180\ \text{mm} \cdot 60\ \text{mm}}{2 \cdot 60\ \text{mm} \cdot 40\ \text{mm}}$$

$$l_{sl} = \underline{90\ \text{mm.}}$$

Beim Schärfen (Keilschmieden) ist die Schmiedelänge l_{sl} immer die Hälfte der Keillänge, weil der Flächeninhalt des Dreiecks $\left(A = \frac{g \cdot h}{2}\right)$ immer halb so groß wie der Flächeninhalt seines Parallelogramms ($A = g \cdot h$) ist.

Daraus ergibt sich für die Schmiedelänge beim Schärfen (Bild 3.46):

$$l_{sl} = \frac{\text{Keillänge}}{2}.$$

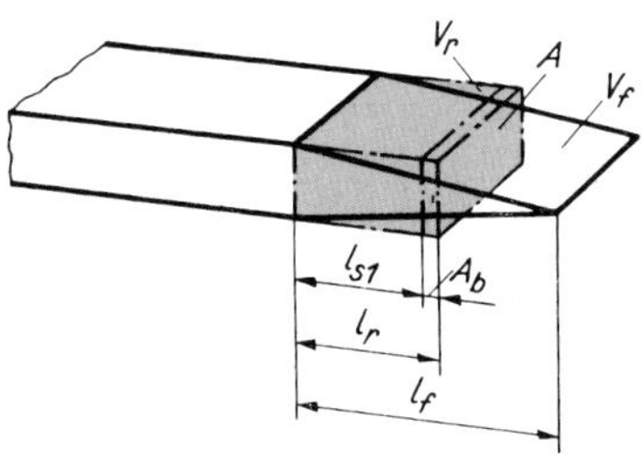

Bild 3.46
Abmessungen zur Längenberechnung

▲ Aufgabenbeispiel

Aus Quadratstahl ist ein Keil zu schmieden.

Gesucht:

Schmiedelänge l_{sl}
Rohlänge l_r.

Gegeben:

Keillänge 1. = 190 mm
Keillänge 2. = 80 mm
Abbrand = 5 %
Abbrand = 0,05 l_{sl}.

Lösung:

$$1.\quad l_{sl} = \frac{\text{Keillänge}}{2}$$

$$l_{sl} = \frac{190\ \text{mm}}{2} \qquad \underline{l_{sl} = 95\ \text{mm}}$$

$$l_r = l_{sl} + A_b$$

$$l_r = 95\ \text{mm} + 5\ \%$$

$$l_r = 95\ \text{mm} + 4{,}75\ \text{mm}$$

$$l_r = 99{,}75\ \text{mm} \qquad \underline{l_r \approx 100\ \text{mm.}}$$

$$2.\; l_{s1} = \frac{\text{Keillänge}}{2}$$

$$l_{s1} = \frac{80\ \text{mm}}{2} \qquad \underline{l_{s1} = 40\ \text{mm}}$$

$$l_r = l_{s1} + A_b$$

$$A_b = 0{,}05\, l_{s1}$$

$$A_b = 0{,}05 \cdot 40\ \text{mm} \qquad A_b = 2\ \text{mm}$$

$$l_r = 40\ \text{mm} + 2\ \text{mm} \qquad \underline{l_r = 42\ \text{mm}}.$$

3.1.3.7. *Spitzen*

Der Schmied spitzt Schmiedenägel, Bilderhaken, Türhaken, Spitzhämmer, Kreuzhakken, Picken, Durchschläge, Körner u. a. (Bild 3.47).

Bild 3.47
Spitzen

Beim Spitzen wird der Querschnitt gleichmäßig von allen Seiten zu einer Spitze verringert. Das Werkstück wird wie beim Schärfen so auf den Amboß gelegt, daß die Spitze an der Amboßkante liegt.

Das Werkstück wird nach jedem Schlag um 90° gewendet (Bild 3.48). Werden die Wendungen ungenau ausgeführt, wird die Spitze spießkantig (Bild 3.49).

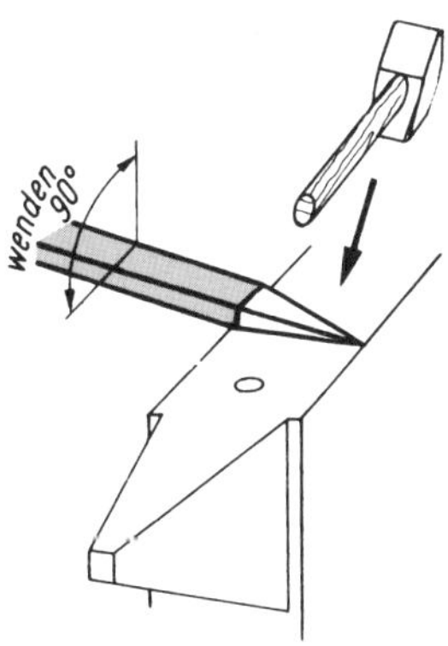

Bild 3.48. Halten und Wenden des Schmiedestücks beim Spitzen

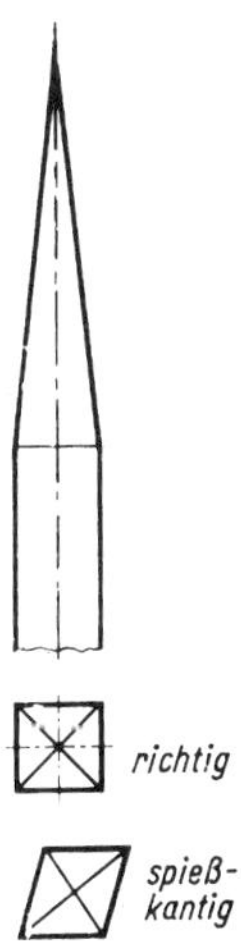

Bild 3.49. Ausgeformte Spitze

Beim Spitzen erfolgt das Vorantreiben des Werkstoffflusses von allen Seiten in Längsrichtung, wobei der Querschnitt gleichmäßig abnimmt und in einer Spitze endet.

Die Vierkantspitze wird kurz und spitz angeschmiedet und dann lang ausgestreckt. Eine Spitze mit rundem Querschnitt wird zuerst kurz und dann lang vierkantig ausgeschmiedet. Danach werden die Kanten zur Achtkantspitze gebrochen, und dann wird die Spitze rund geschmiedet (Bild 3.50).

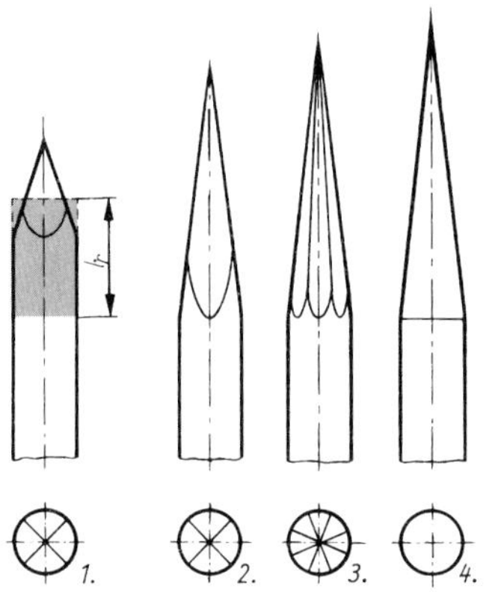

Bild 3.50
Schmieden einer runden Spitze

Jede Spitze ist möglichst in einem Arbeitsgang auf der Amboßkante herzustellen, damit sie bei erneutem Erwärmen nicht verbrennt. Es ist darauf zu achten, daß die Spitze in der Mitte des Schmiedestücks steht.

Umformungslängen beim Spitzen

Spitzen haben Pyramiden- oder Kegelform. Das Volumen beider Körper errechnet sich

$$V = \frac{A \cdot h}{3}.$$

Die Spitzen nehmen also $1/3$ Volumen des vollen Werkstoffs ein, deshalb berechnet sich die Schmiedelänge am einfachsten:

$$l_{s1} = \frac{\text{Spitzenlänge}}{3}.$$

▲ Aufgabenbeispiel

Eine Spitze von 150 mm Länge ist aus einem Quadratstahl auszuschmieden.

Gesucht:

Rohlänge l_r.

Gegeben:

$$\text{Spitzenlänge} = 150 \text{ mm}$$
$$A_b = 10\,\%$$
$$= 0{,}1\, l_{s1}.$$

Lösung:

$$l_{s1} = \frac{\text{Spitzenlänge}}{3}$$

$$l_{s1} = \frac{150 \text{ mm}}{3} \qquad l_{s1} = 50 \text{ mm}$$

$l_r = l_{s1} + A_b$
$A_b = 0{,}1\, l_{s1}$
$A_b = 0{,}1 \cdot 50\ \text{mm}$ — $A_b = 5\ \text{mm}$
$l_r = 50\ \text{mm} + 5\ \text{mm}$ — $\underline{l_r = 55\ \text{mm}.}$

▲ Aufgabenbeispiel

Ein Rundstahl soll eine Spitze von 95 mm erhalten.
Der Abbrand beträgt 10 %.

Gesucht:

Rohlänge l_r.

Gegeben:

Spitzenlänge = 95 mm
A_b = 10 %
= $0{,}1\, l_{s1}$.

Lösung:

$$l_{s1} = \frac{\text{Spitzenlänge}}{3}$$

$$l_{s1} = \frac{95\ \text{mm}}{3} \qquad \underline{l_{s1} \approx 31{,}7\ \text{mm}}$$

$l_r = l_{s1} + A_b$
$A_b = 0{,}1\, l_{s1}$
$A_b = 0{,}1 \cdot 31{,}7\ \text{mm}$ — $A_b = 3{,}2\ \text{mm}$
$l_r = 31{,}7\ \text{mm} + 3{,}2\ \text{mm}$
$l_r = 34{,}9\ \text{mm}$ — $\underline{l_r \approx 35\ \text{mm}.}$

Aufgaben

1. Welchen Zweck hat das Strecken?
2. Erklären Sie den Streckvorgang!
3. Warum sollen Schmiedestücke zum Strecken möglichst hoch und lang erwärmt werden?
4. Erläutern Sie das einseitige Strecken an Beispielen aus der Werkstattpraxis!
5. Was versteht man unter zweiseitigem Strecken, und wo wird es angewendet?
6. Nennen und beschreiben Sie die Werkzeuge, die zum Strecken benötigt werden!
7. Erläutern Sie an Beispielen, was man unter Breiten, Schärfen und Spitzen versteht!
8. Oft wird beim Schmieden einer Vierkantspitze die Spitze spießkantig; nennen Sie die Ursachen!
9. Welche Fehler können beim Erwärmen zum Strecken gemacht werden, und wie wirken sie sich aus?
10. Nennen Sie Fehler beim Strecken, die durch mangelhafte Arbeitstechnik hervorgerufen werden!
11. In der Schmiede wird ein Flachstahl 25 mm × 15 mm, 220 mm lang, benötigt. Das Stück wird aus Quadratstahl 30 mm × 30 mm geschmiedet. Berechnen Sie Schmiedelänge und Rohlänge des Quadratstahls, wenn der Abbrand 8 % beträgt!
12. Ein Schmiedestück 30 mm × 20 mm, 180 mm lang, wird gestreckt und auf Quadratstahl 15 mm × 15 mm heruntergeschmiedet. Abbrand = 10 %. Wie lang wird der Quadratstahl (Abbrand ist abzuziehen)?
13. Ein Quadratstahl 30 mm × 30 mm, 200 mm lang, wird auf Rundstahl ∅ 25 mm heruntergeschmiedet. Der Abbrand beträgt 7 %. Wie lang wird der Rundstahl (Abbrand ist abzuziehen)?
14. Folgende Stähle werden durch Strecken heruntergeschmiedet:
    a) Quadratstahl 25 mm × 25 mm auf Quadratstahl 15 mm × 15 mm, 200 mm lang
    b) Quadratstahl 20 mm × 20 mm auf Flachstahl 20 mm × 12 mm, 360 mm lang
    c) Quadratstahl 30 mm × 30 mm auf Rundstahl ∅ 25 mm, 180 mm lang.

Berechnen Sie die Umformungslängen für jedes Stück, wenn der Abbrand 8 % beträgt!

15. Es sollen geschmiedet werden:
    a) Quadratstahl 16 mm × 16 mm aus Quadratstahl 25 mm × 25 mm, 92 mm lang
    b) Flachstahl 25 mm × 15 mm aus Quadratstahl 30 mm × 30 mm, 250 mm lang
    c) Quadratstahl 12 mm × 12 mm aus Rundstahl ⌀ 18 mm, 120 mm lang.
    Wie lang werden die Schmiedestücke, wenn für Abbrand 8 % zu berücksichtigen sind?
16. Aus Flachstahl sind Keile mit einer Keillänge
    a) von 215 mm
    b) von 130 mm
    c) von 68 mm zu schmieden.
    Berechnen Sie die Umformungslängen, wenn der Abbrand 5 % beträgt!
17. Es sind folgende Spitzen zu schmieden:
    a) an einen Quadratstahl eine Vierkantspitze 120 mm lang
    b) an einen Rundstahl eine kegelförmige Spitze 67 mm lang.
    Berechnen Sie die Umformungslängen, wenn der Abbrand 7 % beträgt!

3.1.4. Absetzen

3.1.4.1. *Zweck und Anwendungsbereich*

Beim Absetzen eines Schmiedestücks wird im Gegensatz zum Strecken der Querschnitt nur an einer Stelle verkleinert, so daß ein stufenartiger Absatz entsteht. Der Absatz kann am Ende oder zwischen den Enden eines Schmiedestücks geformt werden (Bilder 3.51 und 3.52).

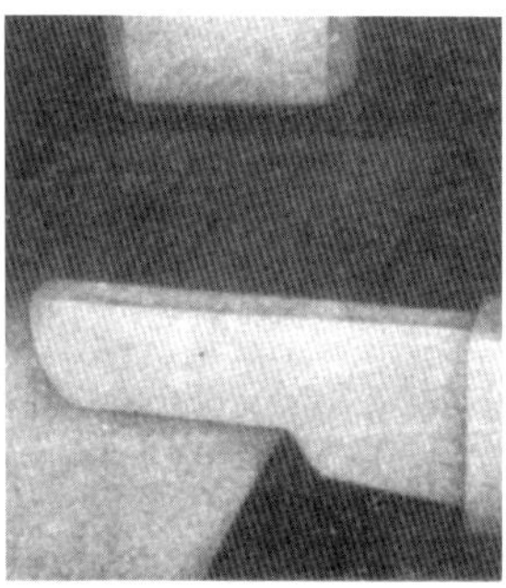

Bild 3.51. Absetzen am Ende des Werkstücks

Bild 3.52. Absetzen zwischen den Werkstückenden

An den Enden von Quadrat-, Flach- und Rundstählen werden stufenartig abgesetzte Querschnitte geformt, um daraus z. B. Amboßaufsätze, wie Abschrote, Hörnchen und Hilfsgesenke, zu fertigen (s. Bild 3.73).

In der Mitte wird abgesetzt, wenn das Mittelstück an Schubstangen, Zugstangen und Hebeln schwächer geschmiedet werden soll (s. Bilder 3.9, 3.74).

Absetzarbeiten verschiedener Art kommen beim Bearbeiten von Werkzeugen, wie Loch- und Mauerhämmern, Kreuz- und Rodehacken, vor. Nasen an Bankeisen und Wandhaken sowie Nasenkeile, Drehmeißel und Zangen werden ebenfalls abgesetzt.

Absetzen ist ein Schmiedeverfahren, bei dem ein Teil der Oberfläche heruntergeschmiedet wird, so daß am Schmiedestück ein Absatz entsteht. Absätze können sich an den Enden oder zwischen den Enden von Schmiedestücken befinden.

3.1.4.2. *Absetzvorgang*

Die glatte Oberfläche des Werkstücks wird senkrecht unterbrochen und herabgeschmiedet (Bild 3.53). Dadurch verringert sich der Querschnitt, und das abgesetzte Werkstück wird länger oder breiter, also gestreckt.

Eine Erläuterung des Vorgangs wurde im Abschnitt „Strecken" gegeben. Hier sollen noch einmal die gewonnenen Ergebnisse zusammengefaßt werden.

Das Werkstück ist zum Absetzen hoch und gleichmäßig zu erwärmen. Die Kraft des Hammers und die Gegenkraft des Ambosses bringen den Werkstoff zum Fließen. Es entstehen Schub und Drang wie beim Strecken mit der Hammerbahn.

3.1.4.3. *Absetzverfahren*

Der Werkstofffluß kann von einer Seite, von zwei Seiten oder von allen Seiten vorangetrieben werden, der Übergang am Zapfenansatz eines abgesetzten Teils kann abgerundet oder scharfkantig sein (Tafel 3.5).

Abgerundetes Absetzen

Das Schmiedestück wird mit Kehlhammer und Kehlschrot eingekehlt. Nach dem Einkehlen wird der übrige Werkstoff bis auf das erforderliche Maß heruntergeschmiedet. Meistens werden solche Schmiedestücke abgerundet abgesetzt, deren Absatz zwischen den Enden liegen soll.

Beim abgerundeten Absetzen werden durch Einkehlen die Werkstoffasern nicht zerschnitten, sondern zusammengedrückt. Deshalb ist die Festigkeit am Zapfenansatz groß und die Rißgefahr gering. Es entstehen ungünstige Anlageflächen.

Einseitig

Mit dem Kehlhammer wird eingekehlt (Bild 3.54), der Zapfen heruntergeschmiedet und geglättet. Vor dem Einkehlen wird der Absatz meistens so weit auf die neue Querschnittsform schräg vorgestreckt, bis eine schiefe Ebene entsteht. Der Zapfen kann mit weniger Kraftaufwand ausgeschmiedet werden, weil der Werkstoff den Hammerschlägen einen geringen Widerstand entgegensetzt (Tafel 3.5).

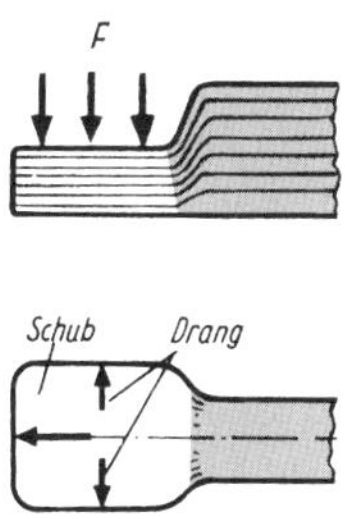

Bild 3.53
Werkstofffluß beim Absetzen

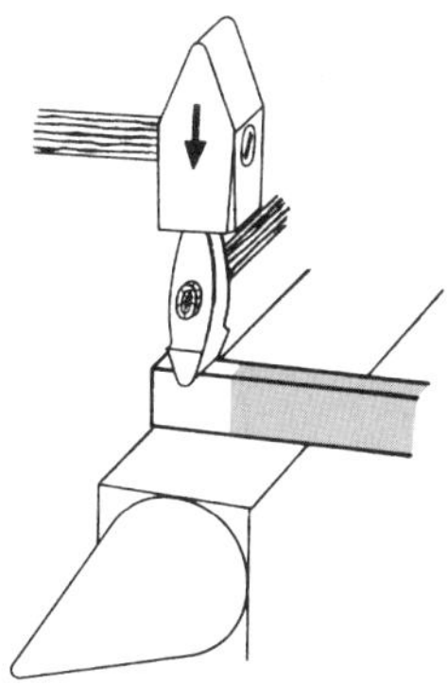

Bild 3.54
Einkehlen zum einseitig abgerundeten Absetzen

Zweiseitig

Mit Kehlhammer und Kehlschrot werden in das Schmiedestück gleichzeitig von zwei Seiten runde Übergänge eingedrückt (Bild 3.55). Anschließend wird mit dem Schlichthammer geglättet (Bild 3.56). Die Achse des abgesetzten Zapfens liegt in der Symmetrieachse des Schmiedestücks.

Tafel 3.5. Arbeitsstufen beim einseitig abgerundeten Absetzen

Arbeitsstufe	Arbeitsstufe
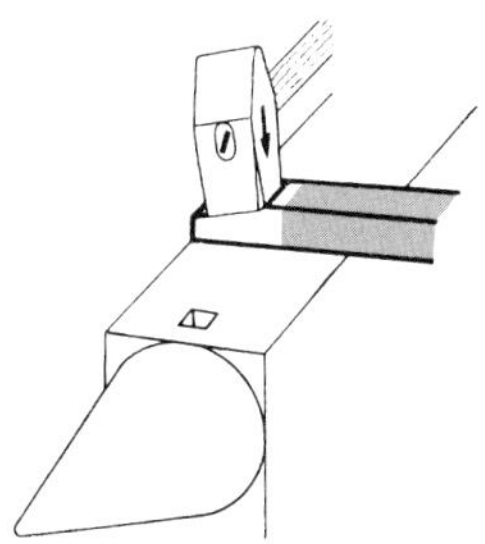 Stück schräg vorstrecken auf Endquerschnittsfläche	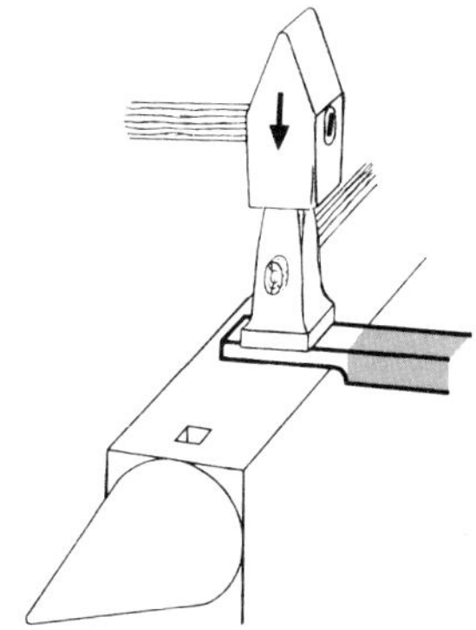 Glätten der Unterseite mit dem Schlichthammer
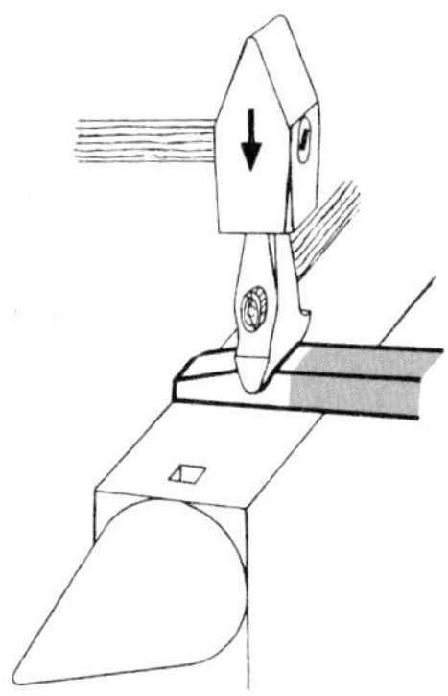 Einkehlen mit dem Kehlhammer	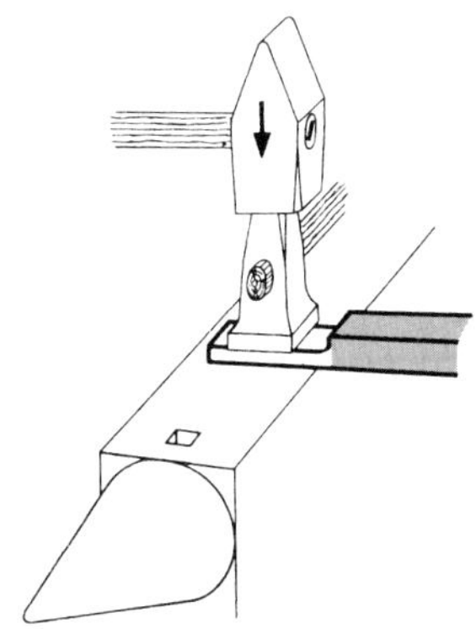 Glätten der Oberseite mit dem Schlichthammer
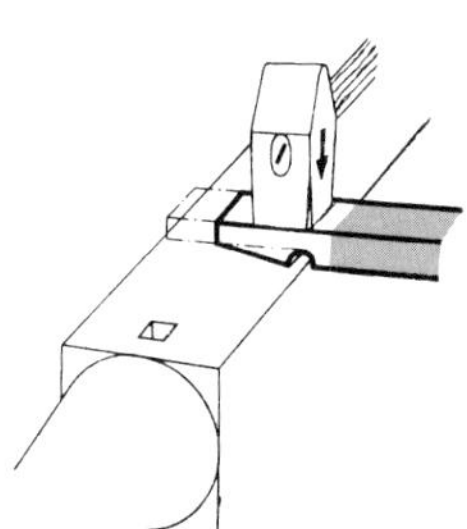 Ausschmieden mit dem Schmiedehammer	

Beim Einkehlen zum zweiseitigen Absetzen ist folgendes zu beachten:

- Kehlhammer und Kehlschrot müssen senkrecht übereinanderstehen.
- Kehlhammer und Kehlschrot müssen mit dem Werkstück einen rechten Winkel bilden.
- Der Kehlhammer dringt infolge der Trägheit der Masse beim Einkehlen tiefer ein als das Kehlschrot, deshalb ist das Werkstück zu wenden.

● Die Hammerschläge des Zuschlägers müssen genau senkrecht auf den Kehlhammer treffen und zum Schluß des Einkehlens leichter werden.

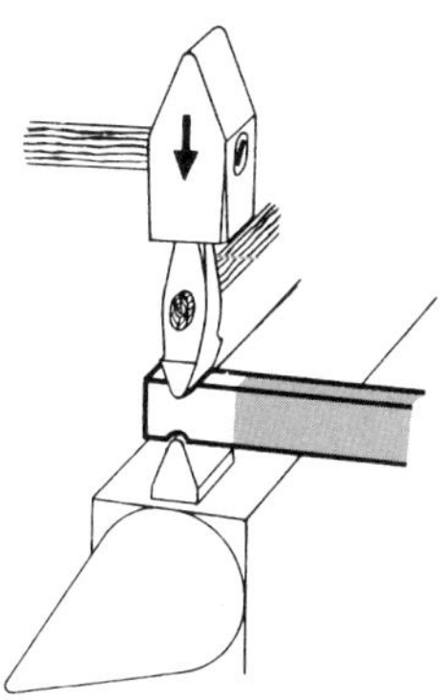

Bild 3.55. Einkehlen zum zweiseitig abgerundeten Absetzen

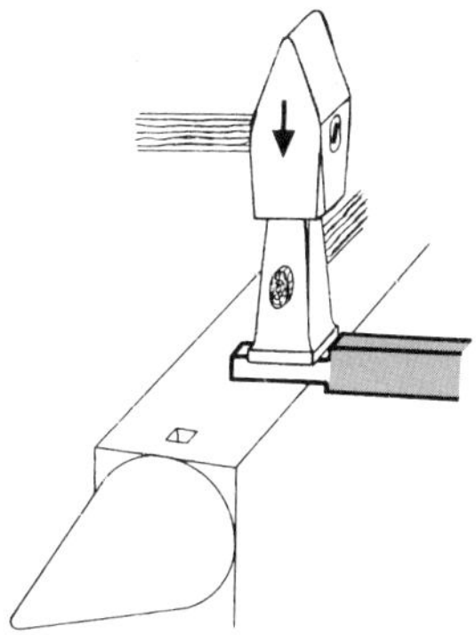

Bild 3.56. Glätten mit dem Schlichthammer

Allseitig

Der Arbeitsvorgang ist im Prinzip der gleiche wie beim zweiseitigen Absetzen. Es werden die gleichen Werkzeuge verwendet. Allseitig abgesetzt werden Quadrat- und Rundstähle, an die ein Mittelzapfen angeschmiedet werden soll.

Scharfkantiges Absetzen

Im Gegensatz zum abgerundeten Absetzen werden die Werkstückoberflächen eingeschrotet. Dazu dienen meistens einseitige Schrothämmer, Setzhämmer und Setzstöcke. Nach dem Einschroten wird der Zapfen geschmiedet. Das scharfkantige Absetzen kann wie das abgerundete Absetzen ein-, zwei- und allseitig durchgeführt werden.

Beim scharfkantigen Absetzen werden durch Einschroten die Werkstoffasern zerschnitten. Demzufolge ist die Festigkeit im Zapfeneinsatz geringer als bei abgerundeten Übergängen. Es ergeben sich gute Anlageflächen am Zapfenansatz.

Einseitig

Mit einseitigem Schrothammer wird das Schmiedestück einseitig, rechtwinklig eingeschrotet (Bild 3.57). Der Schrothammer darf nicht auf volle Absatztiefe eingetrieben werden, da sonst Rißgefahr am Zapfenansatz entsteht. Beim Ausschmieden des Absatzes ist der Einschnitt des Schrothammers nach unten an die Amboßkante zu legen (Bild 3.58).

Mit dem Setzhammer lassen sich einseitige, scharfe Absätze herstellen (Bild 3.59). Der Setzhammer ist bei den ersten Schlägen etwas schräg zu halten, damit sofort ein scharfkantiger Ansatz entsteht, der bei den weiteren Schlägen als Führung dient. Der Setzhammer hat eine ebene Bahn und ist scharfkantig. Seine Seitenflächen können rechtwinklig oder spitzwinklig zur Bahn verlaufen. Er wird als schräger Setzhammer bezeichnet, wenn die Seitenflächen spitzwinklig zur Bahn liegen. Mit dem schrägen Setzhammer läßt sich der Absatz schärfer herausarbeiten.

Auf der Amboßkante kann der Schmied den Absatz mit dem Handhammer schnell herstellen (Bild 3.60). Voraussetzung für ein sauberes Absetzen sind volle, scharfe Amboßkanten. Die Übergangskanten am Zapfenansatz werden vom Herunterdrücken und Abquetschen des Werkstoffs jedoch immer leicht abgerundet. Damit solche Absätze scharfkantig werden, muß man sie anschließend in der Lochplatte stauchen. Die Werkstoffasern werden dabei teilweise abgequetscht. Die Festigkeit am Zapfenansatz ist

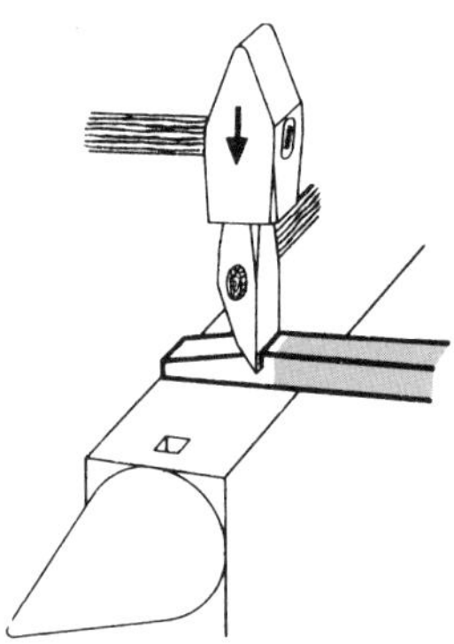

Bild 3.57. *Einschroten zum einseitigen scharfkantigen Absetzen*

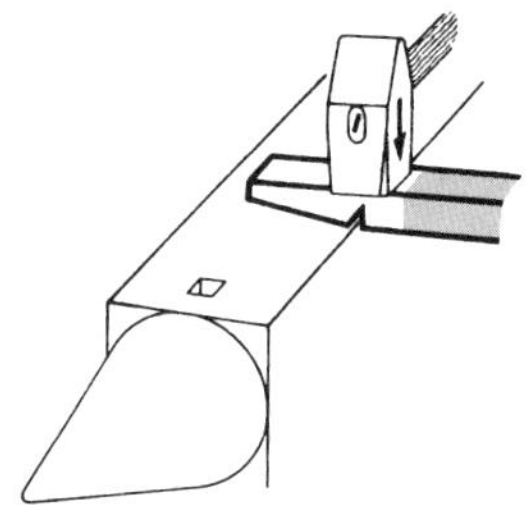

Bild 3.58. *Ausschmieden des Absatzes*

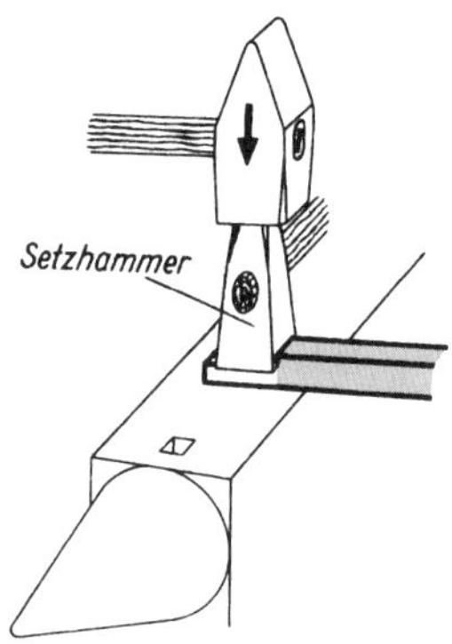

Bild 3.59. *Einseitig scharfkantiges Absetzen mit dem Setzhammer*

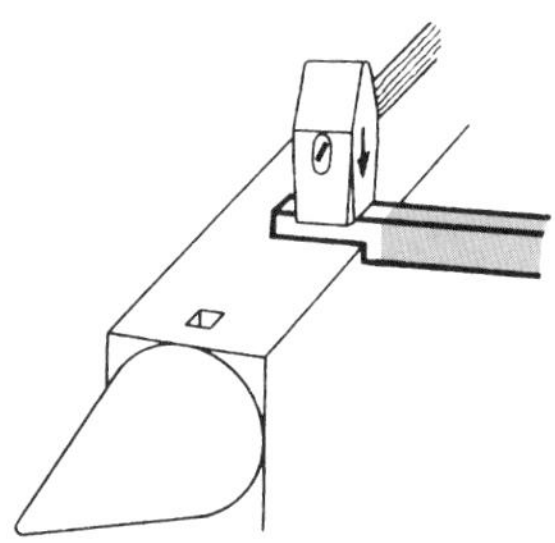

Bild 3.60. *Einseitig scharfkantiges Absetzen auf der Amboßkante*

dadurch zwar geringer als bei abgerundet abgesetzten Zapfen, jedoch größer als bei Zapfen, die durch Einschroten scharfkantig abgesetzt wurden.

Der Setzstock wird beim Schmieden kleiner Absätze (Rohrhaken, Bankeisen, Fenstereisen) verwendet. Dieses Arbeitsverfahren gleicht im Prinzip dem Absetzen auf der Amboßkante.

Zweiseitig

Beim zweiseitigen Absetzen mit einseitigem Schrothammer werden Schmiedestücke mit großen Querschnitten zuerst von der einen und dann von der zweiten Seite eingeschrotet (Bild 3.61). Dabei müssen beide Einschnitte senkrecht übereinanderliegen. Der Schrothammer darf nicht zu tief eingetrieben werden, da die Rißgefahr größer ist als beim Einschroten zum einseitigen Absetzen.

Beim zweiseitigen Absetzen auf der Amboßkante mit dem Setzhammer wird der Zapfen auf der gesamten Länge gleichzeitig ausgeschmiedet (Bild 3.62). Die Übergangskanten sind wie beim einseitigen Absetzen etwas gerundet und müssen deshalb in der Lochplatte gestaucht werden.

Beim zweiseitigen, scharfkantigen Absetzen ist zu beachten:

- Beide Setzkanten müssen senkrecht übereinanderliegen, damit eine gute Ansatzfläche vorhanden ist.

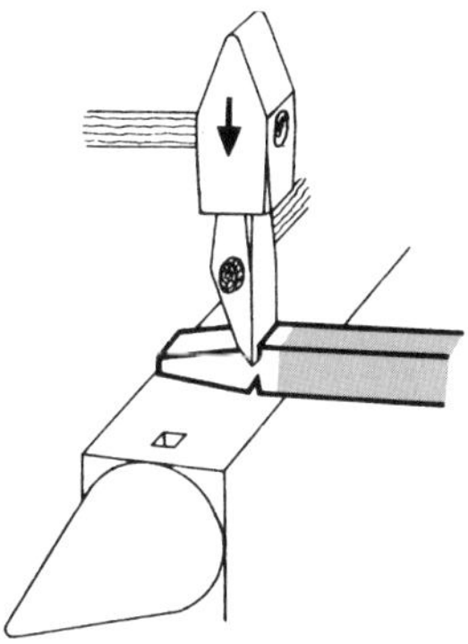

Bild 3.61. *Einschroten mit dem Schrothammer zum zweiseitigen scharfkantigen Absetzen*

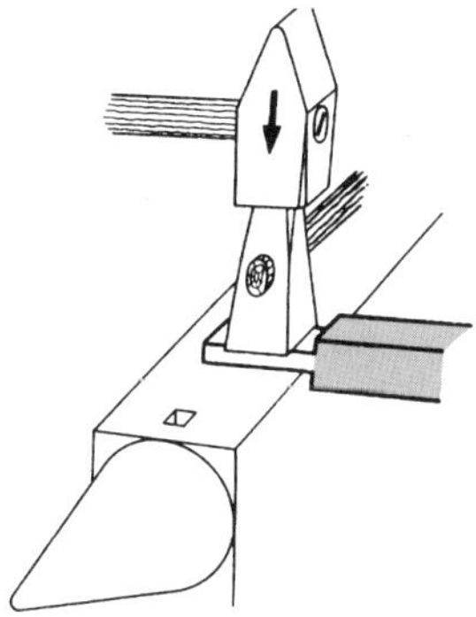

Bild 3.62. *Zweiseitiges scharfkantiges Absetzen mit dem Setzhammer auf der Amboßkante*

● Der Setzhammer drückt sich immer tiefer ein als die Amboßkante, deshalb muß das Werkstück nach einigen Schlägen gewendet werden, wenn der Zapfen in der Mitte sitzen soll.

Das zweiseitige Absetzen mit Setzstock und Setzhammer wird bei kleineren Schmiedestücken angewendet. Der Setzstock verjüngt sich nach unten und der dazugehörige Setzhammer nach oben (Bild 3.63). Dadurch ist es möglich, die Übergangskanten schärfer auszuarbeiten als beim Absetzen auf der Amboßkante mit Setzhammer.

Allseitig

Es erfolgt mit den gleichen Werkzeugen und in der gleichen Weise wie das zweiseitige Absetzen. An jedem Schmiedestück können Zapfen von flacher, quadratischer und runder Querschnittsform (Bild 3.64) abgesetzt werden. Alle Absetzflächen müssen in einer Ebene liegen.

Das allseitige Absetzen ist um so schwieriger, je mehr sich der Querschnitt des Ausgangsstücks vom Querschnitt des Zapfens unterscheidet (Bild 3.65). Deshalb wer-

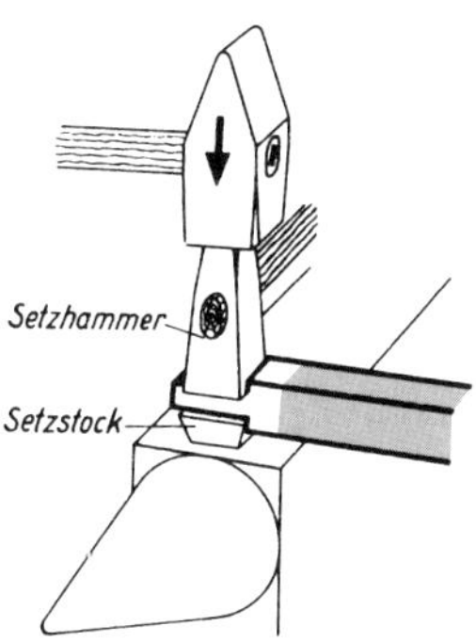

Bild 3.63. *Zweiseitiges scharfkantiges Absetzen mit Setzhammer und Setzstock*

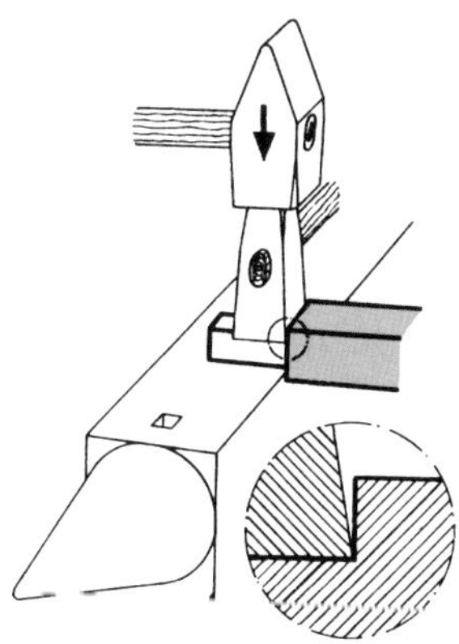

Bild 3.64. *Allseitig scharfkantiges Absetzen*

den zum Schmieden von runden, vierkantigen und sechskantigen Zapfen Hilfsgesenke verwendet. Das sind zweiteilige Formwerkzeuge, die aus Ober- und Unterteil bestehen (Bild 3.66). Das Unterteil wird mit seinem Zapfen in das Vierkantloch des Ambosses eingeführt und liegt mit der Unterfläche auf der Amboßbahn; das Oberteil ist leicht aufgestielt, um Prellschläge zu vermeiden. Beim Schmieden im Hilfsgesenk liegt das Schmiedestück zwischen Ober- und Unterteil. Durch die Hammerschläge fließt der Werkstoff in Längsrichtung und erhält die innere Form des Hilfsgesenks (Bild 3.67). Meistens werden Zapfen auf Rohmaß vor- und im Hilfsgesenk fertiggeschmiedet.

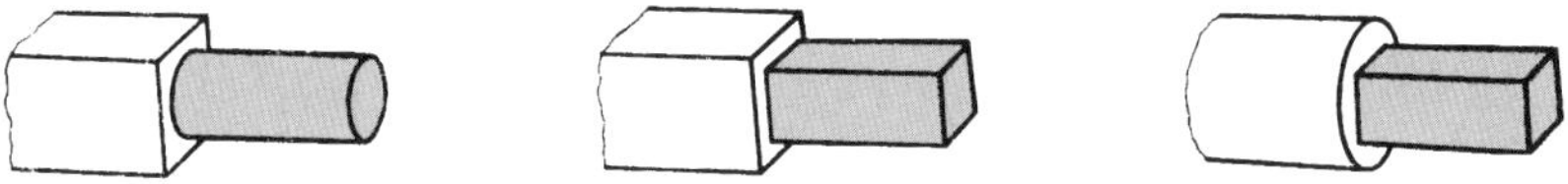

Bild 3.65. Abgesetzte Zapfen

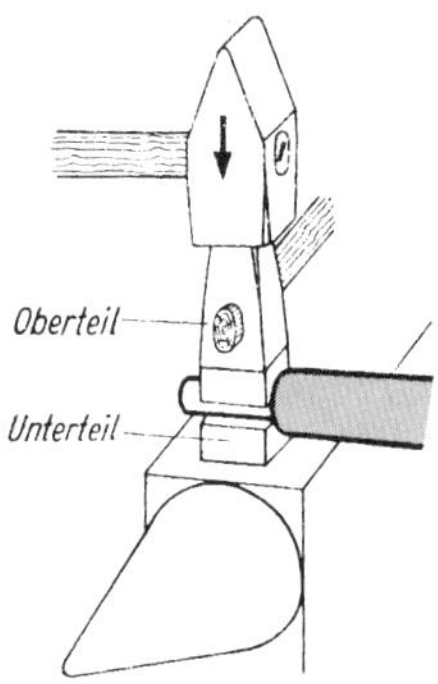

Bild 3.66. Absetzen eines Rundzapfens im Hilfsgesenk

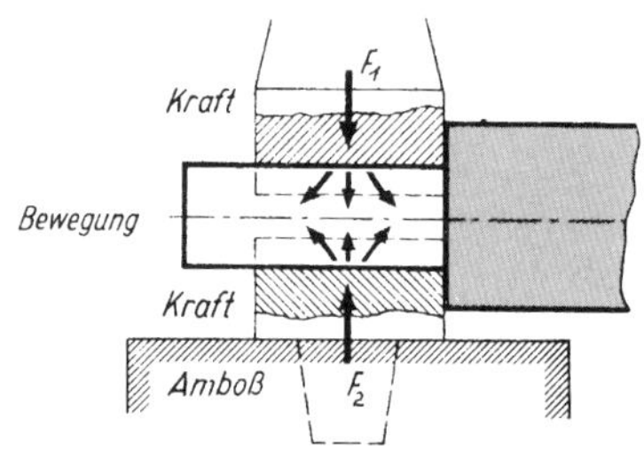

Bild 3.67. Vorgang beim Schmieden im Hilfsgesenk

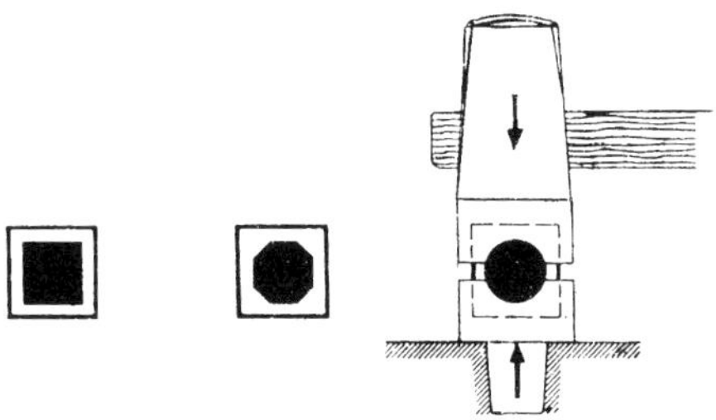

Bild 3.68
Profile beim Runden
Achtkantzapfen schmieden, Kanten brechen, im Rundgesenk runden

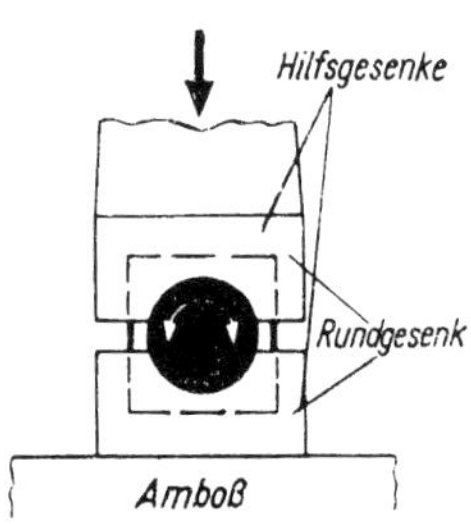

Bild 3.69. Runden im Hilfsgesenk; Formen durch Drehen des Zapfens

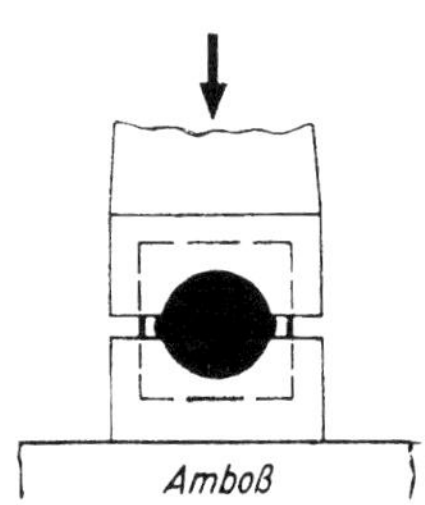

Bild 3.70. Runden im Hilfsgesenk; Form bei nicht gedrehtem Zapfen

Quadratische Zapfen an Flach-, Quadrat- und Rundstahl lassen sich leichter als Rundzapfen herstellen. Rundzapfen setzt der Schmied quadratisch ab, schmiedet sie achtkantig und rundet sie im Hilfsgesenk (Bild 3.68). Beim Runden muß das Schmiedestück ständig gedreht werden, sonst wird der Zapfen elliptisch, und der Werkstoff quetscht sich seitlich heraus (Bilder 3.69 und 3.70). Vierkantzapfen sind ständig um 90°, Sechskantzapfen um 60° zu drehen. Der Hammerschlag muß entfernt werden, damit sich keine unsauberen Flächen ergeben. Ein Zuschläger ist notwendig.

Beim Schmieden im Hilfsgesenk lassen sich schwierige Formen schnell und genau herstellen. Das Schmiedestück wird gleichzeitig geschlichtet.

Tafel 3.6. Absetzverfahren und deren Merkmale

Art	Ausführung	Arbeitsmittel	Vorteil	Nachteil
Abgerundetes Absetzen	einseitig 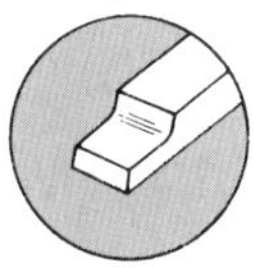	Kehlhammer (Zuschläger) oder Kehlschrot (mit und ohne Zuschläger)	allmählicher abgerundeter Übergang	kein scharfkantiger Absatz
	zweiseitig 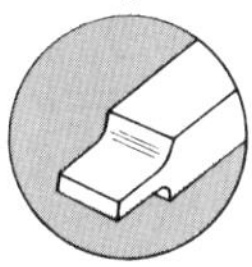	Kehlhammer und Kehlschrot (Zuschläger)	große Festigkeit, gute Übertragung von Zug-, Druck- und Biegekräften	keine rechtwinkligen Absatzflächen
	allseitig 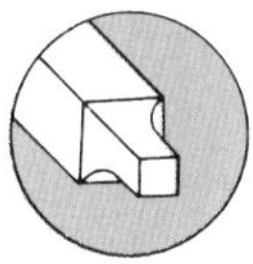	wie zweiseitig	wie zweiseitig	kein Anschlag, als Anlage ungeeignet
Scharfkantiges Absetzen	einseitig 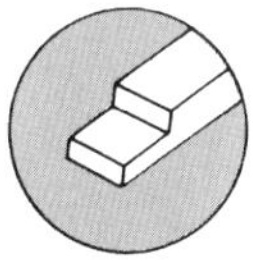	einseitiger Schrothammer (Zuschläger), Amboßbahn (kein Zuschläger), Setzstock (kein Zuschläger), Setzhammer (Zuschläger)	scharfe, rechtwinklige Absatzflächen, rechtwinklige Absatzflächen mit kleinen Ausrundungen, mittlere Festigkeit	am Zapfenansatz geschwächt, geringe Festigkeit, Rißgefahr
	zweiseitig 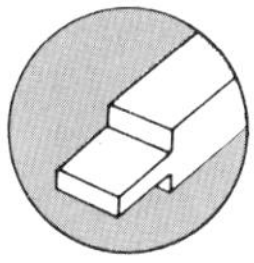	einseitiger Schrothammer, Amboßkante und Setzhammer, Setzstock und Setzhammer (immer mit Zuschläger)	scharfe, rechtwinklige Absatzflächen rechtwinklige Absatzflächen mit kleinen Ausrundungen, mittlere Festigkeit	wie einseitig
	allseitig 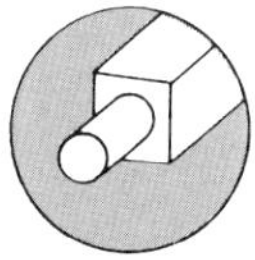	wie zweiseitig	wie zweiseitig	wie einseitig

Unter- und Oberteil der Hilfsgesenke müssen genau übereinanderstehen; der Zapfen muß in seiner ganzen Länge aufliegen, andernfalls bilden sich Einkerbungen.

Kerben verringern die Festigkeit eines Schmiedestücks und vergrößern die Bruchgefahr. Der Werkstoff reißt um so leichter ein, je scharfkantiger die Einkerbung ist.

3.1.4.4. *Umformungslängen beim Absetzen*

Beim Absetzen entstehen an einem Rohstück mit großem Querschnitt Zapfen und Ansätze mit kleinem Querschnitt. Die Länge der Zapfen und Ansätze muß immer gegeben sein. Es sind also alle Maße des Fertigstücks bekannt, und die Rohlänge l_r wird gesucht. Deshalb wird beim Absetzen der Abbrand immer addiert.

Rohlängenberechnung

▲ Aufgabenbeispiel

An einem Quadratstahl 40 mm × 40 mm ist einseitig ein Flachzapfen 40 mm × 20 mm, 100 mm lang, abzusetzen. Berechnen Sie die Rohlänge, wenn der Abbrand 6 % beträgt!

Gesucht:

1. Schmiedelänge l_{s1}
2. Rohlänge l_r.

Gegeben:

$a = 40$ mm
Größe des Absatzes
$a = 40$ mm
$b = 20$ mm
$l = 100$ mm
$A_b = 6\,\%$
$= 0{,}06\, l_{s1}$.

Lösung:

1. $l_{s1} = \frac{V_2}{A_1}$

$$l_{s1} = \frac{a \cdot b \cdot l}{a^2}$$

$$l_{s1} = \frac{40\text{ mm} \cdot 20\text{ mm} \cdot 100\text{ mm}}{40\text{ mm} \cdot 40\text{ mm}} \qquad \underline{l_{s1} = 50\text{ mm}}$$

2. $l_r = l_{s1} + A_b$

$A_b = 0{,}06\, l_{s1}$
$A_b = 0{,}06 \cdot 50$ mm — $A_b = 3$ mm
$l_r = 50\text{ mm} + 3\text{ mm}$ — $\underline{l_r = 53\text{ mm}}$.

▲ Aufgabenbeispiel

An einem Quadratstahl 25 mm × 25 mm ist ein Rundzapfen von ∅ 15 mm, 45 mm lang, abzusetzen. Berechnen Sie die Rohlänge, wenn der Abbrand 10 % beträgt!

Gesucht:

Rohlänge l_r.

Gegeben:

$a = 25$ mm
$d = 15$ mm
$l = 45$ mm
$A_b = 10\,\%$
$= 0{,}1\, l_{s1}$.

Lösung:

$$l_r = l_{s1} + A_b$$

$$l_{s1} = \frac{V_2}{A_1}$$

$$V_2 = \frac{d^2 \cdot \pi}{4} \cdot l$$

$$V_2 = \frac{15\,\text{mm} \cdot 15\,\text{mm} \cdot 3{,}14 \cdot 45\,\text{mm}}{4} \qquad V_2 = 7948{,}1\,\text{mm}^3$$

$$A_1 = a^2$$

$$A_1 = 25\,\text{mm} \cdot 25\,\text{mm} \qquad A_1 = 625\,\text{mm}^2$$

$$l_{s1} = \frac{7948{,}1\,\text{mm}^3}{625\,\text{mm}^2} \qquad \underline{l_{s1} = 12{,}7\,\text{mm}}$$

$$l_r = l_{s1} + A_b$$

$$A_b = 0{,}1\, l_{s1}$$

$$A_b = 0{,}1 \cdot 12{,}7\,\text{mm} \qquad A_b = 1{,}27\,\text{mm}$$

$$l_r = 12{,}7\,\text{mm} + 1{,}27\,\text{mm} \qquad \underline{l_r \approx 14\,\text{mm.}}$$

Berechnung von Gesamtlängen und Werkstoffmengen

▲ Aufgabenbeispiel

An einem Rundstahl von ∅ 50 mm sind zwei Zapfen abzusetzen (Bild 3.71). Abbrand = 10 %, $\rho = 7{,}85\,\text{kg/dm}^3$. Berechnen Sie die jeweiligen Rohlängen, die Gesamtlänge und die Werkstoffmenge!

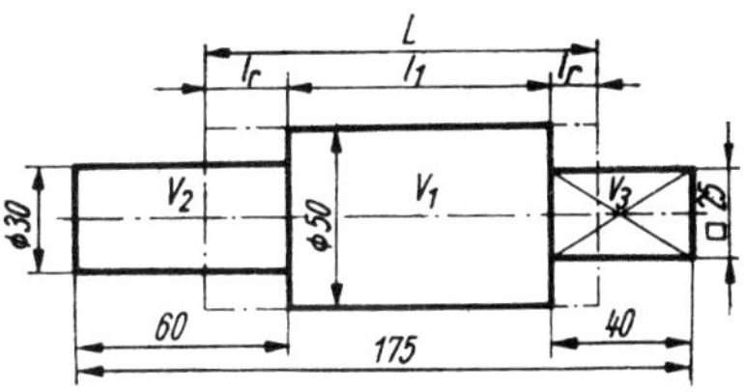

Bild 3.71
Bolzen mit zwei Zapfen

Gesucht:

1. Rohlänge l_r für Rundzapfen
2. Rohlänge l_r für Quadratzapfen
3. Gesamtlänge L
4. Werkstoffmenge des fertigen Schmiedestücks.

Gegeben:

Zeichnung mit Maßen

$$l_1 = 75\,\text{mm}$$

$$l_2 = 60\,\text{mm}$$

$$l_3 = 40\,\text{mm}$$

$$A_b = 10\,\% = 0{,}1\, l_{s1}.$$

Lösung:

1. $l_r = l_{s1} + A_b$ (Rundzapfen)

$$l_{s1} = \frac{V_2}{A_1}$$

$$V_2 = \frac{d^2 \cdot \pi}{4} \cdot l_2$$

$$V_2 = \frac{30\,\text{mm} \cdot 30\,\text{mm} \cdot 3{,}14 \cdot 60\,\text{mm}}{4} \qquad V_2 = 42\,390\,\text{mm}^3$$

$$A_1 = \frac{d^2 \cdot \pi}{4}$$

$$A_1 = \frac{50\,\text{mm} \cdot 50\,\text{mm} \cdot 3{,}14}{4} \qquad A_1 = 1\,962{,}5\,\text{mm}^2$$

$$l_{s1} = \frac{42\,390\,\text{mm}^3}{1\,962{,}5\,\text{mm}^2} \qquad l_{s1} = 21{,}6\,\text{mm}$$

$$l_r = l_{s1} + A_b$$

$$A_b = 0{,}1\, l_{s1}$$

$$A_b = 0{,}1 \cdot 21{,}6\,\text{mm}$$

$$l_r = 21{,}6\,\text{mm} + 2{,}16\,\text{mm}$$

$$l_r = 23{,}76\,\text{mm} \qquad \underline{l_r \approx 24\,\text{mm.}}$$

2. $l_r = l_{s1} + A_b$ (Quadratzapfen)

$$l_{s1} = \frac{V_2}{A_1}$$

$$V_2 = a^2 \cdot l_3$$

$$V_2 = 25\,\text{mm} \cdot 25\,\text{mm} \cdot 40\,\text{mm} \qquad V_2 = 25\,000\,\text{mm}^3$$

$$A_1 = \frac{d^2 \cdot \pi}{4}$$

$$A_1 = \frac{50\,\text{mm} \cdot 50\,\text{mm} \cdot 3{,}14}{4} \qquad A_1 = 1\,962{,}5\,\text{mm}^2$$

$$l_{s1} = \frac{25\,000\,\text{mm}^3}{1\,962{,}5\,\text{mm}^2} \qquad l_{s1} = 12{,}7\,\text{mm}$$

$$l_r = l_{s1} + A_b$$

$$A_b = 0{,}1\, l_{s1}$$

$$A_b = 0{,}1 \cdot 12{,}7\,\text{mm} \qquad A_b = 1{,}27\,\text{mm}$$

$$l_r = 12{,}7\,\text{mm} + 1{,}27\,\text{mm}$$

$$l_r = 13{,}97\,\text{mm} \qquad \underline{l_r \approx 14\,\text{mm.}}$$

3. Gesamtlänge L

$$L = l_1 + l_r \text{ (Rundzapfen)} + \text{(Quadratzapfen)}$$

$$L = 75\,\text{mm} + 24\,\text{mm} + 14\,\text{mm} \qquad \underline{L = 113\,\text{mm}}$$

4. $m = V \cdot \rho$

$$V = V_1 + V_2 + V_3$$

$$V_1 = \frac{d^2 \cdot \pi}{4} \cdot l_1$$

$$V_1 = \frac{5\,\text{cm} \cdot 5\,\text{cm} \cdot 3{,}14 \cdot 7{,}5\,\text{cm}}{4} \qquad V_1 \approx 147\,\text{cm}^3$$

$$V_2 = \frac{d^2 \cdot \pi}{4} \cdot l_2$$

$$V_2 = \frac{3\,\text{cm} \cdot 3\,\text{cm} \cdot 3{,}14 \cdot 6\,\text{cm}}{4}$$

$$V_2 = 42{,}42\,\text{cm}^3 \qquad V_2 \approx 42\,\text{cm}^3$$

$$V_3 = a_3 \cdot a_3 \cdot l_3$$

$$V_3 = 2{,}5\,\text{cm} \cdot 2{,}5\,\text{cm} \cdot 4\,\text{cm} \qquad V_3 = 25\,\text{cm}^3$$

$$V_3 = 147\,\text{cm}^3 + 42\,\text{cm}^3 + 25\,\text{cm}^3 \qquad V = 214\,\text{cm}^3$$

$$m = V \cdot \rho$$

$$m = 214\,\text{cm}^3 \cdot 7{,}85\,\text{kg/dm}^3$$

$$m = 1679{,}9\,\text{g} \qquad \underline{m \approx 1{,}680\,\text{kg.}}$$

Aufgaben

1. Welche Vorteile hat das abgerundete Absetzen?
2. Was ist beim scharfkantigen Absetzen zu beachten?
3. Welche Werkzeuge sind zum scharfkantigen Absetzen notwendig?
4. Wie werden runde Mittelzapfen scharfkantig abgesetzt?
5. Warum haben scharfkantig abgesetzte Zapfen, die auf der Amboßkante oder auf dem Setzstock abgesetzt werden, eine höhere Festigkeit als solche, die mit einseitigem Schrothammer abgesetzt wurden?
6. Welchen Zweck hat das Nachstauchen der Absatzflächen beim abgerundeten Absetzen?
7. Beschreiben Sie den Arbeitsgang beim Schmieden eines runden Mittelzapfens von ∅ 12 mm an einem Flachstahl 25 mm × 12 mm!
8. Warum müssen Rundzapfen beim Runden im Gesenk ständig gedreht werden?
9. An einem Quadratstahl 20 mm × 20 mm ist ein einseitiger Flachzapfen 20 mm × 10 mm, 50 mm lang, abzusetzen. Berechnen Sie Schmiedelänge l_{s1} und Rohlänge l_r, wenn der Abbrand 7 % beträgt!
10. An einem Quadratstahl 30 mm × 30 mm ist ein Flachzapfen 30 mm × 10 mm, 120 mm lang, zweiseitig abzusetzen. Berechnen Sie Schmiedelänge l_{s1} und Rohlänge l_r, wenn der Abbrand 7 % beträgt!
11. An eine Spindel aus Rundstahl ∅ 25 mm ist zum Befestigen der Kurbel ein quadratischer Mittelzapfen 15 mm × 15 mm, 22 mm lang, allseitig abzusetzen. Der Abbrand beträgt 5 %. Berechnen Sie Schmiedelänge l_{s1} und Rohlänge l_r!
12. Ein Nasenkeil (Bild 3.72) soll aus Quadratstahl 20 mm × 20 mm vorgeschmiedet werden. Der Abbrand beträgt 10 %. Die Zeichnung enthält die Schmiedemaße. Berechnen Sie Schmiedelänge l_{s1} und Rohlänge l_r (Absetzlänge)!

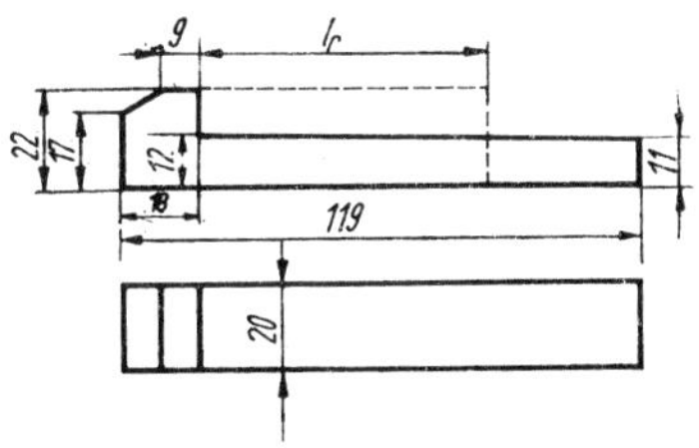

Bild 3.72
Nasenkeil

13. Aus einem Quadratstahl 50 mm × 50 mm ist ein Abschrot (Bild 3.73) herzustellen, Abbrand 10 %. Berechnen Sie
    1. Schmiedelänge und Rohlänge für den Schrotkeil
    2. Schmiedelänge und Rohlänge für den Einsatzzapfen
    3. Gesamtlänge
    4. Masse des fertigen Abschrots!

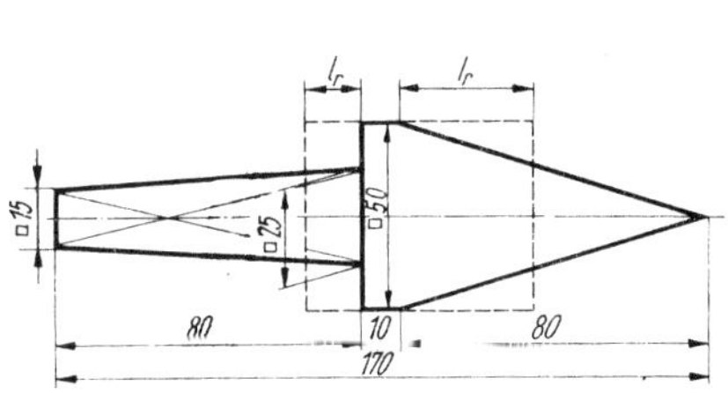

Bild 3.73
Abschrot

14. Berechnen Sie Schmiede- und Rohlänge des Rund- und des Quadratzapfens für ein Verbindungsstück (Bild 3.74), wenn der Abbrand 10 % beträgt!

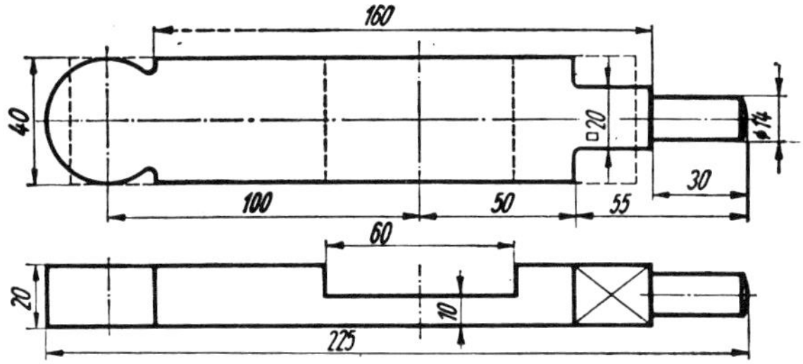

Bild 3.74
Verbindungsstück

3.1.5. Schlichten

3.1.5.1. *Zweck und Anwendungsbereich*

In der Metallbearbeitung wird das Glätten von rauhen und unebenen Werkstoffflächen als Schlichten bezeichnet. Die gewölbte Hammerbahn hinterläßt an der Oberfläche von Schmiedestücken Mulden, Vertiefungen und Narben. Die Flächen sind rauh und ungleichförmig.

Durch Schlichten (Bild 3.75) werden die Oberflächen bis zu einem bestimmten Grade glatt und gleichförmig.

Aus der Zeichnung eines Schmiedestücks muß die Oberflächenbeschaffenheit zu erkennen sein. Linien, die Oberflächen der Schmiedestücke darstellen, bleiben ohne Oberflächenzeichen, wenn an Gleichförmigkeit und Glätte Ansprüche gestellt werden, die durch Schmieden mit dem Hammer erfüllbar sind. Oberflächen, deren Gleichförmigkeit und Glätte besser sein sollen, als es mit dem Hammer erreicht werden kann, müssen geschlichtet werden. Solche Oberflächen werden in der Zeichnung besonders gekennzeichnet.

Tafel 3.7. Oberflächengüte (Gleichförmigkeit und Glätte)

Darstellung von Oberflächen verschiedener Güte	Grad der Gleichförmigkeit	Grad der Glätte
	unvollkommen	unvollkommen
	gut	unvollkommen
	unvollkommen	gut
	gut	gut

Vorgeschmiedete Stücke für die spanende Weiterverarbeitung werden nicht geschlichtet. Schmiedestücke, die gestreckt, gestaucht oder abgesetzt werden, wie Zapfen und angestauchte Köpfe, werden geschlichtet, da die Flächen rauh und nicht gleichförmig sind.

Schlichten hat den Zweck, gleichförmige und glatte Oberflächen zu schaffen. Fertig geschmiedete Stücke, die spanabhebend nicht weiter bearbeitet werden, sind im letzten Arbeitsgang zu schlichten.

Bild 3.75. Schlichten

3.1.5.2. *Schlichtvorgang*

Erwärmen

Die Schmiedestücke werden nicht so hoch erwärmt wie zum Schmieden. Günstigste Schlichttemperaturen liegen zwischen 600 und 800 °C. Oft genügt zum Schlichten die nach dem Schmieden noch vorhandene Temperatur.

Bei zu hoch erwärmten Stücken tritt durch das Schlichten eine unerwünschte Formänderung des gesamten Querschnitts ein. Müssen Schmiedestücke zum Schlichten noch einmal neu erwärmt werden, dann geschieht das möglichst schnell, um die Wärme nicht zu tief in den Kern eindringen zu lassen. Nur so bleibt die Formung auf die Oberfläche beschränkt.

Die günstigsten Schlichttemperaturen liegen zwischen 600 und 800 °C. Werden Schmiedestücke bei zu hoher Temperatur geschlichtet, kann sich ihre Form leicht unerwünscht verändern; werden sie zu niedrig erwärmt, wird die Oberfläche spröde. Es entsteht Bruchgefahr.

Kräfte

Ein Schmiedestück wird dadurch geschlichtet, daß es zwischen zwei große, glatte Flächen gestaucht wird. Dazu benutzt der Schmied Amboßbahn und Schlichthammer. Der Schlichthammer hat eine verhältnismäßig große Bahn, auf der auch seine Schlichtwirkung beruht.

Die Kraft F des Zuschlaghammers wird über die kleine Schlagfläche (Hammerkopf) des Schlichthammers auf dessen große Bahnfläche verteilt und so auf die Schlichtflächen des Schmiedestücks übertragen (Bild 3.76). Die Kraft je Flächeneinheit ist dadurch wesentlich geringer als beim direkten Aufschlag des Zuschlaghammers. Je mehr Erhöhungen eine Fläche hat, je ungleichförmiger sie also ist, um so größere Kräfte müssen aufgebracht werden, um die Erhöhungen einzustauchen. Eine größere Formarbeit am Schmiedestück erfordert auch eine größere Wucht des Hammers.

Je größer die Bahnfläche des Schlichthammers ist, um so geringer ist die Schlichtwirkung, um so kräftiger kann mit dem Zuschlaghammer zugeschlagen werden. Je kleiner die Bahnfläche des Schlichthammers ist, um so größer ist die Schlichtwirkung, um so schwächer muß mit dem Zuschlaghammer zugeschlagen werden.

Die Schlichtwirkung des Schlichthammers ist größer als die der Amboßbahn. Das auf dem Amboß liegende Schmiedestück nimmt infolge der Trägheit seiner Masse

(Beharrungsvermögen) selbst einen Teil der Kraft F_1 auf, so daß nur der verbleibende Rest auf den Amboß übertragen wird. Deshalb ist die Schlichtwirkung zwischen Hammer und Schmiedestück größer als zwischen Schmiedestück und Amboßbahn. Das wirkt sich um so mehr aus, je mehr Masse das Schmiedestück hat. Damit beide Seiten gleichmäßig geschlichtet werden, wird das Schmiedestück beim Schlichten gewendet, so daß die Unterseite oben liegt.

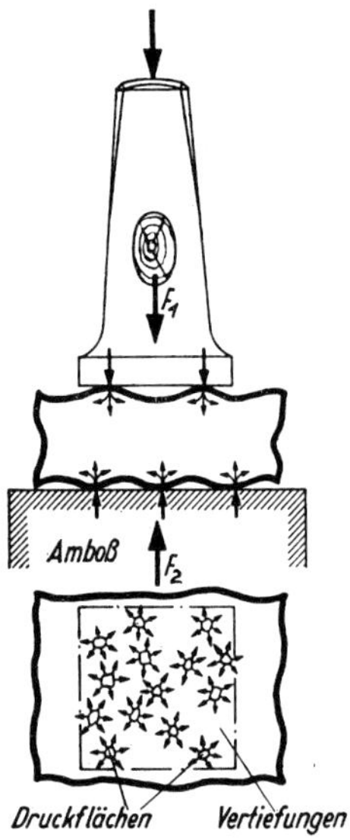

Bild 3.76
Kraftwirkung beim Schlichten

Werkstofffluß

Beim Schlichten entsteht an den Berührungsstellen zwischen Werkzeug und Werkstoff ein Stauchdruck. Infolge seiner Bildsamkeit fließt der Werkstoff. Dadurch werden vorhandene Erhöhungen und Vertiefungen ausgeglichen. Die geschlichteten Flächen werden gleichförmig und glatt. Ein hoher Grad von Gleichförmigkeit läßt sich beim Schlichten jedoch nicht erreichen.

Je größer die Berührungsfläche zwischen Hammerbahn und Werkstück, um so geringer ist der Flächendruck, und um so größer ist die Reibung, folglich ist der Werkstofffluß und damit die Formung der Oberfläche geringer.

Beim Schlichten läßt es sich nicht ganz vermeiden, daß der Werkstoff insgesamt etwas verdrängt wird. Dadurch wird das Werkstück etwas länger und breiter. Das tritt besonders dann ein, wenn kleine Flächen mit schweren Hämmern oder mit starken Schlägen geschlichtet werden.

3.1.5.3. *Schlichtverfahren*

Schlichten ebener Flächen

Zum Schlichten ebener Flächen verwendet man den Amboß und den Schlichthammer (Bild 3.77).

Ist der Amboß stark ausgearbeitet, schlichtet man auf der Schlichtplatte. Der Schlichthammer hat eine quadratische, ebene und glatte Bahn. Die Kanten sind abgerundet, damit sie sich nicht auf der Schlichtfläche markieren. Die gebräuchlichen Schlichthämmer haben eine Kantenlänge von 50, 60, 70 oder 80 mm. Der Schmied setzt den Schlichthammer beim Schlichten großer Flächen nach jedem Schlag weiter.

Der Hammerschlag (Abbrand) ist ständig vom Schmiedestück und von der Amboßbahn zu entfernen, damit er sich nicht in die Schlichtfläche eindrückt und Vertiefungen schafft.

Soll die Schlichtfläche besonders glatt und sauber werden, wird die Amboßbahn mit Wasser angefeuchtet (Naßschlichten). Dadurch wird die mit Hammerschlag behaftete Außenschicht des zu schlichtenden Schmiedestücks abgeschreckt, und sie schrumpft schneller als die darunterliegende Werkstoffschicht. Zwischen beiden Schichten entstehen Spannungen. Die Hammerschläge sprengen den anhaftenden spröden Hammerschlag vollständig ab. Es entsteht eine sehr glatte Schlichtfläche.

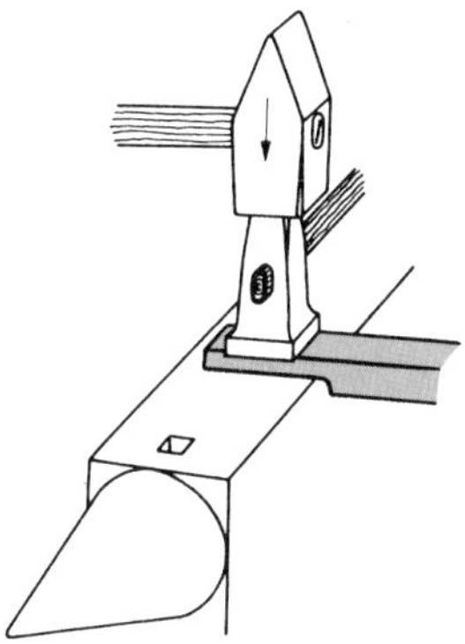

Bild 3.77
Schlichten ebener Flächen

Schlichten gekrümmter Flächen

Das Schlichten gekrümmter Flächen (Rundzapfen) wird in Rundgesenken durchgeführt. Diese Gesenke bezeichnet der Schmied deshalb oft als Schlichtlagen (Bild 3.78). Runde Schmiedestücke sind beim Schlichten ständig zu drehen, weil die Zapfen sonst unrund werden. Der Rundgesenkhammer muß parallel zum Zapfen liegen und darf nicht verkantet sein, damit keine Einkerbungen am Zapfen entstehen. Auf viele Rundzapfen wird Gewinde geschnitten. Einkerbungen ergeben ein unsauberes Gewinde.

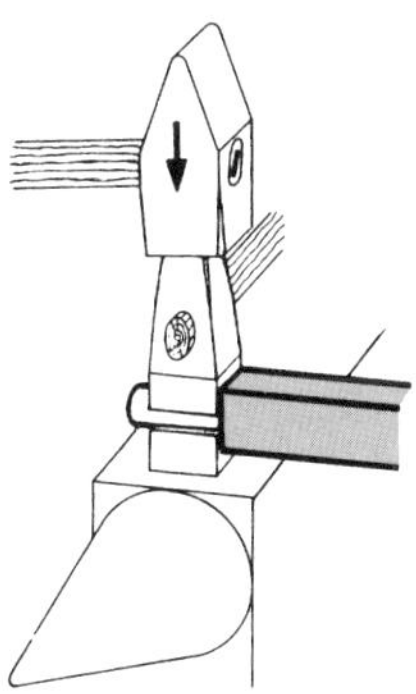

Bild 3.78
Schlichten gekrümmter Flächen im Rundgesenk

Aufgaben

1. Warum werden Werkstücke nach dem Schmieden geschlichtet?
2. Wodurch wird die unerwünschte Formänderung beim Schlichten gemindert?
3. Beschreiben Sie den Vorgang beim Schlichten ebener Flächen!
4. Welchen Vorteil bietet das Naßschlichten?

5. Erklären Sie das Schlichten gekrümmter Flächen!
6. Gebräuchliche Schlichthämmer haben eine Kantenlänge von 50, 60, 70 oder 80 mm. Berechnen Sie die Schlichtflächen in mm^2, und wandeln Sie die Ergebnisse in cm^2 um!
7. Eine rechteckige Platte 60 mm × 125 mm, 23 mm dick, wird nach dem Schmieden allseitig geschlichtet. Berechnen Sie die Größe der geschlichteten Fläche in mm^2, und wandeln Sie das Ergebnis in cm^2, dm^2 um!
8. Wie groß sind Volumen und Masse ($\rho = 7{,}85\ kg/dm^3$) der Platte aus Aufgabe 7?
9. Ein Schmiedestück hat vor dem Schlichten eine Masse von 7,5 kg. Der Abbrand ist 2 %. Welche Masse hat das Schmiedestück nach dem Schlichten?
10. Die Masse eines fertigen Schmiedestücks beträgt 4,3 kg. Welche Masse hatte der Rohling, wenn durch Abbrand 5 % verlorengingen?
11. Ein Schmiedestück hat vor dem Schlichten eine Masse von 45 kg, danach 40,5 kg. Wie groß ist der Abbrand
    a) in kg
    b) in %?

Tafel 3.8. Schlichtverfahren

Art des Verfahrens	Ausführung	Arbeitsmittel	Anwendung
Schlichten ebener Flächen	zwischen Schlichthammer und Amboß	Schlichthammer, Amboß, Zuschlaghammer	Glätten der Oberfläche kleiner Werkstücke
	zwischen Schlichthammer und Schlichtplatte	Schlichthammer, Schlichtplatte, Zuschlaghammer	Glätten der Oberfläche großer Werkstücke
Schlichten gekrümmter Flächen 	in Rundgesenken	Oberteil (Rundschlichthammer) Unterteil (Rundschlichtlage) Amboß und Zuschlaghammer	Glätten von Rundzapfen

3.1.6. Biegen

3.1.6.1. *Zweck und Anwendungsbereich*

Biegen wird als Arbeitsverfahren in der gesamten metallbearbeitenden Industrie angewendet. Beim Biegen wird ein Teil des Schmiedestücks in eine andere Richtung gebracht, so daß die Längsachse winklig, bogenförmig oder kreisrund verläuft. Danach unterscheidet man beim Biegen die Arbeitstechniken nach Tafel 3.9.

Eine Verbindung der verschiedenen Arbeitstechniken beim Biegen findet man an vielen Schmiedestücken, z. B. an Rohrschellen, Führungsaugen, Federböcken usw. Dünne Stäbe werden kalt gebogen, dicke Stäbe und Profile vor dem Biegen erwärmt. Der Schmied kann mit Handwerkszeug, mit Biegevorrichtungen oder mit Biegemaschinen biegen. Durch eine sinnvolle technische Umgestaltung – motorischen Antrieb und Einbau von entsprechenden Gesenkformen – kann die Stauchmaschine für das Biegen von Massenteilen rationell genutzt werden.

Biegen ist ein Schmiedeverfahren, bei dem ein Teil des Schmiedestücks in eine andere Richtung gebracht wird. Die Werkstückdicke ändert sich dabei nicht. Man unterscheidet Winkligbiegen, Rundbiegen und Rollen.

3.1.6.2. *Biegevorgang*

Erwärmen

In der Schmiede werden die meisten Werkstücke warm gebogen. Beim Winkligbiegen soll der an die Biegestelle angrenzende Werkstoff nicht verformt werden. Aus diesem Grund wird nur die Biegestelle auf Schmiedetemperatur erwärmt und der angrenzende warme Werkstoff abgekühlt. Die Biegestelle wird eingegrenzt. Beim Rundbiegen und Rollen ist der Werkstoff gleichmäßig und lang zu erwärmen.

Beim Winkligbiegen ist der Werkstoff kurz, beim Rundbiegen und Rollen lang und gleichmäßig zu erwärmen.

Tafel 3.9. Grundformen des Biegens

Verfahren	Bildbeispiele	Anwendungsbeispiele
Winkligbiegen		Haken Bauklammern Schließkrampen Bänder Laschen Winkel
Rundbiegen	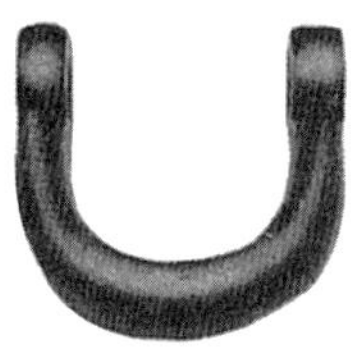	Ringe Reifen Gelenke Krampen Sturmhaken Ösen Rohrhaken Rohrschellen
Rollen		Türbänder Öhre Scharniere Federaugen

Spannungen

Die Biegekraft erzeugt im Werkstoffquerschnitt entgegengesetzt wirkende Spannungen. In den äußeren Werkstoffschichten wirken Zugspannungen, in den inneren Druckspannungen. Durch Zugspannungen werden die Außenschichten gereckt und daher verlängert, durch Druckspannungen die Innenschichten gestaucht und daher verkürzt (Bild 3.79).

Die Spannungen sind außen und innen am größten und nehmen zur Werkstückmitte hin ab. In der Mittelschicht heben sich die Spannungen gegenseitig auf (Bild 3.80). Der Werkstoff wird in dieser Schicht durch das Biegen weder gestreckt noch gestaucht.

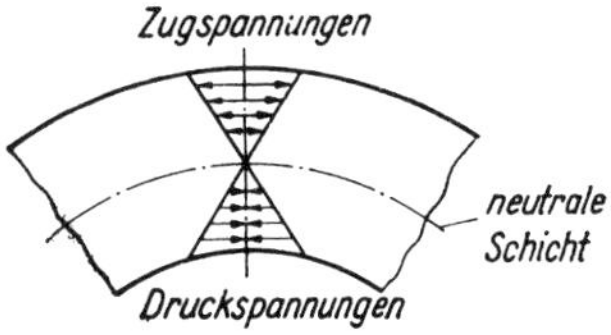

Bild 3.79
Entstehen der neutralen Schicht

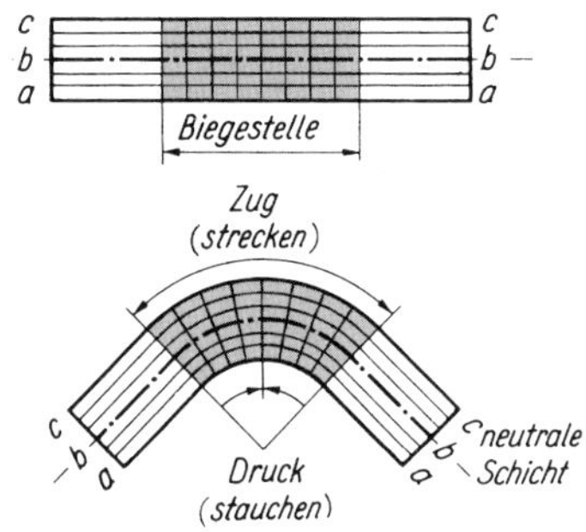

Bild 3.80
Spannungen beim Biegen

Die Mittelschicht wird darum als „neutrale Schicht" bezeichnet. Diese liegt bei symmetrischen Querschnitten, wie Quadrat-, Flach-, Rund- und Sechskantstahl, etwa in der Mitte, bei Halbrund-, Winkel-, T- und [-Stahl in Nähe der Schwerpunktachse.

Nach dem Biegen sind die äußeren Werkstoffschichten gestreckt, die inneren gestaucht. Die neutrale Werkstoffschicht hat ihre ursprüngliche Länge behalten.

Formung des Querschnitts

Beim Biegen verändert sich infolge der Spannungen die Form des Querschnitts an der Biegestelle (Bild 3.81). Diese Formänderung entsteht durch das Verschieben der Werkstoffteilchen. Sie ist eine Folge der Kraftwirkung wie beim Strecken und Stauchen. Entsprechend dem Streckvorgang wird der äußere Querschnittsteil flacher und schmaler, entsprechend dem Stauchvorgang der innere Querschnittsteil breiter und höher.

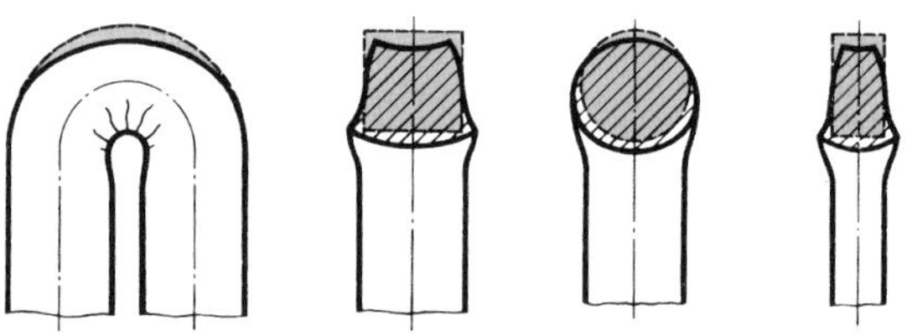

Bild 3.81
Querschnittsverformungen beim Biegen

Der Grad der Verformung des Querschnitts hängt vom Biegeradius r, vom Biegewinkel α und von der Querschnittshöhe h ab (Bild 3.82). Die Querschnittsform wird um so mehr verändert,

1. je kleiner der Biegeradius r im Verhältnis zur Querschnittshöhe h
2. je kleiner der Biegewinkel α und
3. je größer die Querschnittshöhe h ist.

Soll die ursprüngliche Querschnittsform beim Biegen erhalten bleiben, muß die Biegestelle gestaucht und nach dem Biegen glattgeschmiedet werden. Das ist besonders bei hochkant gestellten Stücken, die scharfkantig gebogen werden, zu beachten.

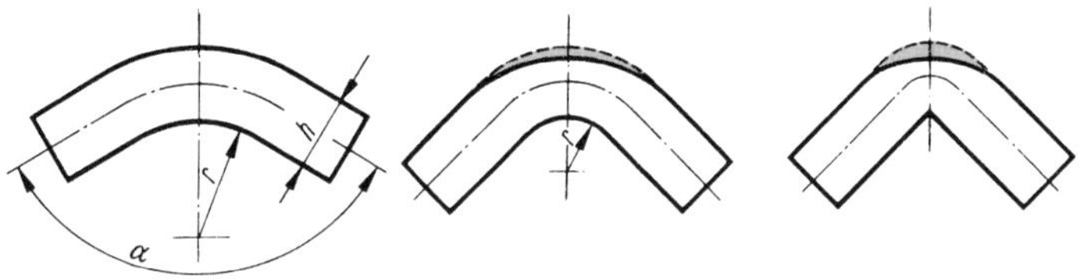

Bild 3.82. Biegestellen mit verschiedenen Winkeln und Radien

Verhalten des Werkstoffs beim Biegen

Biegefestigkeit. Beim Biegen setzt der Werkstoff der von außen wirkenden Biegekraft einen Widerstand entgegen. Diesen bezeichnet man als Biegefestigkeit. Die Biegefestigkeit wirkt in den äußeren Schichten gegen Zug und in den inneren gegen Druck. In der neutralen Schicht herrschen weder Zug- noch Druckkräfte. Die Richtung des Biegewiderstands wechselt von außen nach innen.

Die Biegefestigkeit hängt von der Werkstoffzusammensetzung ab. Ein Werkstoff muß so zusammengesetzt sein, daß die Zusammenhangskräfte größer sind als die Zug- und Druckkräfte. Darum müssen auf Biegung beanspruchte Stähle zäh sein. Legierungsbestandteile, wie Mangan, Chrom, Wolfram, Vanadium, Molybdän und Titan, erhöhen die Zähigkeit des Werkstoffs und damit die Biegefestigkeit, während hoher Kohlenstoffgehalt, Zusätze von Phosphor und Schwefel die Zähigkeit herabsetzen.

Bei jeder Biegebeanspruchung entstehen Zug- und Druckkräfte. Je größer die Biegefestigkeit eines Werkstoffs ist, desto größer muß die aufgewendete Biegekraft sein.

Elastizität. Ein metallischer Werkstoff kann bis zu einer bestimmten Grenze kalt gebogen werden, ohne daß eine bleibende Formänderung eintritt. Nach der Entlastung federt er wieder in seine ursprüngliche Form zurück (Bild 3.83). Diese Eigen-

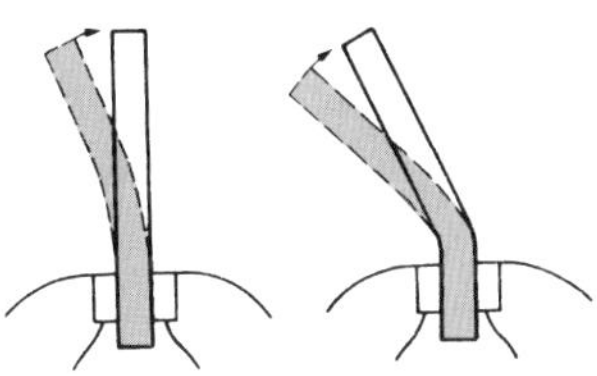

Bild 3.83
Elastizität beim Biegen

schaft wird als „Elastizität" bezeichnet. Die Grenze der Elastizität heißt „Elastizitätsgrenze".

Federt ein Werkstoff nach dem Biegen wieder in seine alte Lage zurück, besitzt er Elastizität. Die Elastizitätsgrenze wurde nicht überschritten.

Bleibende Dehnung. Nimmt ein Werkstoff nach der Entlastung nicht mehr seine ursprüngliche Form an, wurde eine „bleibende Dehnung" erreicht. Glas oder Grauguß brechen beim Biegen, weil sie spröde sind und daher nur eine geringe Dehnbarkeit haben. Je größer die Fähigkeit eines Werkstoffs zu bleibender Dehnung ist, um so besser läßt er sich biegen. Um die Dehnbarkeit des Stahls zu erhöhen, wird die Biegestelle erwärmt (s. Bild 3.2). Geht der Werkstoff nach dem Biegen nicht in seine alte Lage zurück, liegt eine bleibende Dehnung vor. Die Elastizitätsgrenze wurde überschritten.

Die Fähigkeit eines Werkstoffs, in seine ursprüngliche Form zurückzufedern, wird als Elastizität bezeichnet. Je größer die Elastizität ist, um so schwerer läßt er sich biegen.
Die Eigenschaft eines Werkstoffs, nicht in seine ursprüngliche Form zurückzufedern, wird als Dehnbarkeit bezeichnet. Je unelastischer oder bildsamer ein Werkstoff ist, um so besser läßt er sich formen.
Die größte Dehnbarkeit eines Werkstoffs wird durch Erwärmen erreicht.

3.1.6.3. *Biegeverfahren*

Winkligbiegen

Jede Biegearbeit, bei der das Schmiedestück in einem bestimmten Winkel aus seiner ursprünglichen Richtung gebogen wird, bezeichnet man als „Winkligbiegen". Der Winkel kann beliebige Größe haben. Der Schmied verwendet beim Biegen die Amboßkante oder den Flaschenschraubstock. Die Biegestelle kann abgerundet oder scharfkantig sein.

Winkligbiegen mit abgerundeter Biegestelle. Beim Winkligbiegen mit abgerundeter Biegestelle wird die Außenseite der Biegestelle stets rund. Die Innenkante kann rund oder scharfkantig sein. Beim Biegen über der Amboßkante wird das Schmiedestück so gelegt, daß die Biegestelle auf der Amboßkante liegt. Kurz vor der Biegestelle wird ein schwerer Hammer aufgesetzt, der mit seiner Masse auf das Schmiedestück drückt, damit es nicht hochschlägt oder vor der Biegestelle ausbuchtet (Bild 3.84). Die Hammerschläge sind dicht hinter die Biegestelle zu setzen, damit der gebogene Schenkel gerade bleibt.

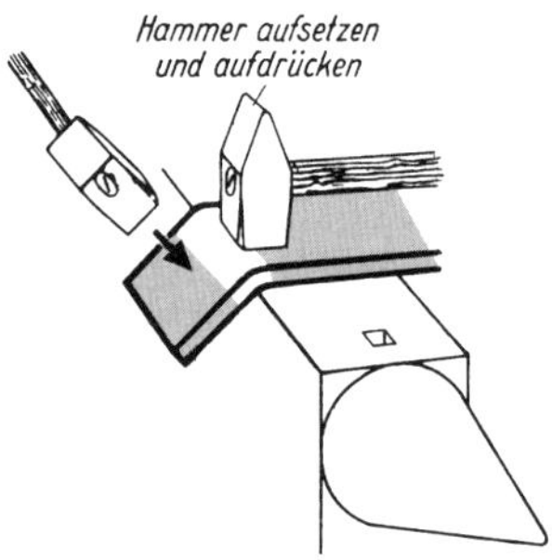

Bild 3.84. Biegen über der Amboßkante

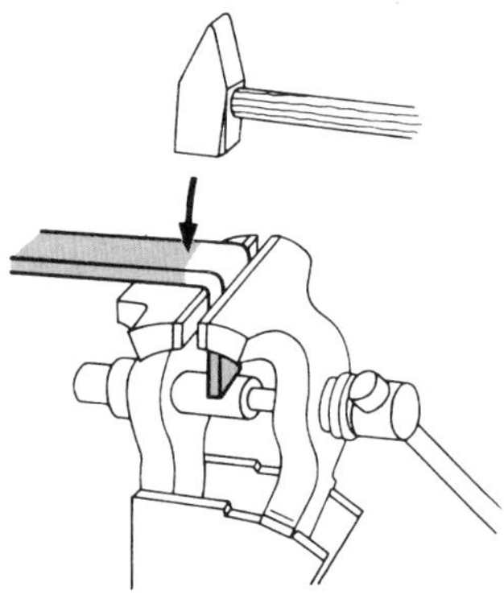

Bild 3.85. Biegen im Schraubstock

Das Biegen im Schraubstock ist leichter und genauer (Bild 3.85). Der zum Biegen verwendete Flaschenschraubstock ist aus Stahl geschmiedet. Er eignet sich für Biegearbeiten besonders gut, da er infolge seiner robusten Konstruktion starke Hammerschläge aushält. Die Seitenflächen des Werkstücks werden auf dem Amboß geschlichtet.

Beim Winkligbiegen mit abgerundeter Biegestelle ist die Außenkante stets rund. Abgerundete Biegestellen sind im Querschnitt geschwächt.

Berechnen der Biegelängen beim Winkligbiegen

Beim Biegen wird die neutrale Werkstoffschicht weder gestreckt noch gestaucht. Sie ändert nur ihre Richtung. Die neutrale Schicht behält ihre ursprüngliche Länge. Sie ist die Grundlage zum Ermitteln der Biegelänge.

Biegelänge = Länge der neutralen Schicht

Tafel 3.10. Formen gebogener Werkstücke

Biegevorgang	Form der Biegestelle Außenkante	Innenkante
Winkligbiegen		
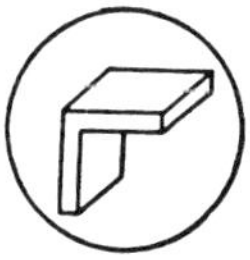	scharfkantig	scharfkantig
	scharfkantig	abgerundet
	abgerundet	scharfkantig
	abgerundet	abgerundet
Rundbiegen		
	Kreise oder Kreisteile	
Rollen		
	Kreise	

Biegelänge für Winkel mit abgerundeter Biegestelle. Der Schmied berechnet die Biegelängen beim Winkligbiegen grundsätzlich nach Innenmaßen, weil sie genau gemessen werden können. Die gesamte Biegelänge des Winkels setzt sich aus den Innenlängen der beiden Schenkel und der Bogenlänge der neutralen Schicht zusammen (Bild 3.86).

Biegelänge = Innenlänge der Schenkel + Bogenlänge

$L = l_1 + l_2 + l_B$

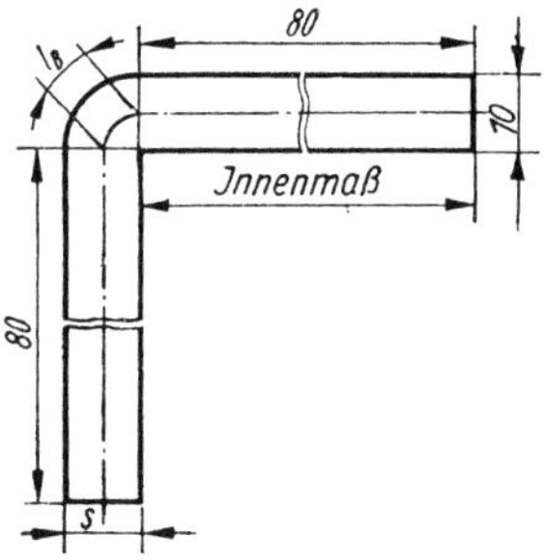

Bild 3.86
Maße am gebogenen Winkel

Die Bogenlänge l_B beträgt beim rechtwinkligen Biegen $^1/_4$ des Kreisumfangs, wenn die halbe Werkstoffdicke gleich dem Radius des Bogens ist. Für die Bogenlänge gilt dann

$$l_B = \frac{2r \cdot \pi}{4}.$$

Beträgt beispielsweise die Werkstoffdicke $s = 10$ mm ($s/2 = 5$ mm), dann ist

$l_B = \dfrac{2 \cdot 5\,\text{mm} \cdot 3{,}14}{4}$; $l_B = 7{,}85$ mm. Die errechnete Bogenlänge steht immer in einem bestimmten Verhältnis zur Werkstoffdicke s. Beim abgerundeten Biegen entspricht sie $^3/_4$ der Werkstoffdicke. Nach dieser Werkstattregel errechnet der Schmied die Biegelängen.

Beim abgerundeten Biegen ist die
Biegelänge = Innenlänge der Schenkel + $^3/_4$ Werkstoffdicke.

▲ Aufgabenbeispiel

Aus Flachstahl 20 mm × 10 mm ist ein Winkel abgerundet zu biegen. Schenkellänge innen = 80 mm. Berechnen Sie die Biegelänge!

Gesucht:

Biegelänge L.

Gegeben:

Innenlänge eines Schenkels $l = 80$ mm
Dicke des Flachstahls $s = 10$ mm.

Lösung:

$$L = 2 \cdot l + \frac{3}{4} \cdot s$$

$$L = 2 \cdot 80\,\text{mm} + \frac{3}{4} \cdot 10\,\text{mm}$$

$$L = 160\,\text{mm} + 7{,}5\,\text{mm} \qquad \underline{L = 167{,}5\,\text{mm.}}$$

▲ Aufgabenbeispiel

Aus Flachstahl 25 mm × 8 mm sind acht Schraubbänder herzustellen. Die Innenlänge eines Schenkels beträgt 220 mm (Bild 3.87).

Berechnen Sie die Biegelänge!

Gesucht:

Biegelänge L für acht Schraubbänder.

Gegeben:

Flachstahl 25 mm × 8 mm
Innenlänge eines Schenkels $l = 220$ mm

Innenabstand der Schenkel $l_A = 80$ mm

2 Biegestellen $2\,l_B = 2 \cdot \frac{3}{4}\,s.$

Lösung:

$$L = 2 \cdot l + L_A + 2 \cdot \frac{3}{4} \cdot s$$

$$L = 2 \cdot 220\ \text{mm} + 80\ \text{mm} + 2 \cdot \frac{3}{4} \cdot 8\ \text{mm}$$

$L = 440$ mm $+ 80$ mm $+ 12$ mm $\qquad L = 532$ mm

L für 8 Bänder

$L = 8$ Stück $\cdot$ 532 mm/Stück $\qquad L = 4256$ mm

$L \approx 4{,}26$ m.

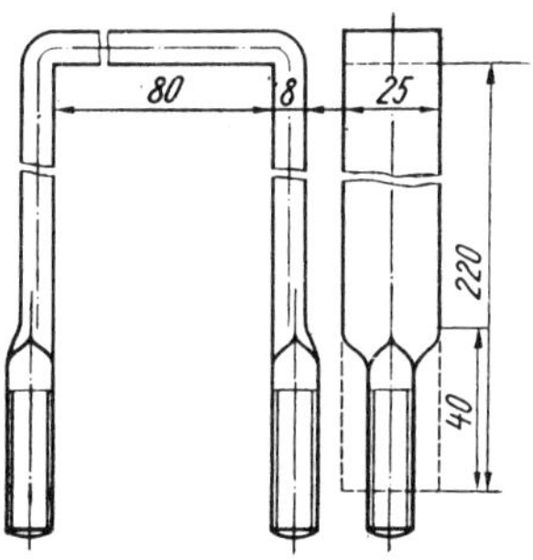

Bild 3.87
Schraubband

Winkligbiegen mit scharfkantiger Biegestelle. Beim scharfkantigen Biegen wird die Außenseite der Biegestelle stets scharfkantig. Die Innenseite kann scharfkantig oder rund sein (Bild 3.88). Scharfkantige Biegungen, die innen rund sind, haben eine höhere

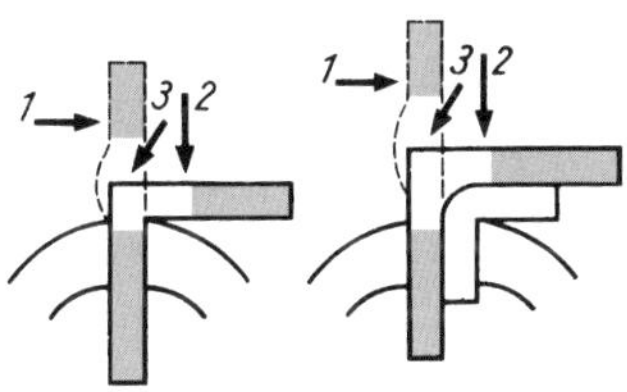

Bild 3.88
Scharfkantiges Biegen im Schraubstock

Festigkeit, weil die schädliche Kerbwirkung beseitigt ist. Um Schmiedestücke scharfkantig biegen zu können, müssen sie an der Biegestelle vor oder während des Biegens gestaucht werden. Das Schmiedestück wird, wenn es im Schraubstock scharfkantig gebogen werden soll, einseitig angestaucht. Bei runder Innenseite muß das Schmiedestück stark gestaucht werden.

Beim Biegen über die Amboßkante wird das Stück vorgebogen, gestaucht, fertiggebogen und fertiggestaucht (Bild 3.89). Der seitliche Drang ist einzuschmieden, damit ein scharfkantiger Winkel von gleichem Querschnitt entsteht. Nach dem Biegen sind die Stücke zu richten.

Biegelänge für Winkel mit scharfkantiger Biegestelle. Beim scharfkantigen Biegen wird mehr Werkstoff an der Biegestelle benötigt als beim abgerundeten Biegen. Nach praktischen Erfahrungen ist zu den Innenmaßen das 1,5fache der Werkstoffdicke je Biegestelle hinzuzurechnen.

> Beim scharfkantigen Biegen ist die
> Biegelänge = Innenlänge der Schenkel + 1,5 Werkstoffdicke.

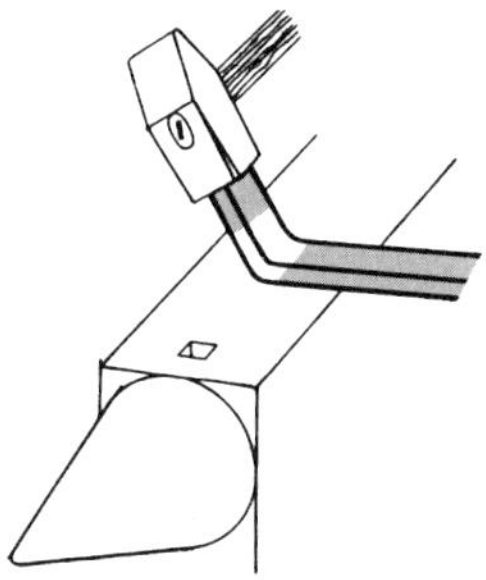

Bild 3.89
Stauchen vor dem scharfkantigen Biegen

▲ Aufgabenbeispiel

Aus Flachstahl 20 mm × 10 mm ist ein Winkel scharfkantig zu biegen (Bild 3.90). Schenkellänge innen = 80 mm. Berechnen Sie die Biegelänge!

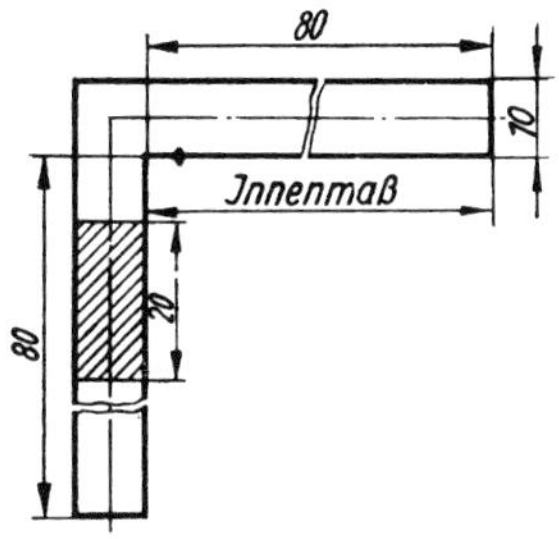

Bild 3.90
Bemaßung am scharfkantigen Winkel

Gesucht:

Biegelänge L.

Gegeben:

Innenlänge der Schenkel	$l = 80$ mm
Dicke des Flachstahls	$s = 10$ mm.

Lösung:

$L = 2 \cdot l + 1{,}5 \cdot s$

$L = 2 \cdot 80\ \text{mm} + 1{,}5 \cdot 10\ \text{mm}$

$L = 160\ \text{mm} + 15\ \text{mm}$ $\qquad$ $\underline{L = 175\ \text{mm.}}$

Rundbiegen

Durch Rundbiegen werden kreisförmige, elliptische oder unregelmäßige Rundungen hergestellt. Dazu benutzt der Schmied hauptsächlich das Hörnchen als Amboßeinsatz (Bild 3.91), das Amboßhorn (Bild 3.92) oder die Biegemaschine. Je kleiner die Run-

Bild 3.91
Rundbiegen
über dem Hörnchen

dung ist, um so näher arbeitet der Schmied an der Hornspitze. Das Schmiedestück muß immer rechtwinklig zur Auflagestelle gehalten werden. Die Hammerschläge sind vor die Auflagestelle zu setzen.

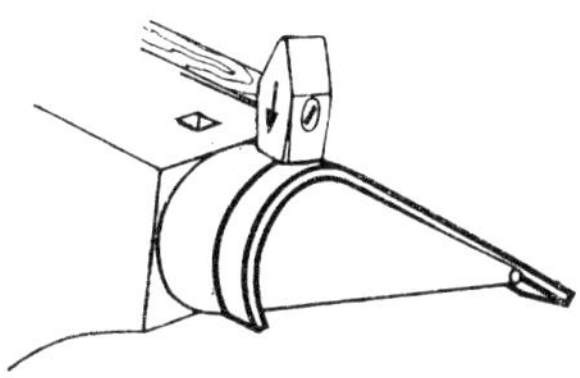

Bild 3.92. Rundbiegen über dem Amboßhorn

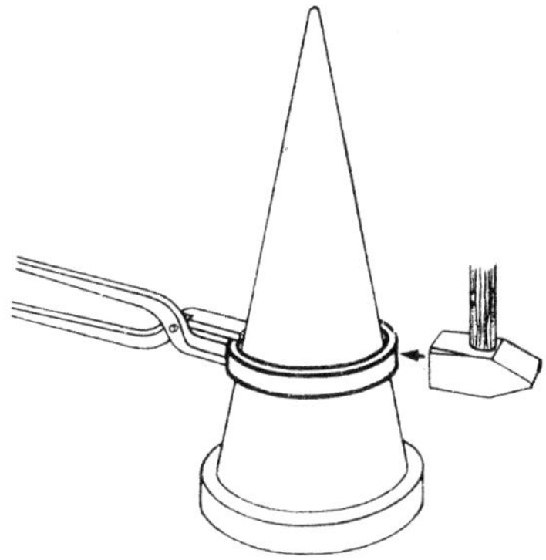

Bild 3.93. Richten auf dem Ringhorn

Kleine Rundungen werden über dem Amboßhörnchen gebogen. Es hat am unteren Ende einen Vierkantzapfen, der in das Vierkantloch des Ambosses eingesetzt wird. Sollen Ringe angefertigt werden, die genau kreisrund sein müssen, werden sie auf dem Amboßhorn vorgebogen, geschweißt und auf dem Ringhorn nachgearbeitet und gerichtet (Bild 3.93). Das Ringhorn ist ein schwerer, hohler Kegel aus Stahlguß mit glatter Oberfläche. Es ist 700 bis 1 400 mm hoch.

Biegelänge beim Rundbiegen. Damit Reifen, Ringe, Bunde und Augen gut passen, müssen die Biegelängen genau ermittelt werden. Die Biegelängen von Rundungen werden mit Hilfe des Durchmessers der neutralen Schicht errechnet (Bild 3.94). Der Durchmesser der neutralen Schicht muß für die meisten Biegearbeiten erst berechnet werden. Aus jeweils zwei gegebenen Größen läßt er sich wie folgt errechnen:

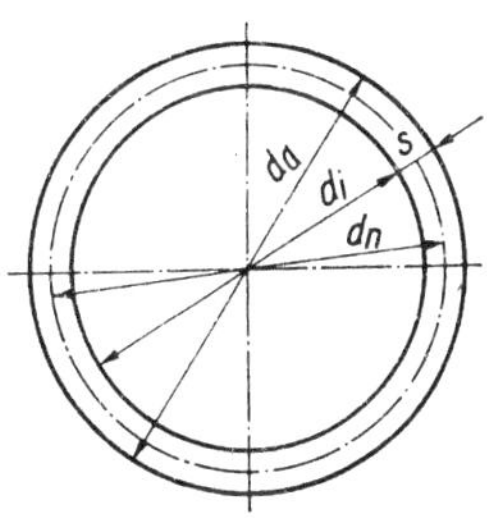

Bild 3.94 Maße am Ring

$$d_n = d_i + s$$
$$d_n = d_a - s$$
$$d_n = \frac{d_a + d_i}{2};$$

d_i Innendurchmesser
d_a Außendurchmesser
d_n Durchmesser der neutralen Schicht
s Werkstückdicke.

Gebogene Rundungen sind Kreise oder Kreisteile. Ihre Biegelängen errechnen sich nach folgenden Gleichungen:

Kreis	$L = d_n \cdot \pi$
Halbkreis	$L = \frac{d_n \cdot \pi}{2}$
Viertelkreis	$L = \frac{d_n \cdot \pi}{4}$
Kreisteil	$L = \frac{d_n \cdot \pi \cdot \alpha}{360°}$;

L Biegelänge
α Biegewinkel
360° Gradzahl des Vollkreises.

Alle gebogenen Werkstücke bestehen aus Kreisen, Kreisteilen und geraden Stücken. Die Biegelänge ergibt sich aus der Summe der einzelnen Längen der neutralen Schicht.

▲ Aufgabenbeispiel

Aus Rundstahl ∅ 12 mm ist eine Ösenschraube herzustellen. Der innere Ösendurchmesser soll 30 mm betragen (Bild 3.95).

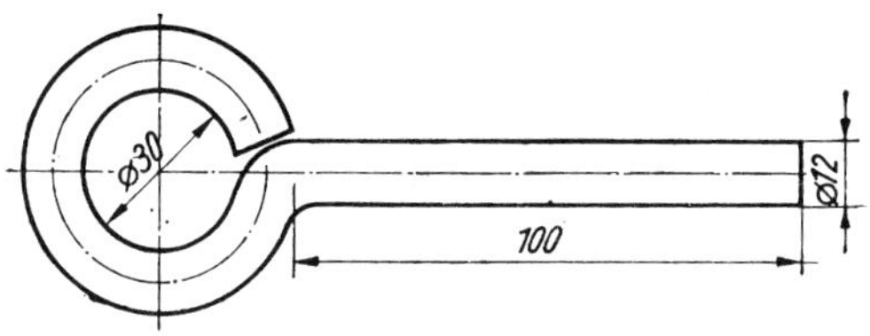

Bild 3.95
Ösenschraube

Berechnen Sie die Biegelänge!

Gesucht:

Biegelänge L.

Gegeben:

Durchmesser des Rundstahls	d =	12 mm
innerer Ösendurchmesser	d_i =	30 mm
Bolzenlänge	l_2 =	100 mm.

Lösung:

$L = l_1 + l_2$

$l_1 = d_n \cdot \pi$

$d_n = d_i + s$

$d_n = 30\,\text{mm} + 12\,\text{mm}$ $\qquad d_n = 42\,\text{mm}$

$l_1 = 42\,\text{mm} \cdot 3{,}14$ $\qquad l_1 = 131{,}88\,\text{mm}$

$L = 131{,}88\,\text{mm} + 100\,\text{mm}$ $\qquad \underline{L \approx 232\,\text{mm.}}$

Rollen

Rollen ist ein Rundbiegen von Flach- und Bandstahl mit kleinem, gleichbleibendem Radius. Durch Rollen entstehen zylindrische Hohlräume zur Aufnahme von Bolzen und Stiften. Rollarbeiten können mit der Hand, mit Biegevorrichtungen oder mit Maschinen durchgeführt werden.

Der Schmied rollt die Schmiedestücke meistens warm. Dazu benutzt er die Amboßkante, das Amboßhorn oder Rolldorne.

Biegelänge beim Rollen. Vor dem Rollen müssen die Biegelängen möglichst genau ermittelt werden, um genaue Durchmesser zu erhalten und den Arbeitsaufwand für Nacharbeiten klein zu halten.

▲ Aufgabenbeispiel

Aus Flachstahl 30 mm × 4 mm sind 250 Türbänder zu rollen. Der Durchmesser des Rolldorns beträgt 10 mm (Bild 3.96).

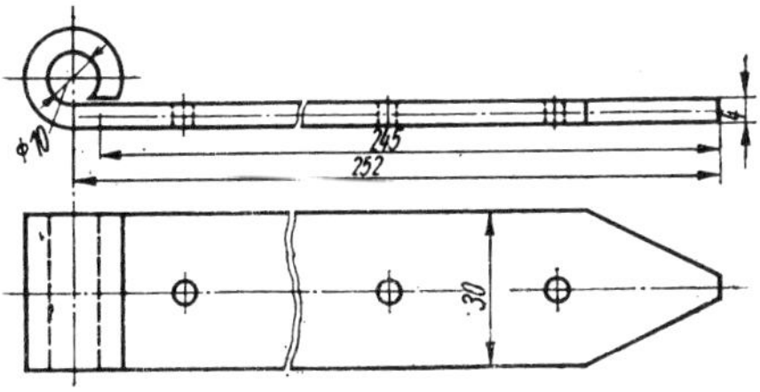

Bild 3.96
Türband

Berechnen Sie die Biegelänge!

Gesucht:

Biegelänge L für 250 Türbänder.

Gegeben:

Dicke des Flachstahls	s =	4 mm
Durchmesser des Rolldorns	d_i =	10 mm
Schenkellänge	l_1 =	245 mm
Losgröße		250 Stück.

Tafel 3.11. Arbeitsstufen beim Rollen eines Türbandes

Arbeitsstufe	Arbeitsstufe
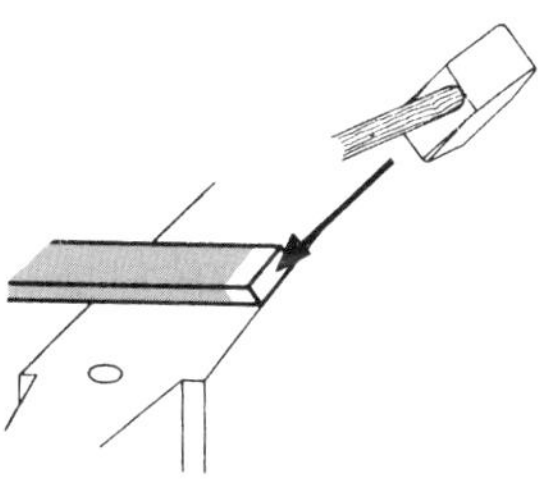 Anschärfen	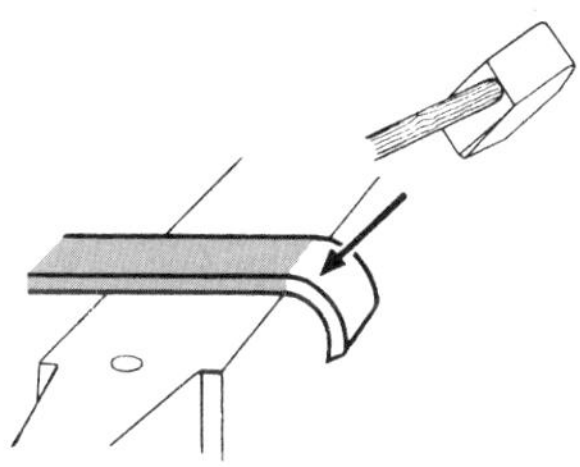 Weiterrollen
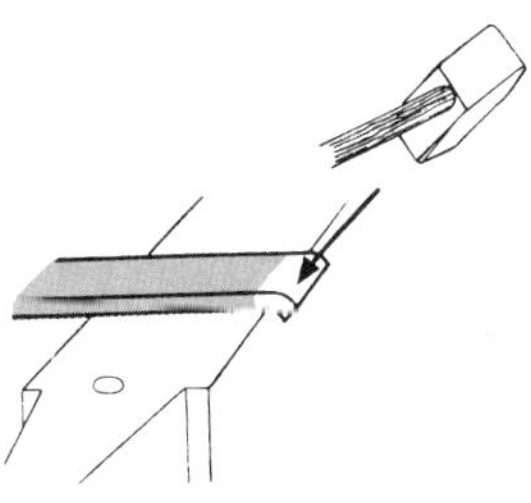 Anrollen	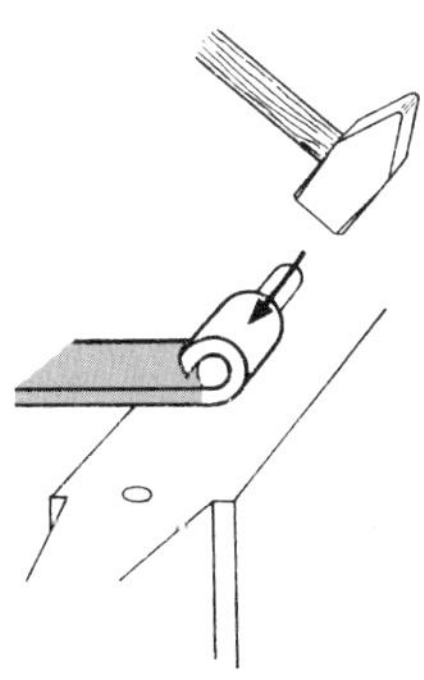 über Rolldorn fertigrollen

Tafel 3.12. Herstellen eines gebogenen Torbandes aus Flachstahl 50 mm × 10 mm

Bild	Arbeitsstufen	Beschreibung der Arbeitsstufe	Arbeitsmittel
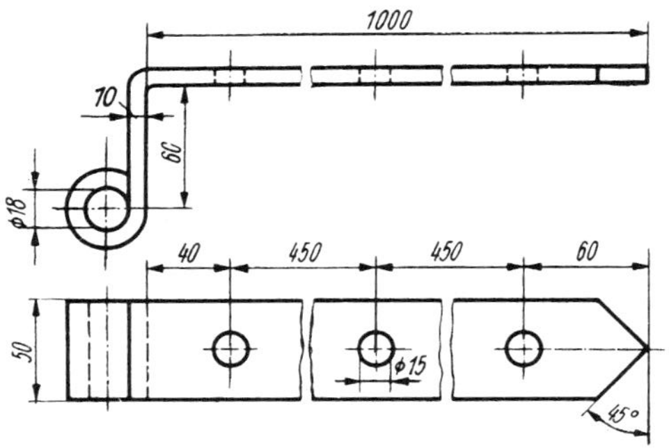	Technische Darstellung		
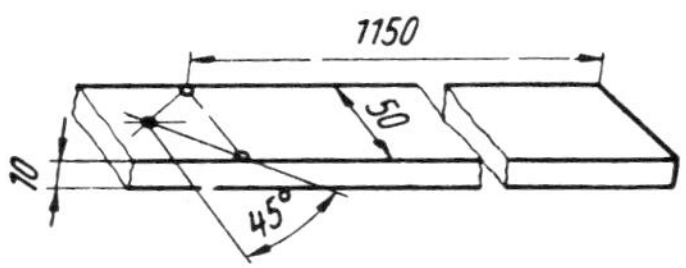	Schmiedestück anreißen und ankörnen	Gesamtlänge 1150 mm anreißen; Abschrägungen von 45° anreißen und ankörnen	Stahlmaßband, Winkel, Reißnadel, Körner, Handhammer

Tafel 3.12. (Fortsetzung)

Bild	Arbeitsstufen	Beschreibung der Arbeitsstufe	Arbeitsmittel
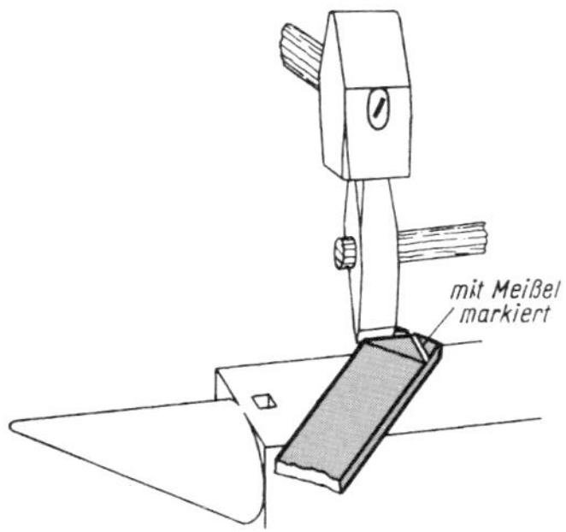	Schmiedestück erwärmen und abschroten	Anrißstelle gelbrot (1000 °C) erwärmen; rechtwinklig zum Flachstahl abschroten, dann beide Abschrägungen abschroten. Alle Schnitte von einer Seite (Außenseite) führen, damit Band gut am Torflügel liegt	Schmiedeherd, Feuergeräte, Amboß, Schrothammer, Vorschlaghammer
	Schmiedestück erwärmen zum Rollen	Ende für Öse gelbrot (1000 °C) erwärmen	Schmiedeherd, Feuergeräte
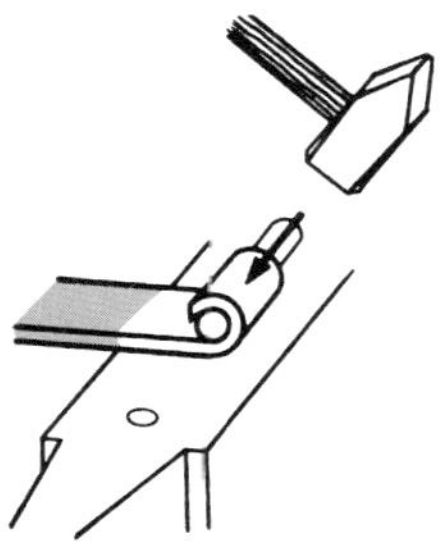	Schmiedestück anschärfen und rollen	Ösenende über Amboßkante anschärfen; angeschärftes Ende über Amboßkante anrollen; Öse über Amboßkante weiterrollen und über Rolldorn auf dem Amboß fertigrollen	Amboß, Handhammer, Rolldorn
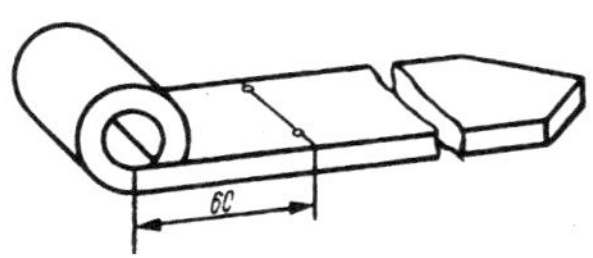	Biegestelle anreißen	60 mm von der Mitte der Öse Biegestelle anreißen und zwei Körnerschläge auf Anrißlinie setzen	Amboß, Stahlmaßstab, Winkel, Reißnadel, Körner, Handhammer

Tafel 3.12. (Fortsetzung)

Bild	Arbeitsstufen	Beschreibung der Arbeitsstufe	Arbeitsmittel
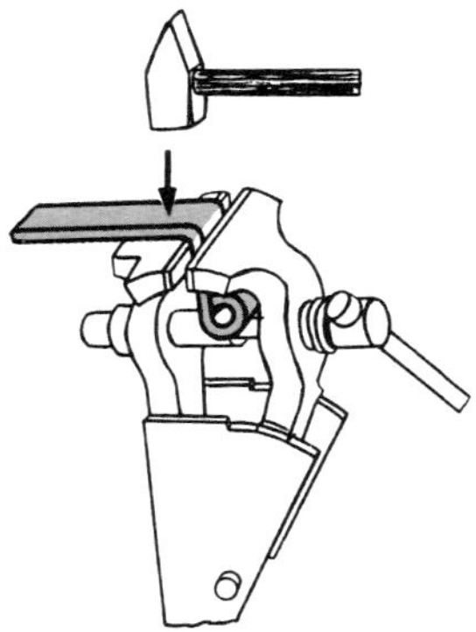	Schmiedestück erwärmen und biegen	angekörnte Biegestelle gelbrot (1000 °C) erwärmen; im Schraubstock rechtwinklig, abgerundet biegen	Schmiedeherd, Feuergeräte, Schmiedeschraubstock, Handhammer
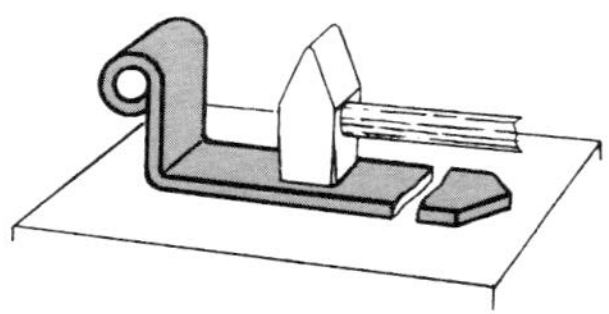	Werkstück richten	Biegestelle und gesamtes Torband richten	Amboß, Handhammer
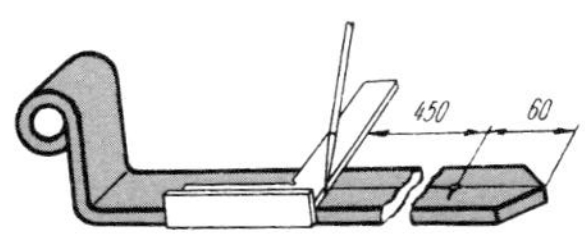	Bohrungen anreißen und bohren	Bohrungen nach Zeichnung anreißen und ankörnen; Löcher bohren und entgraten	Stahlmaßstab, Winkel, Reißnadel, Körner, Handhammer, Bohrmaschine, Bohrer, Dreikantschaber

Lösung:

$L = l_1 + l_2$

$l_1 = d_n \cdot \pi$

$d_n = d_i + s$

$d_n = 10\ \text{mm} + 4\ \text{mm}$ $\qquad d_n = 14\ \text{mm}$

$l_1 = 14\ \text{mm} \cdot 3{,}14$ $\qquad l_1 = 43{,}96\ \text{mm}$

$L = 43{,}96\ \text{mm} + 245\ \text{mm}$ $\qquad L \approx 289\ \text{mm}$

L für 250 Türbänder

$L = 250\ \text{Stück} \cdot 289\ \text{mm/Stück}$ $\qquad L = 72\,250\ \text{mm}$

$L = 72{,}25\ \text{m}.$

Aufgaben

1. Erklären Sie, in welcher Weise der Werkstoff beim Biegen beansprucht wird!
2. Von welchen Größen hängt der Grad der Verformung des Querschnitts beim Biegen ab?
3. Welche Arbeitsmethoden wendet der Schmied beim Rundbiegen an?
4. Wie wird das Rollen ausgeführt?
5. Es ist ein Winkel aus Flachstahl 25 mm × 12 mm rechtwinklig zu biegen. Die Schenkellänge innen beträgt je 120 mm. Berechnen Sie die Biegelänge
   a) mit abgerundeter Biegestelle
   b) mit scharfkantiger Biegestelle!
6. Für einen Kanaldeckel sind zwei Kröpfeisen (Bild 3.97) als tragende Unterzüge aus Flachstahl 40 mm × 12 mm herzustellen. Berechnen Sie die Biegelänge für beide Kröpfeisen!

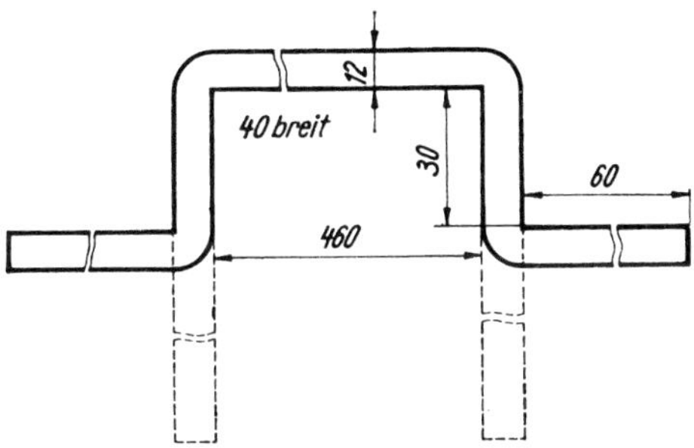

Bild 3.97
Kröpfeisen

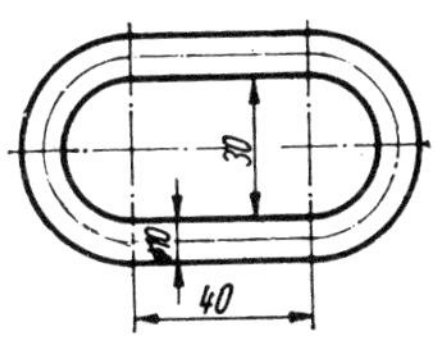

Bild 3.98
Kettenglied

7. Es sind zehn Kettenringe aus Rundstahl ⌀ 15 mm mit einem Innendurchmesser von 80 mm zu biegen. Fertigen Sie eine maßstäbliche Skizze eines Ringes an, und berechnen Sie die Biegelänge für die zehn Ringe!
8. Ein Kettenglied (Bild 3.98) ist aus Rundstahl ⌀ 10 mm herzustellen. Berechnen Sie die Biegelänge ohne Berücksichtigung der Schweißung!
9. Welche Möglichkeiten sehen Sie, in Ihrem Betrieb eine Stauchmaschine für die rationelle Fertigung von Biegeteilen einzusetzen?
10. Entwerfen Sie technische Lösungswege für die Umgestaltung einer Stauchmaschine!

3.1.7. Verdrehen

3.1.7.1. *Zweck und Anwendungsbereich*

Beim Verdrehen oder Torsieren (lat., Drehen, Winden) wird dem Schmiedestück eine wendelähnliche Form gegeben (Bild 3.99). Das Werkstück wird um seine Längsachse gewunden.

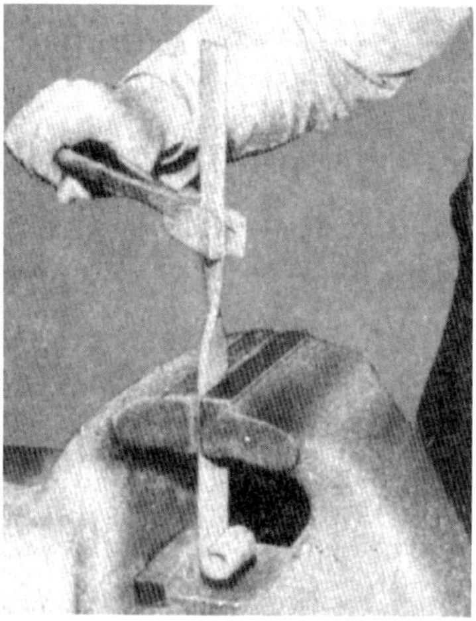

Bild 3.99
Verdrehen eines Flachstahls

Ansätze oder Vorsprünge an stabförmigen Schmiedestücken können dadurch in eine vorgeschriebene Winkelstellung zueinander gebracht werden.
Verdreharbeiten haben ein vielseitiges Anwendungsgebiet:

- Der Kunstschmied stellt durch Verdrehen Zierstäbe her (Bilder 3.100 und 3.101). Solche Stäbe können als Zierstäbe Bauwerke geschmackvoll beleben.

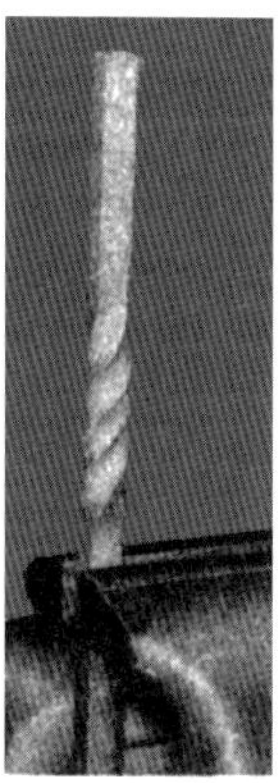

Bild 3.100
Verdrehen eines Vierkantstahls

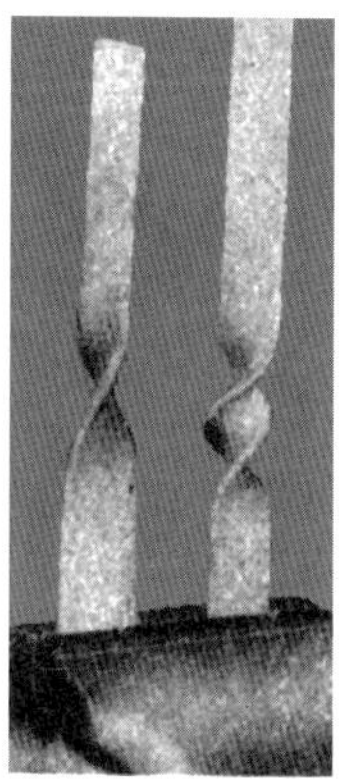

Bild 3.101. Unterschiedliche Windungszahlen beim Verdrehen

- Der Schmied verdreht flache Stähle um einen bestimmten Winkel, meistens um 90°, um diese als Verbindungsteile zu verwenden (Bild 3.102).
- Der Schmied in der Großschmiede verdreht Stäbe, an denen seitliche Ansätze in verschiedenen Winkeln zueinander liegen müssen. Kurbelzapfen an Kurbelwellen

schmiedet der Schmied erst in einer Ebene und verdreht sie dann in die erforderliche Lage. Diese Arbeitstechnik ist einfach und spart Arbeitszeit.

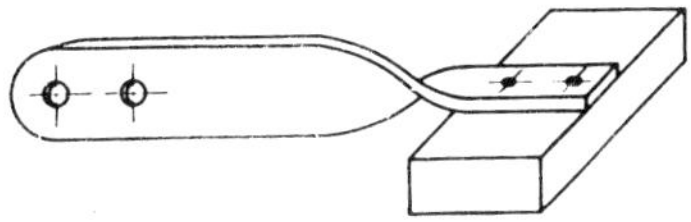

Bild 3.102
Verbindungsteil

Durch Verdrehen um seine Längsachse wird ein Schmiedestück wendelähnlich geformt. Es wird angewendet, um geschmackvolle Formen an Kunstschmiedestücken, gute Anlageflächen an Beschlägen und versetzte Ansätze an Kurbelwellen herzustellen.

3.1.7.2. *Verdrehvorgang*

Kräfte und Formung

Schmiedestücke werden mit Zangen und Windeisen verdreht. Diese Werkzeuge wirken am Schmiedestück als einarmige Hebel (Bild 3.103). Die Hebelwirkung, hervor-

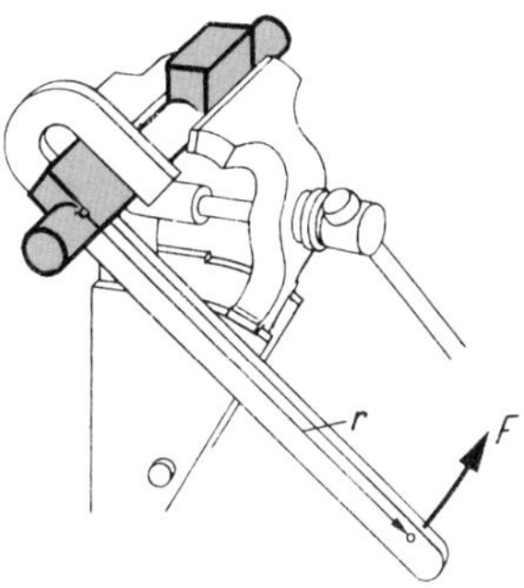

Bild 3.103
Drehmoment beim Verdrehen

gerufen durch die Kraft F, mit der der Schmied am Ende des Werkzeugs angreift, erzeugt am Schmiedestück ein Drehmoment nach der Gleichung

$$M_t = F \cdot r;$$

M_t Drehmoment
F Kraft
r Radius.

M_t	F	r
N · m	N	m

Es wird um so größer, je größer der Hebelarm r oder die Kraft F bzw. beide werden. Da das Drehmoment senkrecht zur Achse des Schmiedestücks wirkt, entstehen im Querschnitt Spannungen quer zur Achse. Die Größen der Spannungen sind ähnlich wie beim Biegen im Werkstoffquerschnitt unterschiedlich.

Beim Verdrehen des Werkstücks treten in den Außenschichten Zugspannungen auf, die Außenfasern werden gestreckt; im Kern treten Druckspannungen auf, die Innenfasern werden gestaucht. Dadurch verkürzen sich die Werkstücke in ihrer Länge.

Beim Verdrehen entstehen gegensätzliche Spannungen im Querschnitt. Das Werkstück wird verkürzt.

Diese Spannungen müssen an verdrehten Schmiedestücken durch Glühen und langsames Abkühlen ausgeglichen werden. Die Verkürzung des Schmiedestücks ist vor dem Verdrehen zu berücksichtigen, die Länge des unbearbeiteten Schmiedestücks also größer als die des fertigen Stücks zu wählen.

3.1.7.3. *Verdrehverfahren*

Verdrehen im warmen Zustand

Schmiedestücke mit großem Querschnitt und mehrfach gewundene werden warm verdreht. Mehrfach verdrehte Schmiedestücke werden leicht ungleichmäßig, weil das Werkstück nicht auf der ganzen Verdrehlänge gleichmäßig erwärmt werden kann. Infolge des ungleichmäßigen Formänderungswiderstands liegen die Windungen an den höher erwärmten Stellen enger. Um das zu vermeiden, kühlt man die fertigen Windungen ab. Ein Flach- oder Quadratstahl wird nicht in seiner ganzen Länge, sondern in Teillängen verdreht.

Verdrehen im kalten Zustand

Der Schmied verdreht Schmiedestücke mit kleinem Querschnitt kalt. Im kalten Zustand haben die Werkstücke einen hohen Formänderungswiderstand. Das Drehmoment muß groß sein. Je größer der Querschnitt, um so größer sind die auftretenden Spannungen, um so größer ist der Verdrehwiderstand. Infolge der großen Spannungen reißt der Werkstoff leicht ein. Das Verdrehen von langen Werkstücken mit vielen Windungen kann rationell auf der Drehmaschine ausgeführt werden.

Aufgaben

1. Warum werden in der Schmiede Werkstücke verdreht?
2. Wie wird der Werkstoff beim Verdrehen beansprucht?
3. Warum treten beim Verdrehen gegensätzliche Spannungen auf?
4. Beschreiben Sie den Vorgang beim Verdrehen, und nennen Sie die erforderlichen Werkzeuge!
5. Warum verdreht der Schmied ein Schmiedestück im warmen Zustand?
6. Ein Flachstahl 40 mm × 10 mm wird im Schraubstock verdreht. Der Schmied drückt mit einer Kraft von 300 N an einem Windeisen mit einer Hebelarmlänge von 0,45 m.
   a) Berechnen Sie das Drehmoment M_t!
   b) Wie groß ist das Drehmoment, wenn mit gleicher Kraft am Hebelarm 0,65 m gedrückt wird?
   c) Wie groß muß die Kraft F sein, um an einer Hebelarmlänge von 0,5 m ein Drehmoment M_t von 150 N · m zu erzeugen?
7. Ein Stabstahl von 1 250 mm Länge wird um seine Längsachse verdreht. Er verkürzt sich dabei um 8,5 %. Wie lang ist der Stab nach dem Verdrehen?
8. Ein Quadratstahl wird mehrfach um seine Längsachse verdreht. Er verkürzt sich dabei um 18 % und soll nach dem Verdrehen eine Länge von 940 mm haben. Berechnen Sie die Ausgangslänge!
9. Welcher Zusammenhang besteht zwischen Formänderungswiderstand und Schmiedetemperatur?
10. Warum müssen bei Schmiedearbeiten vorher die Schmiedelängen berechnet werden?
11. Nennen Sie Vor- und Nachteile des abgerundeten und des scharfkantigen Absetzens!
12. Wie werden die Biegelängen ermittelt
    a) beim Winkligbiegen
    b) beim Rundbiegen?
13. Erklären Sie den Zusammenhang zwischen Schlichthammerbahn und Zuschlagkraft F_1!
14. Wodurch entstehen beim Verdrehen eines Stahlstabs Zug- und Druckspannungen?
15. Warum müssen Schmiedestücke nach dem Verdrehen geglüht werden?

Tafel 3.13. Herstellen eines Mauerwinkels aus Flachstahl 30 mm × 6 mm

Bild	Arbeitsstufe	Beschreibung der Arbeitsstufe	Arbeitsmittel
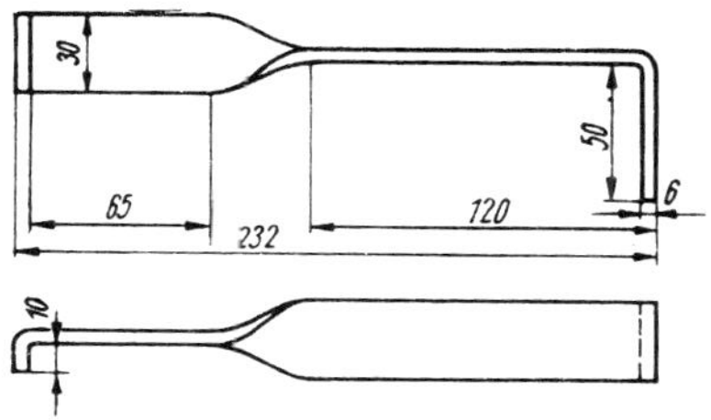	Technische Darstellung		
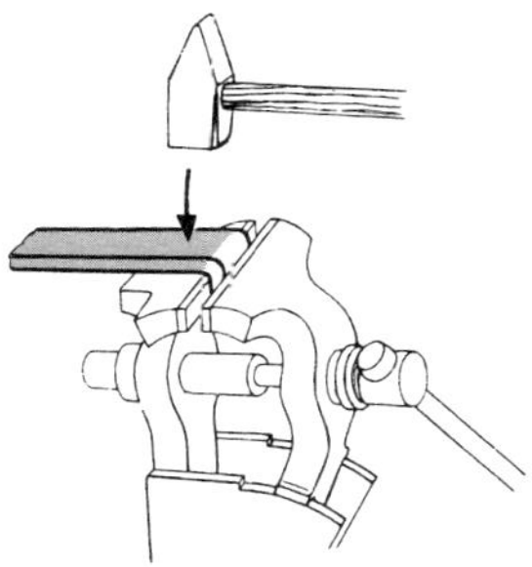	Flachstahl erwärmen und kurzen Winkel biegen und richten	Ende des Flachstahls zum Biegen des kurzen Winkels erwärmen und 10 mm lang im rechten Winkel biegen und richten	Schmiedeherd, Feuergeräte, Schraubstock, Handhammer, Amboß
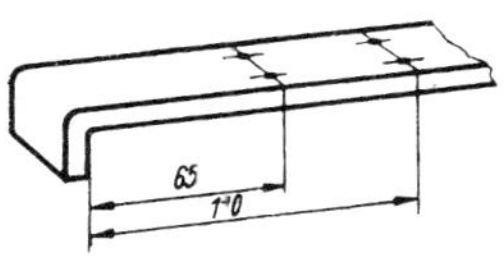	Verdrehstelle anreißen und ankörnen	65 mm und 110 mm von Innenkante des kurzen Winkels je zwei Körnerschläge setzen	Amboß, Stahlmaßstab, Körner, Handhammer, Winkel

Tafel 3.13. (Fortsetzung)

Bild	Arbeitsstufe	Beschreibung der Arbeitsstufe	Arbeitsmittel
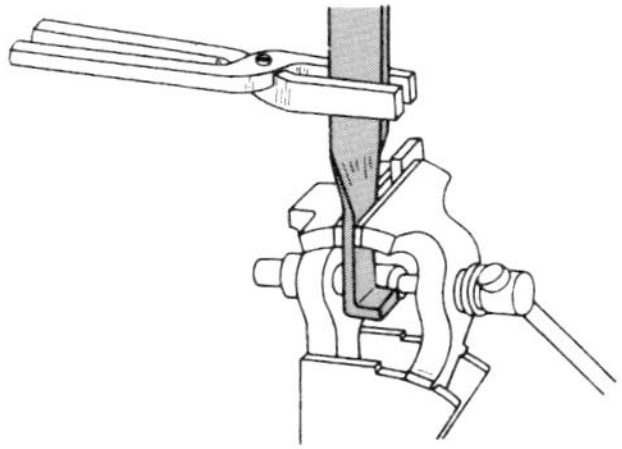	Werkstück erwärmen und verdrehen	85 mm vom kurzen Winkel hellrot (900 °C) erwärmen; 65 mm vom kurzen Winkel in den Schraubstock spannen und 45 mm über Schraubstockbacken Feuerzange ansetzen und um 90° verdrehen; falls erforderlich, Verdrehstelle durch beiderseitiges Abkühlen eingrenzen	Schmiedeherd, Feuergeräte, Schraubstock, Feuerzange (Wasser)
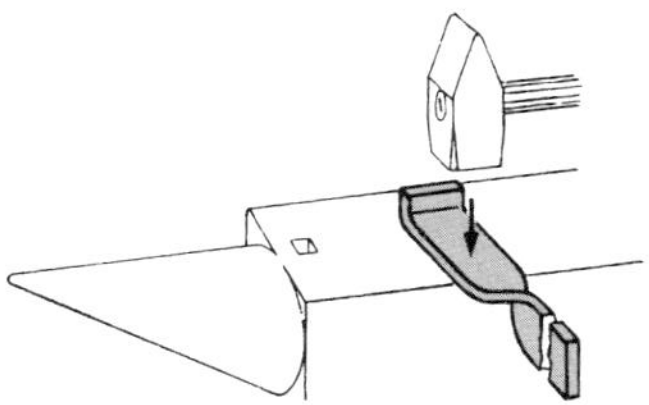	Schmiedestück richten	Schmiedestück auf Amboß richten; Anlageflächen genau rechtwinklig richten	Amboß, Handhammer, Winkel
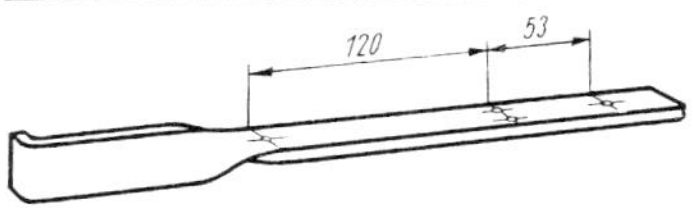	Biegestelle für langen Winkel anreißen und ankörnen	120 mm vom Ende der Verdrehstelle Biegestelle anreißen und zwei Körnerschläge setzen	Amboß, Stahlmaßstab, Reißnadel, Handhammer, Winkel
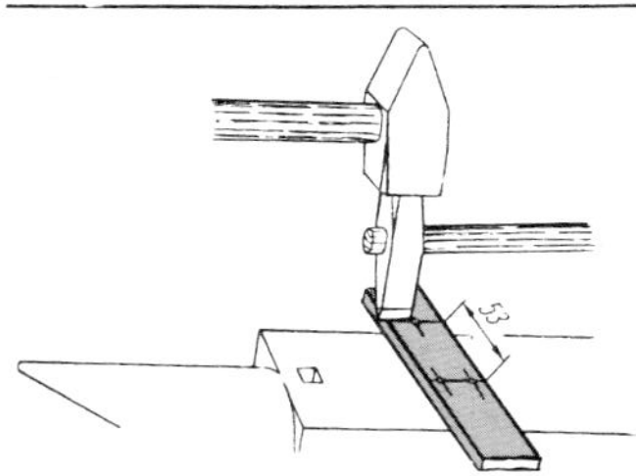	Schmiedestück abschroten	53 mm von angekörnter Biegestelle auf Gesamtlänge über Amboßkante kalt abschroten	Amboß, Stahlmaßstab, Schrothammer, Vorschlaghammer
	Werkstück erwärmen und Winkel biegen	Biegestelle hellrot (900 °C) erwärmen; Winkel über Amboßkante biegen und richten	Schmiedeherd, Feuergeräte, Amboß, Handhammer

3.2. Trennen

Viele Schmiedestücke erhalten ihre endgültige Form und Größe dadurch, daß Werkstoff abgetrennt, aufgetrennt oder verdrängt wird. Zum Abtrennen (Abschroten) und Auftrennen (Spalten) verwendet der Schmied meißelartige Werkzeuge, die er mit Hammerschlägen in den Werkstoff eintreibt. Mit kegelförmigen Werkzeugen (Lochwerkzeuge) verdrängt der Schmied an einer bestimmten Stelle des Schmiedestücks den Werkstoff so, daß ein Loch entsteht. Dabei wird nur ein kleiner Werkstoffteil aus dem Loch getrieben.

Der Schmied unterscheidet folgende Arten des Trennens:

- Abschroten
  Abtrennen des Werkstoffs im Querschnitt in zwei oder mehrere Teile.
- Spalten
  Auftrennen des Werkstoffs von einem Ende in Längsrichtung.
- Lochen
  Verdrängen des Werkstoffs und Eintreiben eines Loches.

Schmiedestücke können durch Abschroten, Spalten und Lochen geformt werden. Die Werkstoffmenge kann dabei verringert werden (Abschroten), sie kann auch unverändert bleiben (Spalten).

3.2.1. Abschroten

3.2.1.1. *Zweck und Anwendungsbereich*

Um metallische Werkstoffe zu trennen, wendet man auch in der Schmiede die verschiedensten Trennverfahren, wie Sägen, Meißeln, Scheren, Trennschleifen und Brennschneiden, an. Trotz der Vielzahl dieser oft leistungsfähigen und rationellen Trennverfahren hat sich das Trennen durch Abschroten (Bild 3.104) in der Schmiede behauptet.

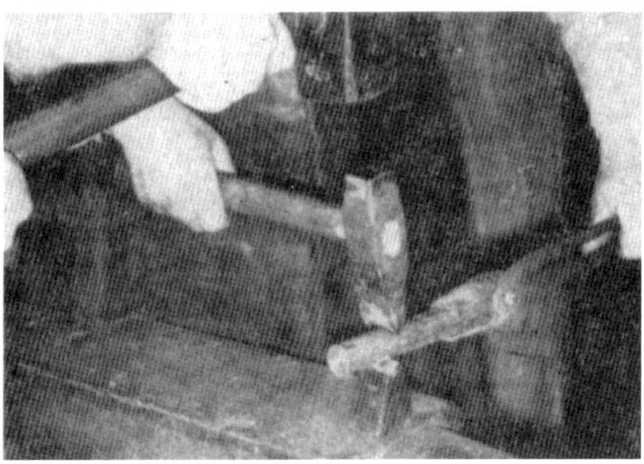

Bild 3.104
Trennen durch Abschroten

Unter Abschroten versteht man ein grobes spanloses Trennen. Dieses Verfahren zeichnet sich durch folgende Eigenarten aus:

- Die Trennarbeit ist schnell auszuführen.
- Der Werkstoff kann im kalten oder im warmen Zustand getrennt werden.
- Harte Werkstoffe lassen sich oft nur warm trennen.

- Beim spanlosen Trennen geht kein Werkstoff wie beim Zerspanen verloren.
- Es werden keine glatten und ebenen Trennflächen gefordert, weil die Werkstückenden durch Schmieden weiter geformt werden.
- Alle vollen Querschnitte lassen sich durch Abschroten trennen.

> Abschroten ist ein Schmiedeverfahren, Schmiedestücke durch spanloses Trennen von Werkstoff zu formen. Der Schmied schrotet die Teile im kalten und warmen Zustand ab.

3.2.1.2. *Abschrotvorgang*

Die beiden Schneidflächen von Schrothammer und Abschrot werden Wangen genannt. Die Wangen schließen den Keilwinkel β ein (Bild 3.105).

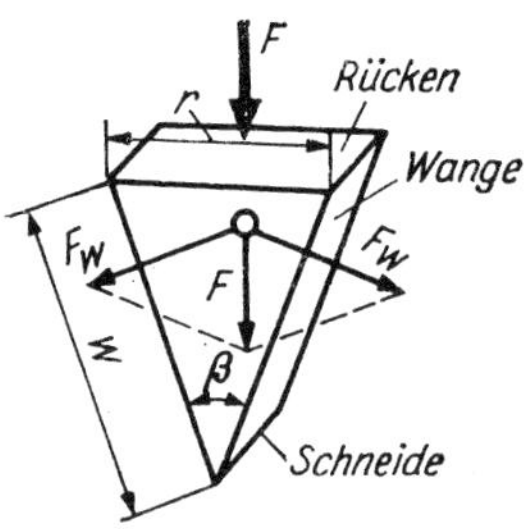

Bild 3.105
Bezeichnungen am Keil

Kräfte. Wirkt eine Kraft F senkrecht auf den Keilrücken, so wird der Keil in den Werkstoff eingetrieben. Jede der beiden Wangen wirkt als geneigte Ebene. Nach dem Parallelogramm der Kräfte, dessen Diagonale die Kraft F ist, lassen sich die beiden Wangenkräfte F_w darstellen. Sie wirken immer senkrecht zu den Wangen und sind bei kleinem Keilwinkel größer als die Kraft F. Die beiden Wangenkräfte verdrängen den Werkstoff seitlich. Dadurch schneidet der Keil den Werkstoff und dringt in das Schmiedestück ein.

Zwischen den Kräften am Keil und den Längen besteht folgende Beziehung:

$$\frac{\text{Rückenkraft}}{\text{Wangenkraft}} = \frac{\text{Rückenlänge}}{\text{Wangenlänge}}$$

$$\frac{F}{F_w} = \frac{r}{w}$$

$$F \cdot w = F_w \cdot r$$

$$F_w = \frac{F \cdot w}{r}.$$

Das Verhältnis w/r ist das Übersetzungsverhältnis des Keils. Es ändert sich mit dem Keilwinkel (Bild 3.106).

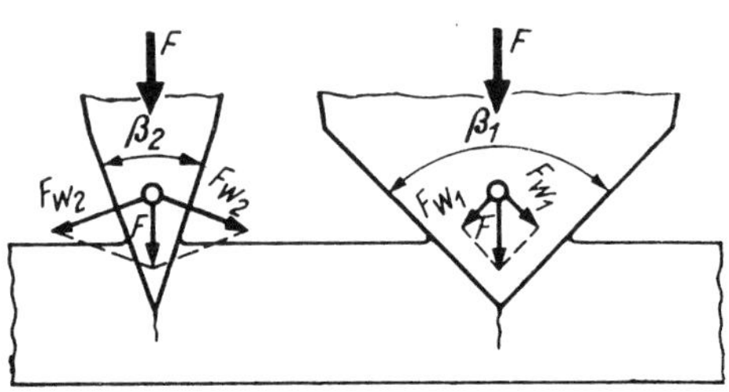

Bild 3.106
Kräfte am Keil

▲ Aufgabenbeispiel

Zwei Keile mit den Abmessungen aus nachstehender Tabelle werden mit $F = 400$ N belastet. Wie groß sind die Wangenkräfte F_w?

Gesucht:

Wangenkräfte F_w.

Gegeben:

	r	w	β
1.	6 mm	12 mm	30°
2.	4 mm	4 mm	60°

Lösung:

$$F_w = \frac{F \cdot w}{r}$$

$$1.\ F_w = \frac{400\ \text{N} \cdot 12\ \text{mm}}{6\ \text{mm}} \qquad \underline{F_w = 800\ \text{N}}$$

$$2.\ F_w = \frac{400\ \text{N} \cdot 4\ \text{mm}}{4\ \text{mm}} \qquad \underline{F_w = 400\ \text{N}.}$$

Von diesem Beispiel kann man ableiten:

Großer Keilwinkel – kleines Übersetzungsverhältnis – große Kraft F erforderlich.
Kleiner Keilwinkel – großes Übersetzungsverhältnis – kleine Kraft F erforderlich.

Für die Wahl des Keilwinkels ist nicht nur die Größe der Kraft, sondern auch der Widerstand des Werkstoffs maßgebend.

3.2.1.3. *Abschrotverfahren*

Beim Kaltschroten wird kalter Werkstoff, beim Warmschroten warmer Werkstoff getrennt.

Kaltschroten

Beim Kaltschroten wird ein Schrothammer mit einem Keilwinkel von 60° verwendet. Bei diesem Keilwinkel dringt der Schrothammer schwer in den Werkstoff ein, kann aber größere Werkstoffwiderstände überwinden, weil die Schneide kräftig ist. Bei einem kleinen Keilwinkel kann die Krafteinwirkung auf den Schrothammer geringer sein. Er dringt leichter ein, bricht jedoch aus, wenn mit starken Kräften getrennt wird. Infolge des großen Formänderungswiderstands des kalten Stahls werden die Wangenkräfte so groß, daß die Schneide des Schrothammers ausbricht. Darum ist der Schrothammer mit kleinem Keilwinkel zum Abschroten kalter Stahlstücke ungeeignet.

Kalter Stahl ist wenig biegsam, deshalb reißen ihn die Wangenkräfte vor der Schneide ein (Bild 3.107). Es entsteht ein Vorriß.

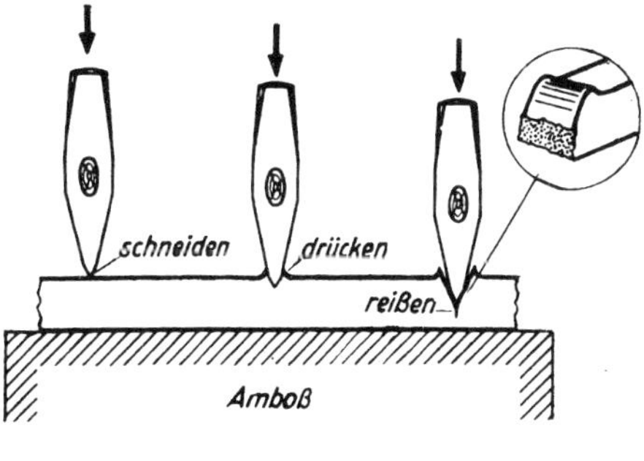

Bild 3.107
Vorgang beim Kaltschroten

Warmschroten

Um den Widerstand des kalten Werkstoffs zu verringern und das Eindringen des Schrothammers zu erleichtern, werden dicke Stahlstücke warm abgeschrotet.

Beim Warmschroten wird ein Schrothammer mit einem Keilwinkel von 20···30° verwendet. Der schlanke Keil dringt gut in den warmen Stahl ein, weil seine Wangenkraft größer ist. Allerdings entsteht kein Vorriß, weil sich warmer Werkstoff infolge seiner Bildsamkeit dehnt. Der Werkstoff muß in seinem ganzen Querschnitt von der Schneide durchgeschnitten werden.

Die Schneide des Warmschrothammers wird durch den glühenden Stahl warm und dadurch weich, so daß sie ausbiegt. Sie ist darum oft in Wasser abzukühlen.

Der Kaltschrothammer hat einen Keilwinkel von 60°.
Der Warmschrothammer hat einen Keilwinkel von 20···30°.

Tafel 3.14. Abschroten

Verfahren	Arbeitsmittel	Anwendung	Vorteil	Nachteil
Kaltschroten	Kaltschrothammer; Keilwinkel 60°	schwache Querschnitte; Stücke, die kalt weiterbearbeitet werden	kurze Arbeitszeit; Vorriß	großer Kraftaufwand; erhöhte Unfallgefahr
Warmschroten	Warmschrothammer; Keilwinkel 20···30°	starke Querschnitte; Stücke, die warm bearbeitet werden	geringer Kraftaufwand	höhere Kosten durch längere Arbeitszeit, höherer Kohlenverbrauch, kein Vorriß

Es werden zwei Arbeitsverfahren unterschieden: das einschneidige und das zweischneidige Trennen. Beim einschneidigen Abschroten wird nur ein Trennwerkzeug, das Abschrot oder der Schrothammer, benutzt. Beim zweischneidigen Abschroten werden beide Trennwerkzeuge zugleich verwendet.

Einschneidiges Abschroten

Abschroten mit Abschrot. Kleine Querschnitte werden über dem Abschrot getrennt. Man unterscheidet wie beim Schrothammer Abschrote mit Keilwinkeln von 30° zum Warmschroten und von 60° zum Kaltschroten. Werden die Stücke auf dem Abschrot getrennt, sind die letzten Hammerschläge neben die Abschrotschneide zu setzen. Auf keinen Fall darf die Hammerbahn auf die Abschrotschneide auftreffen.

Das Schmiedestück wird beim Kaltschroten auf dem Abschrot tief eingekerbt und über der Amboßkante abgebrochen. Die Kerbwirkung begünstigt den Bruch.

Abschroten mit Schrothammer. Große Querschnitte werden mit dem Schrothammer getrennt. Dazu ist ein Zuschläger erforderlich. Das Stück wird auf der Amboßbahn

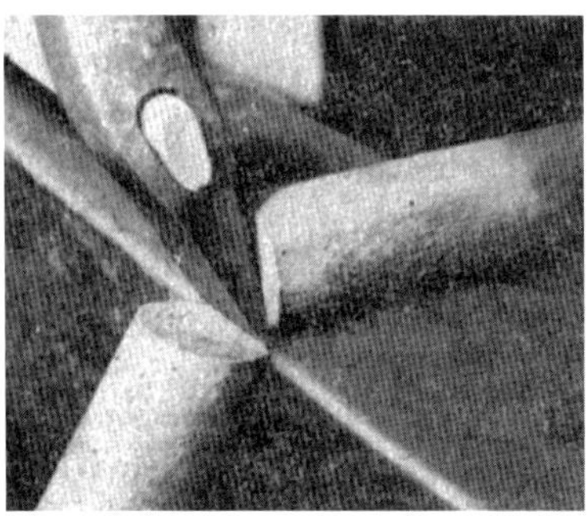

Bild 3.108
Abschroten über der Amboßkante

Tafel 3.15. Verfahren beim Abschroten

Art des Verfahrens	Arbeitsmittel	Bild	Möglichkeiten beim einschneidigen Abschroten	Helfer	Anwendung	Beachte!
Einschneidiges Abschroten	Abschrot	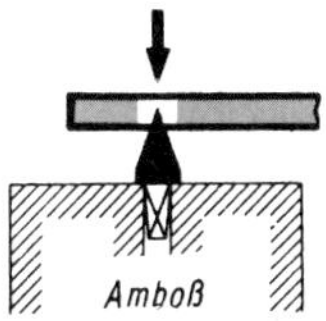	Durchtrennen mit dem Abschrot	ohne Zuschläger	schwache Querschnitte, kalt und warm	Handhammer darf Schneide des Abschrots nicht treffen
		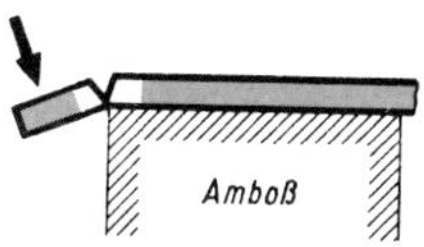	Abbrechen über Amboßkante			
	Schrothammer	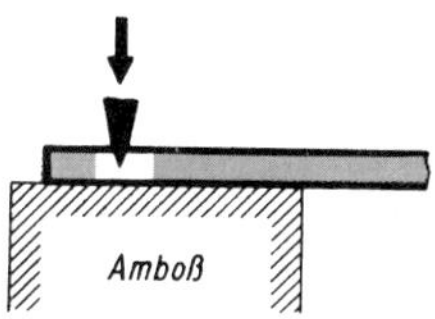	Einschneiden auf Amboßbahn	mit Zuschläger	stärkere Querschnitte, kalt und warm	Schneide des Schrothammers darf nicht auf Amboß treffen; Unterlage verwenden
		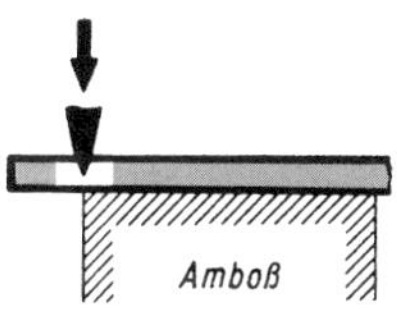	Durchtrennen über Amboßkante			
Zweischneidiges Abschroten	Abschrot und Schrothammer	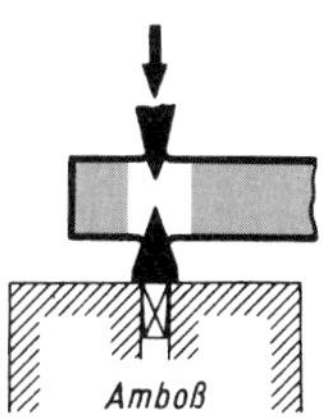	Durchtrennen mit Abschrot und Schrothammer	mit Zuschläger	starke Querschnitte, kalt und warm	Abschrot und Schrothammer nicht kreuzen; Schneiden dürfen sich nicht treffen
		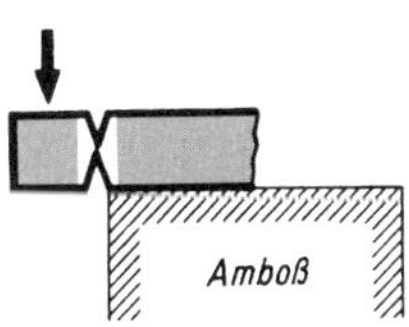	zweiseitiges Einschneiden mit Abschrot und Schrothammer, Abbrechen über Amboßkante			

eingeschnitten und über der Amboßkante durchgetrennt (Bild 3.108). Besonders dicke Stücke können von zwei und mehr Seiten eingeschnitten und über der Amboßkante getrennt oder abgebrochen werden. Ist das Abschroten über der Amboßkante nicht möglich, muß eine weiche Unterlage benutzt werden. Der Schrothammer darf nie auf Amboßbahn oder Amboßkante auftreffen. Die Schneide könnte ausbrechen und Unfälle verursachen.

Zweischneidiges Abschroten

Große Querschnitte trennt man besser zweischneidig. Beim Durchtrennen dürfen die Schneiden nicht aufeinandertreffen oder sich kreuzen. Wenn der Schmied das Werkstück bei den letzten Trennschlägen etwas ankippt, treffen die Schneiden nicht aufeinander.

Die letzten Schläge dürfen beim Abschroten nicht zu stark geführt werden, weil dadurch das abgeschrotete Stück gegen den Körper geschleudert werden und schwere Verletzungen verursachen kann. Es kann ferner Feuer entstehen, wenn die glühenden Stücke auf brennbare Stoffe fallen. Bild 3.109 zeigt einen Amboß mit Auffangvorrichtung und weicher Unterlage.

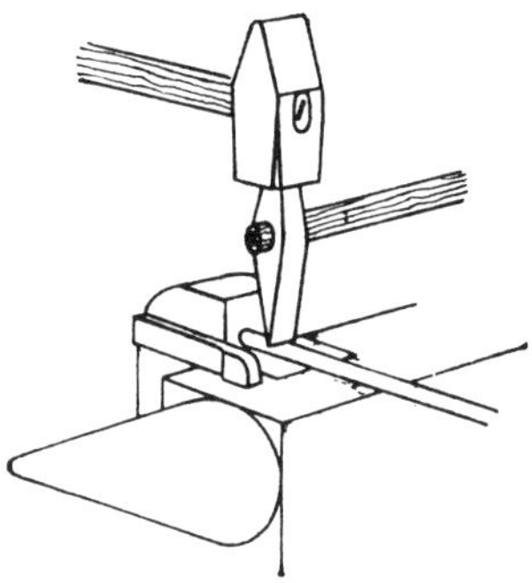

Bild 3.109
Abschroten mit Auffangvorrichtung

Von Schrotwerkzeugen abspritzender Grat kann Unfälle verursachen.
Grat ist von Schrotwerkzeugen zu entfernen!
Trifft die Schneide des Schrothammers auf die Amboßbahn, können Splitter abspringen. Man schrote möglichst auf einer weichen Unterlage!
Beim Abschroten können Stücke abspringen, die Brandverletzungen und Brände verursachen. Die letzten Schläge sind darum nicht zu stark zu führen.

Tafel 3.16. Abschrotverfahren

Art des Verfahrens	Kaltschroten	Warmschroten
Einschnittig	Schrothammer oder Abschrot	
Zweischnittig	Schrothammer und Abschrot	

Aufgaben

1. Warum werden beim Abschroten Werkzeuge mit verschiedenen Keilwinkeln verwendet?
2. Warum trennt der Schmied die Werkstücke meistens durch Abschroten?
3. Erläutern Sie den Vorgang des Abschrotens!
4. Nennen Sie die Unterschiede zwischen Kalt- und Warmschroten!
5. Was verstehen wir unter einschneidigem Abschroten, wann wird es angewendet, was ist dabei zu beachten?

6. Welche Unfallgefahren ergeben sich beim Abschroten, und wie werden sie vermieden?
7. Von einer 5,55 m langen Stange Flachstahl werden folgende Stücke abgeschrotet: 1,23 m; 740 mm; 65 cm; 938 mm; 38 cm; 5 dm; 112 mm.
   Wie lang ist das Reststück in m?
8. Es soll eine Feuerleiter aus Rundstahl angefertigt werden. Länge der Leiter = 4,20 m, Sprossenabstand = 160 mm, Sprossenlänge = 250 mm. Alle Teile der Leiter werden abgeschrotet, die Sprossen werden eingeschweißt.
   Berechnen Sie
   a) Anzahl der Sprossen
   b) Länge des Rundstahls für alle Sprossen
   c) Gesamtlänge der Sprossen und Seitenteile
   d) Anzahl der benötigten Rundstahlstangen von je 5 m Länge
   e) Anzahl und Länge der Reststücke!

3.2.2. Spalten

3.2.2.1. *Zweck und Anwendungsbereich*

Das Spalten ist wie das Abschroten ein Trennverfahren. Im Gegensatz zum Abschroten wird beim Spalten der Werkstoff nicht abgetrennt, sondern aufgetrennt (Bild 3.110). Durch Spalten spreizen die Spaltenden am Schmiedestück auseinander und können einzeln zu Haken, Bolzen, Gabeln, Winkeln, Ösen usw. weiter geformt werden.

Bild 3.110
Spalten auf dem Amboß

Der Schmied wendet das Spalten beim Herstellen von Türangelhaken, Mauerankern, Krippenösen, Steigeisen und Mauerdübeln an. Diese Stücke werden mit dem Spaltende im Mauerwerk befestigt. Sie werden so gespalten, daß die Spaltenden Widerhaken bilden, die ein Herausreißen aus der Mauer verhindern. Große Bedeutung hat das Spalten beim Herstellen von Kunstschmiedearbeiten. Bei Türbändern, Türbeschlägen, Gittern und Ornamenten werden die Spaltenden so geformt, daß sie der Kunstschmiedearbeit geschmackvolle und gefällige Formen verleihen.

Durch Spalten werden Schmiedestücke vom Ende her in Längsrichtung aufgetrennt. Es wird bei Teilen, deren Spaltenden Widerhaken zum Befestigen haben sollen, deren Spaltenden weiter geformt werden, und bei Kunstschmiedearbeiten angewendet.

3.2.2.2. *Spaltvorgang*

Zum Spalten werden wie beim Abschroten keilförmige Werkzeuge verwendet. Die Erläuterung des Vorgangs wurde beim Thema „Abschroten" gegeben.

Das Spaltwerkzeug wird am Werkstoffende eingetrieben. Dadurch wirken die Hammerkraft F_1, die Gegenkraft F_2 des Ambosses und die Wangenkräfte F_w. Für die Größe des Spaltwinkels sind die Größe des Keilwinkels am Spaltmeißel, die Dicke des Werkstücks und die Länge des Spaltes ausschlaggebend.

Je größer der Keilwinkel des Spaltwerkzeugs, je dicker das Schmiedestück und je länger der Spalt, um so mehr spreizen sich die Spaltenden.

3.2.2.3. *Spaltverfahren*

Im kalten Zustand oder in Blauwärme brechen die Spaltenden leicht ab. Das jeweilige Ende des Schmiedestücks muß darum erwärmt werden. Man kann ein- und mehrschnittig spalten. Beim einschnittigen Spalten erhält das Ende des Schmiedestücks nur einen Spalt. Der Schmied benutzt dazu hauptsächlich Amboß und Schrothammer (Bild 3.111). Damit die Schneide des Schrothammers nicht beschädigt wird, legt der Schmied wie beim Abschroten eine Unterlage aus Baustahl auf die Amboßbahn.

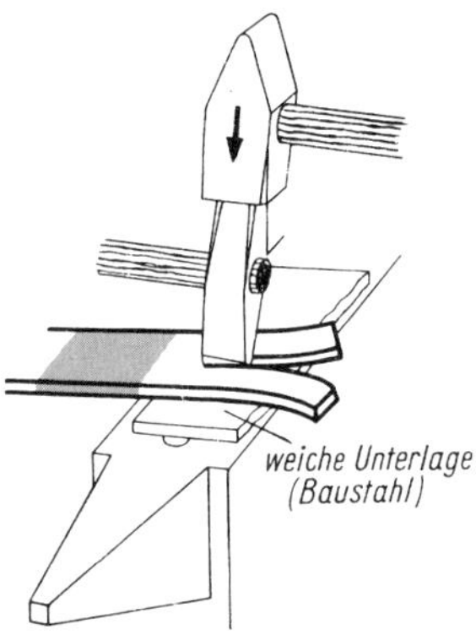

Bild 3.111. Halten des Schrothammers

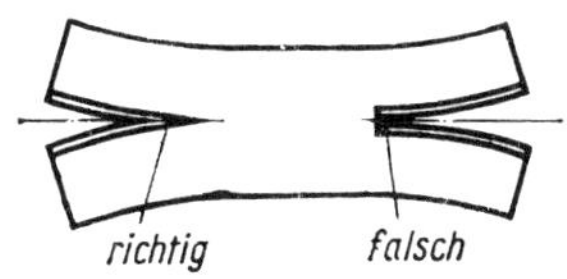

Bild 3.112. Richtiger und falscher Spaltauslauf

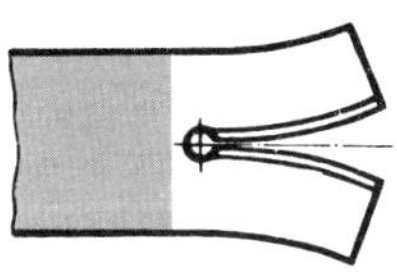

Bild 3.113. Vorgelochter Spaltauslauf

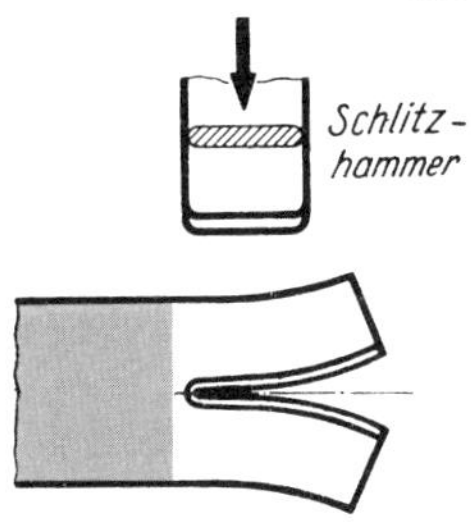

Bild 3.114. Mit Schlitzhammer hergestellter Spaltauslauf

Der Schrothammer muß etwas schräg gehalten werden, damit ein glatter Schnitt und im Spaltauslauf keine Kerbwirkung entstehen (Bild 3.112). Wenn der Schmied den Schrothammer am Auslauf des Spaltes senkrecht durchtreibt, kann der Spalt beim Aufbiegen der Enden infolge der Kerbwirkung weiterreißen. Um das zu verhindern, wird das Schmiedestück am Spaltauslauf vorgelocht (Bild 3.113) oder mit dem Schlitzhammer gespalten (Bild 3.114).

Der Schlitzhammer hat eine schlanke Keilform und abgerundete Schneidecken (Bild 3.115). Dadurch erhält der Spalt einen runden Auslauf. Beim vorgelochten Schmiedestück endet der Spaltkeil im Loch.

Kerbwirkung und Weiterreißen des Spaltes werden durch Vorlochen oder Verwenden eines abgerundeten Schlitzhammers verhindert.

Sollen gekrümmte Spalte eingearbeitet werden, benutzt der Schmied einen Schrothammer oder einen Spaltmeißel mit gekrümmter Schneide. Für Spaltarbeiten, bei denen es auf Genauigkeit ankommt, wird der Spalt mit dem Kaltmeißel markiert. Ein breiter Schlitzhammer ist dem Schrothammer vorzuziehen.

Es kann auch im Schraubstock gespalten werden (Bild 3.116). Dieses Verfahren wird hauptsächlich vom Kunstschmied angewendet.

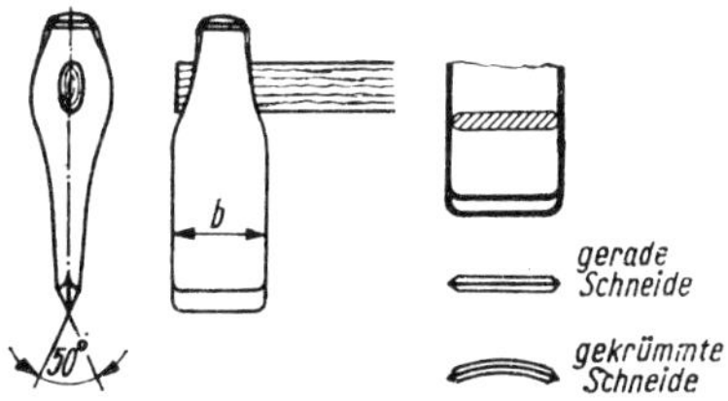

Bild 3.115
Schlitzhammer

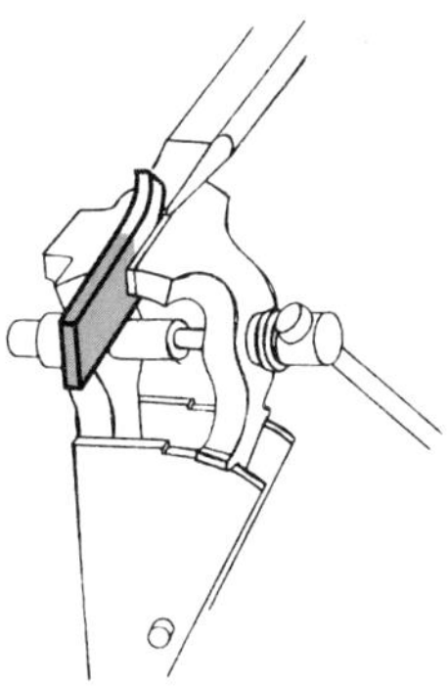

Bild 3.116. Spalten im Schraubstock

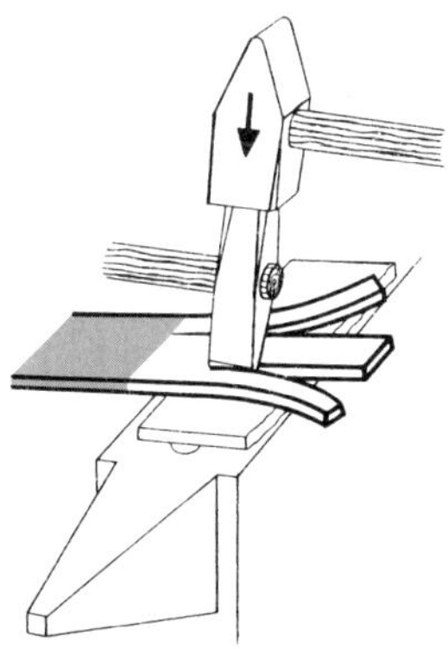

Bild 3.117. Mehrschnittiges Spalten auf dem Amboß

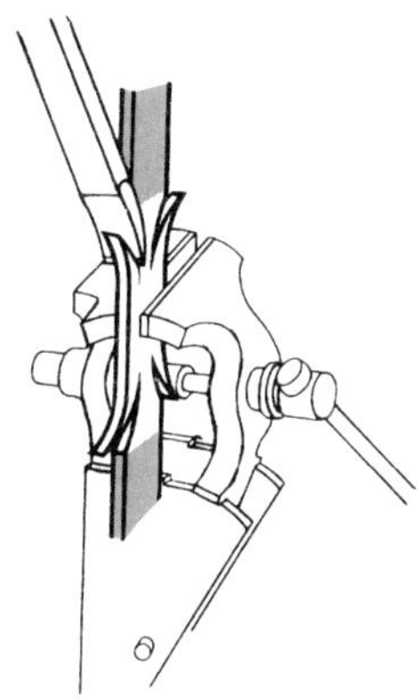

Bild 3.118. Mehrschnittiges Spalten im Schraubstock

Zum mehrschnittigen Spalten wird das Werkstückende mehrfach nebeneinander getrennt (Bilder 3.117 und 3.118). Mehrschnittige Spaltarbeiten erfordern genaue Meißelführung. Der Schmied verwendet die gleichen Werkzeuge wie zum einschnittigen Spalten.

Aufgaben

1. Welchen Zweck hat das Spalten?
2. Nennen Sie aus der Berufspraxis Beispiele für die Anwendung des Spaltens!
3. Beschreiben Sie den Vorgang des Spaltens!
4. Wie kann man das Einreißen des Spaltes verhindern?
5. Ein Schmied fertigt aus Flachstahl 25 mm × 6 mm 24 Mauerösen an, deren Enden zum Einmauern aufgespalten werden. Die Länge des Rohlings beträgt 180 mm. Berechnen Sie
   a) die Gesamtlänge des benötigten Flachstahls
   b) die Restlänge, wenn die Flachstahlstange 6 m lang ist
   c) die Anzahl der Mauerösen, die aus dem Reststück noch hergestellt werden könnten
   d) die Masse der 24 Rohlinge für die Mauerösen ($\rho = 7{,}85\ \mathrm{kg/dm^3}$)!
6. Ein Flachstahl 40 mm × 12 mm wird am Ende 60 mm lang aufgespalten. Die Spaltenden werden für die Weiterverarbeitung auf einen Querschnitt 10 mm × 8 mm heruntergeschmiedet. Wie lang wird jedes Spaltende, wenn 10 % Abbrand zu berücksichtigen sind?

3.2.3. Lochen

3.2.3.1. *Zweck und Anwendungsbereich*

Durch Lochen werden beliebig geformte Durchbrüche in Schmiedestücke eingearbeitet (Bild 3.119). Es ist im Gegensatz zum Bohren ein spanloses Arbeitsverfahren. Der Werkstoff wird verdrängt.

Bild 3.119. Lochen

Es ergeben sich folgende Vorteile:

Durch Lochen

- wird Arbeitszeit eingespart (Schmiedestücke, in die Durchbrüche eingearbeitet werden sollen, läßt der Schmied nicht erkalten, um zu bohren, sondern locht das warme Werkstück mit Lochwerkzeugen)
- wird der Querschnitt des Schmiedestücks nur wenig geschwächt (Die Werkstoffasern werden nicht unterbrochen, sondern verdrängt und dadurch in eine neue Form übergeleitet; die Festigkeit des Werkstoffs bleibt erhalten.)
- können in Schmiedestücke runde, quadratische, rechteckige, ovale, halbrunde und anders geformte Löcher eingetrieben werden, während man durch Bohren nur Rundlöcher herstellen kann
- können in harte Werkstoffe, die sich schwer bohren lassen, Durchbrüche eingearbeitet werden
- werden Durchbrüche in Stäben für Durchsteckarbeiten hergestellt (solche Löcher sind im Verhältnis zum Querschnitt groß, da sie einen anderen Stab mit gleichem oder größerem Querschnitt aufnehmen müssen).

Beim Lochen wird der Werkstoff getrennt und verdrängt. Lochen wird bei warmen Werkstücken, bei Querschnitten, die nicht geschwächt werden dürfen, bei nicht kreisförmigen Lochformen, bei harten Werkstoffen und für Durchsteckarbeiten angewendet.

3.2.3.2. *Lochvorgang*

Der Lochvorgang umfaßt folgende Phasen:

1. Das Eintreiben des Lochhammers in den Werkstoff erzeugt die Kraft F_1, auf der **Amboßbahn** die Gegenkraft F_2. Dadurch wird der dazwischenliegende Werkstoff gestaucht (Bild 3.120). Es entstehen an der Lochstelle Schub und Drang, so daß der Werkstoff symmetrisch nach allen Seiten fließt. Das Schmiedestück baucht aus (Bild 3.121).

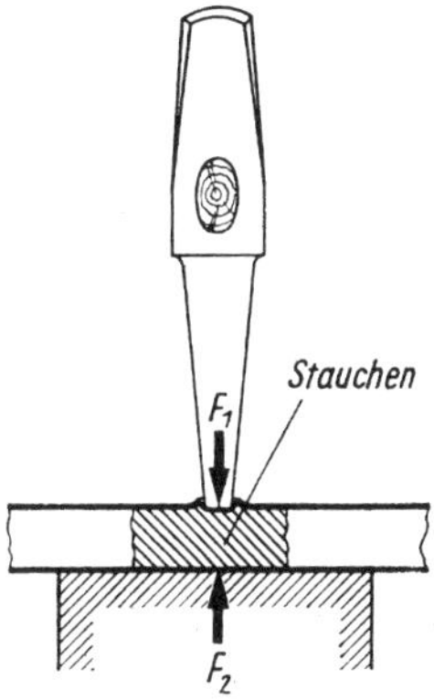

Bild 3.120. Stauchen des Werkstoffs beim Lochen

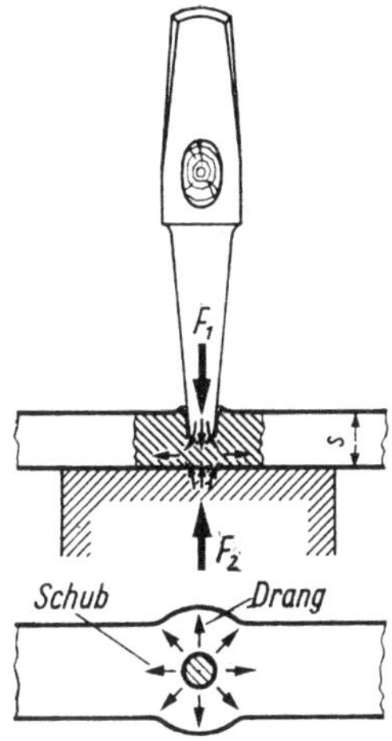

Bild 3.121. Werkstofffluß beim Lochen

2. Unter der Schlagkraft des Hammers dringt der Lochhammer immer tiefer in den Werkstoff ein. Die kegelförmige Form des Lochhammers verdrängt den Werkstoff nach außen. Dadurch entstehen im Werkstoff radiale Spannungen. Durch das Fließen des Werkstoffs um den Dorn entstehen Zugspannungen, d. h., der Werkstoff wird an der Lochwandung gereckt (Bild 3.122). Der Vorgang ist ähnlich wie beim Strecken, bei dem der Werkstoff nicht durch Zug, sondern durch Druck zum Fließen gebracht wird.
3. Nachdem der Lochhammer bis etwa $^2/_3$ der Werkstoffdicke eingetrieben ist, wird er gelöst und von der anderen Seite des Schmiedestücks eingetrieben. Die etwas abgekühlte Wandung des vorgetriebenen Loches wirkt als Matrize, der Lochhammer als Stempel, so daß ein sogenannter Putzen als Werkstoffrest herausgeschert wird, sobald die Grenze der plastischen Formänderung erreicht und der Werkstoffzusammenhang durch den eindringenden Lochhammer zerstört ist (Bild 3.123). Das Volumen des ausgetriebenen Putzens ist stets kleiner als das Volumen des eingetriebenen Loches.

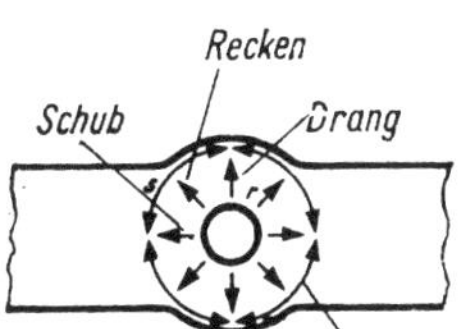

Bild 3.122. Spannungen beim Lochen

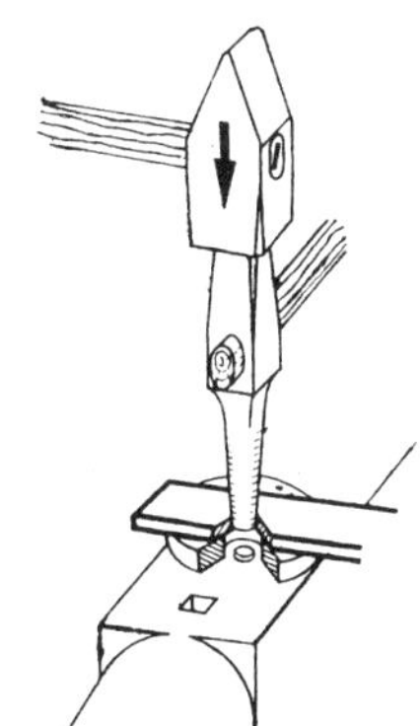

Bild 3.123 Abscheren des Putzens

Beim Lochen entstehen an der Lochstelle durch Drang und Schub Zugspannungen. Durch den Lochhammer wird der Werkstoff gestaucht, gereckt und geschert. Dadurch wird er an der Lochstelle getrennt, und das Loch wird eingedrückt.

3.2.3.3. *Lochverfahren*

Lochen mit Lochwerkzeugen

Der Schmied verwendet beim Lochen verschiedene Lochwerkzeuge. Je nach Form und Größe stellt er die Löcher mit Lochhammer oder Lochdorn her.

Die Lochmitte wird durch Ankörnen gekennzeichnet. Werden in ein Werkstück mehrere Löcher mit bestimmtem Lochabstand eingeschlagen, ist nur die erste Lochmitte anzukörnen, weil das Werkstück beim Lochen gereckt wird. Jedes folgende Loch darf erst angekörnt werden, wenn das vorhergehende fertig ist. Zum Übertragen der Lochabstände benutzt der Schmied den Spitzzirkel. Er darf nicht den geforderten Lochabstand, sondern nur ein etwas kleineres Maß anzeichnen, da sich das Werkstück beim Einarbeiten jedes Loches etwas reckt. Je kleiner der Lochabstand und je größer der Lochdurchmesser, um so größer ist die Längenzunahme des Werkstücks.

Bild 3.124
Dornprofile

Lochen mit dem Lochhammer. Lochhämmer werden aus Werkzeugstahl meistens vom Schmied selbst hergestellt. Der Querschnitt des Hammerdorns muß der Form des einzuarbeitenden Durchbruchs entsprechen (Bild 3.124). Der Dorn wird zur Bahn hin schlanker, um ein Festklemmen zu verhindern. Eine leicht ballige Bahn ist vorteilhaft, denn sie schafft einen starken Werkstofffluß, so daß wenig Werkstoff abgeschert wird.

Tafel 3.17. Arbeitsstufen beim Lochen

Schmiedestück ankörnen	Lochhammer auf Körnerschlag setzen	Lochhammer eintreiben	Stück wenden, Lochhammer aufsetzen	Auf Lochscheibe durchlochen

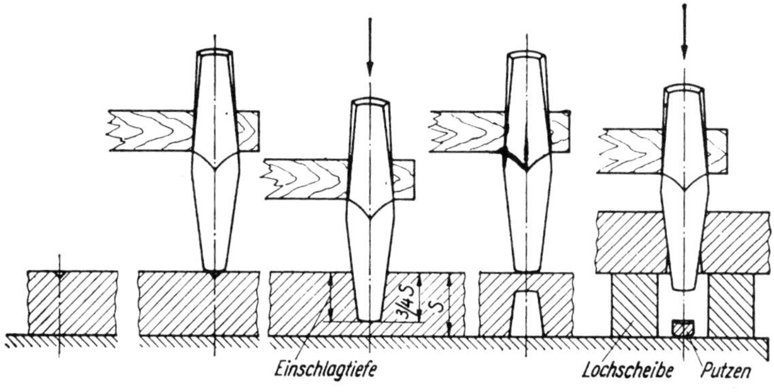

Meist wird der Lochhammer zum Lochen großer Querschnitte verwendet. Er kann nicht sofort auf volle Einschlagtiefe eingetrieben werden, da er warm wird, sich dehnt und festklemmt. Deshalb wird er, nachdem er etwa bis zur Hälfte der Werkstoffdicke eingetrieben wurde, gelöst und abgekühlt. Wenn etwas Kohlengrus in das Loch gestreut wird, entsteht zwischen Schmiedestück und Hammer eine Gasschicht, die das Lochwerkzeug etwas herausdrückt und das Festklemmen verhindert.

Der Lochhammer wird zum Lochen dicker Stücke und zum Vorlochen benutzt. Er wird auf $^3/_4$ Werkstoffdicke eingetrieben. Dann wird das Stück gewendet und von der Gegenseite fertiggelocht.

Lochen mit dem Lochdorn. Den Lochdorn kann man beim Lochen kleiner Löcher ebenso anwenden wie den Lochhammer. Meistens wird jedoch der Lochdorn benutzt, um Löcher, die mit dem Lochhammer vorgelocht wurden, fertigzulochen. Der Lochdorn weitet das Loch auf genaues Maß, wobei die keglige Form des Loches beseitigt wird.

Ebenso wie der Hammerdorn des Lochhammers kann der Lochdorn einen runden, ovalen, halbrunden, quadratischen, rechteckigen oder einen anderen Querschnitt haben. Bild 3.125 zeigt einen runden Dorn. Er ist am Kopfende verjüngt, weil er beim

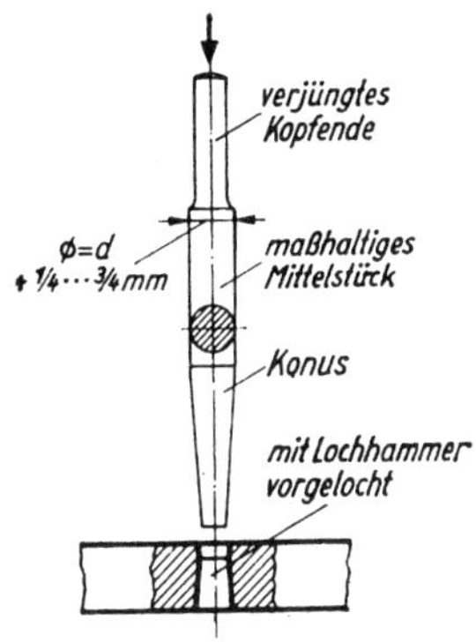

Bild 3.125
Bezeichnungen am Lochdorn

Lochen durch das Werkstück hindurchgetrieben wird. Der Durchmesser des zylindrischen Teils ist $^1/_4 \cdots {^3/_4}$ mm (Übermaß) größer als der Lochdurchmesser. Je größer das Loch, um so größer ist das Übermaß des Lochdorns. Das Übermaß ist notwendig, weil das Lochen warm durchgeführt wird und das Werkstück beim Erkalten schrumpft.

Lochdorne werden hauptsächlich zum Fertiglochen vorgelochter Werkstücke verwendet. Hierbei werden sie oft ganz durch das Loch getrieben. Die Löcher werden dadurch glatt, zylindrisch und maßhaltig.

Erweitern von Löchern

Das Erweitern von Löchern wird angewendet, um größere Löcher in schmale Werkstücke einzutreiben. Der Schmied treibt ein kleines Loch ein und erweitert es mit Lochhammer oder Lochdorn auf das geforderte Maß (Bild 3.126). Beim Vorlochen wird der schlanke Lochhammer bevorzugt. Der stark keglige Lochhammer eignet sich, vorgelochte Löcher zu erweitern.

Das Erweitern von Löchern beansprucht den Werkstoff auf Zug. Werden Löcher zu stark erweitert, ist die Zugbeanspruchung so groß, daß der Werkstoff an der Stelle des gefährdeten Querschnitts reißt (Bild 3.127).

Löcher nicht zu stark erweitern,
Wandung reißt leicht ein, das Schmiedestück ist dann Ausschuß!

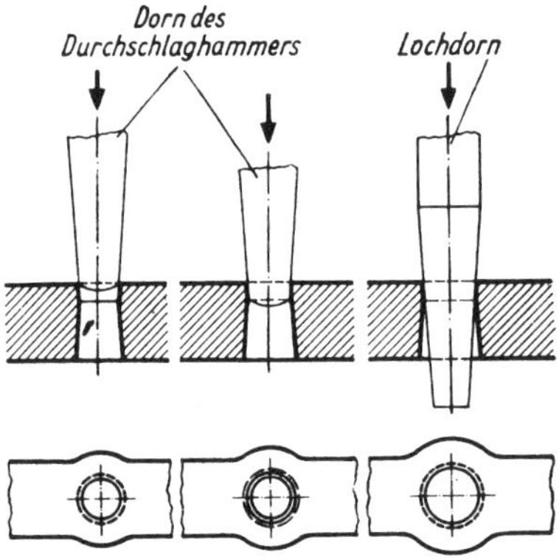

Bild 3.126
Erweitern von Löchern mit Lochhammer und Lochdorn (links und Mitte Lochhammer, rechts Lochdorn)

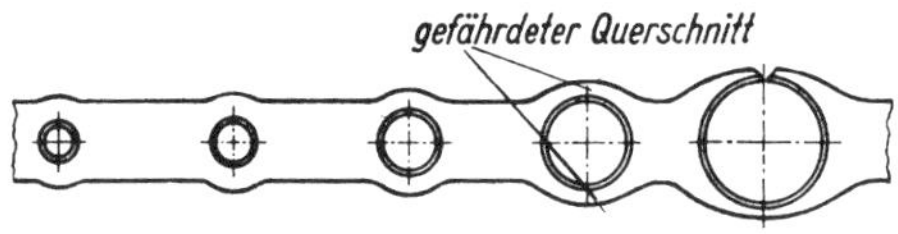

Bild 3.127
Erweitern von Löchern und Auswirkungen auf den Querschnitt

Lochen mit Schlitzwerkzeugen

Unter Schlitzen versteht man das Auftrennen des Schmiedestücks zwischen den Werkstückenden. Der Werkstoff wird mit dem Schlitzhammer oder Schlitzmeißel getrennt. Das Schlitzen wird als Vorarbeit beim Herstellen großer Löcher in Werkstücken mit kleinen Querschnitten angewendet.

Eine Unterlage aus weichem Baustahl ist notwendig, um die Schneide des Werkzeugs zu schonen. Der Schlitzhammer oder Schlitzmeißel kann in die Unterlage eindringen, und er bricht nicht aus. Nach dem Schlitzen wird mit einem Dorn die gewünschte Lochform eingetrieben.

Schlitzen mit dem Schlitzhammer. Die schmalen Seiten des keilförmigen Schlitzhammers und die Enden der Schneide sind abgerundet, damit beim Auftreiben der Schlitz nicht stark keilförmig wird und der Werkstoff einreißt.

Schlitzen wird ähnlich wie Lochen ausgeführt (Bild 3.128). Der Schlitzhammer wird etwa auf $^3/_4$ der Werkstückdicke eingetrieben, dann das Stück gewendet, der Schlitzhammer auf den markierten Schlitz aufgesetzt und durchgetrieben. Hierbei wird der Werkstoff getrennt. Werkstoffverlust wie beim Lochen entsteht nicht.

Bild 3.128. Eintreibtiefe beim Schlitzen mit dem Schlitzhammer

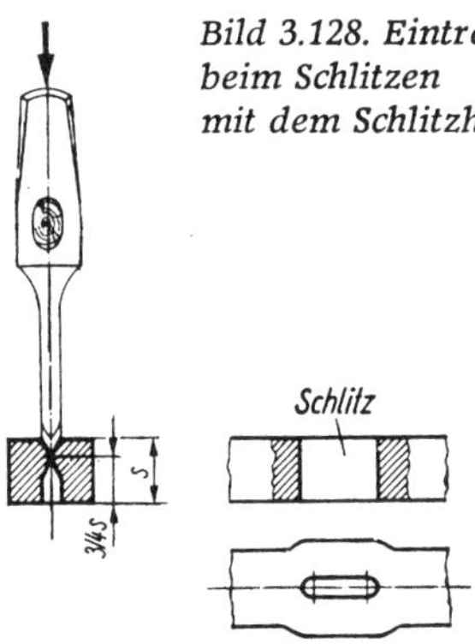

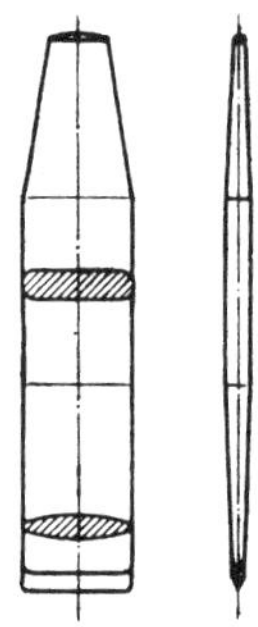

Bild 3.129. Schlitzmeißel

Schlitzen mit Schlitzmeißel. Der Schlitzmeißel hat die Form eines schlanken Flachmeißels (Bild 3.129). Die Schmalseiten und die Enden der Schneide sind genauso wie beim Schlitzhammer abgerundet. Er wird angewendet, wenn der Schmied Schlitze fertigt, die auf der gesamten Tiefe gleiche Weite haben sollen.

Das Werkstück wird von der einen Seite vor- und von der Gegenseite fertiggeschlitzt, wobei der Schlitzmeißel ganz hindurchgetrieben werden kann. Er muß mit der Hand oder mit der Zange gehalten werden.

Zum Schlitzen wird das Werkstück hoch erwärmt, damit der Trennwiderstand kleiner ist. Die Schneiden des Schlitzhammers oder Schlitzmeißels werden dabei warm. Sie sind öfter abzukühlen. Werden die Schlitzwerkzeuge nach dem Wenden des Schmiedestücks versetzt geführt, entsteht eine fehlerhafte Arbeit (Bild 3.130).

Schlitzen ist ein Trennen des Werkstoffs. Es kann mit Schlitzhammer oder Schlitzmeißel ausgeführt werden. Beim Schlitzen entsteht kein Werkstoffverlust. Der Querschnitt wird nicht geschwächt, die Festigkeit nicht gemindert.

Aufdornen

Als Aufdornen bezeichnet man das Auftreiben eines Schlitzes auf eine bestimmte Lochform und Größe. Dazu werden Schlitzdorne verwendet (Bild 3.131). Ihr Querschnitt entspricht der Lochform. Schlitzdorne haben einen schlanken Keil mit schmaler Schneide. Damit Durchbrüche allmählich und nach allen Seiten gleichmäßig aufgetrieben werden, geht der Keil runder Schlitzdorne in ein Achtkant über.

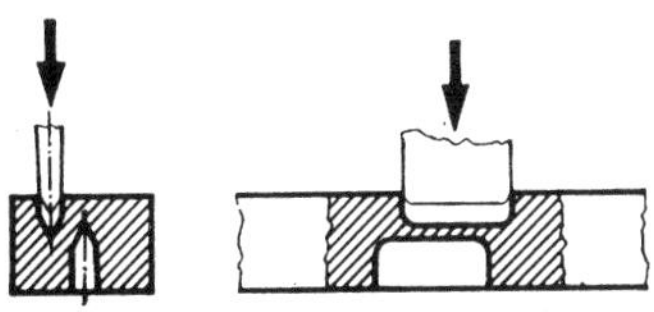

Bild 3.130. Fehlerhaftes Eintreiben des Schlitzwerkzeugs

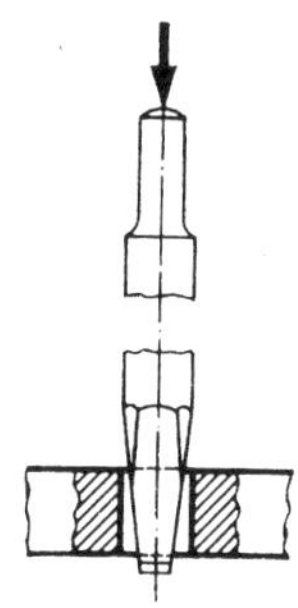

Bild 3.131. Aufdornen mit dem Schlitzdorn

Sollen die Lochungen von außen glattgeschmiedet werden, bleibt der Dorn während des Schmiedens im Loch stecken. Ebenso wie beim Lochen mit dem Lochhammer können nicht alle Löcher vorher angekörnt werden.

Aufdornen ist eine Folgearbeit des Schlitzens. Mit Schlitz- oder Lochdornen können unterschiedliche Lochformen in Schmiedestücke eingearbeitet werden.

3.2.3.4. *Berechnen der Schlitzlänge*

Die Schlitzlänge steht in einem bestimmten Verhältnis zur Lochgröße. Das Verhältnis Schlitzlänge zu Lochdurchmesser wird Verhältniszahl Z genannt. Ist der Schlitz zu kurz, wird beim Aufdornen der Querschnitt geschwächt; ist der Schlitz zu lang, erhält man keine volle Lochform. Die richtige Schlitzlänge bestimmt die Qualität des fertigen Loches. Sie muß so genau wie möglich ermittelt werden und wird meistens nach Erfahrungswerten bestimmt.

Die Schlitzlänge l beträgt für runde Durchbrüche etwa das 1,1- bis 1,5fache des Lochdurchmessers. Für Durchsteckarbeiten, bei denen Stabbreite und Lochdurchmesser gleich sind, beträgt die Schlitzlänge das 1,3fache des Lochdurchmessers. Ist der Lochdurchmesser größer als die Stabbreite, steigt die Schlitzlänge bis $1{,}5 \cdot d$. Sie verringert sich bei kleinerem Lochdurchmesser bis $1{,}1 \cdot d$.

Quadratische Löcher können parallel oder über Eck eingearbeitet werden. In beiden Fällen ist die Schlitzlänge bei gleicher Kantenlänge gleich groß. Für Durchsteckarbeiten, bei denen Stabbreite und Kantenlängen a des Durchbruchs gleich sind, ist die Schlitzlänge $l = 1{,}7 \cdot a$. Ist die Kantenlänge größer als die Stabbreite, ist l größer als $1{,}7 \cdot a$; ist sie kleiner, ist l kleiner als $1{,}7 \cdot a$.

▲ Aufgabenbeispiel

In einen Quadratstahl 20 mm × 20 mm sind vier Rundlöcher durch Schlitzen einzuarbeiten. Die Rundlöcher sollen folgende Durchmesser erhalten:

a ∅ 15 mm
b ∅ 20 mm
c ∅ 30 mm
d ∅ 40 mm.

Berechnen Sie die jeweilige Schlitzlänge!

Gesucht:

Schlitzlängen l_a, l_b, l_c, l_d.

Gegeben:

Stabbreite	a	$= 20$ mm
Lochdurchmesser	d_a	$= 15$ mm
	d_b	$= 20$ mm
	d_c	$= 30$ mm
	d_d	$= 40$ mm.
Verhältniszahl	Z_a	$= 1{,}2$
	Z_b	$= 1{,}3$
	Z_c	$= 1{,}4$
	Z_d	$= 1{,}5$.

Lösung:

$$l = Z \cdot d$$

$$l_a = Z_a \cdot d_a \qquad l_b = Z_b \cdot d_b$$
$$l_a = 1{,}2 \cdot 15 \text{ mm} \qquad l_b = 1{,}3 \cdot 20 \text{ mm}$$
$$\underline{l_a = 18 \text{ mm}} \qquad \underline{l_b = 26 \text{ mm}}$$

$$l_c = Z_c \cdot d_c \qquad l_d = Z_d \cdot d_d$$
$$l_c = 1{,}4 \cdot 30 \text{ mm} \qquad l_d = 1{,}5 \cdot 40 \text{ mm}$$
$$\underline{\underline{l_c = 42 \text{ mm}}} \qquad \underline{\underline{l_d = 60 \text{ mm.}}}$$

Aufgaben

1. Vergleichen Sie Lochen und Bohren, und beschreiben Sie die Vorteile des Lochens!
2. Erklären Sie, warum keine wesentliche Schwächung der Zugfestigkeit an der Lochstelle eintritt!
3. Beschreiben Sie das Lochen mit dem Lochhammer!
4. Nennen Sie die Bezeichnungen an einem runden Lochdorn!
5. Erklären Sie, warum der zylindrische Teil des Lochdorns ein Übermaß haben muß!
6. Beschreiben Sie den Vorgang des Schlitzens mit dem Schlitzhammer!
7. Welcher Zusammenhang besteht zwischen Schlitzen und Aufdornen?
8. Eine quadratische Lochplatte 82 mm × 82 mm, 15 mm dick, hat in der Mitte ein Loch von ∅ 24 mm. Fertigen Sie eine maßstäbliche Skizze an!
   Berechnen Sie
   a) die gesamte quadratische Fläche (einschließlich Kreisfläche)
   b) die Kreisfläche des Loches
   c) das Gesamtvolumen (einschließlich des Loches)
   d) das Volumen des Loches
   e) das Volumen und die Masse der fertigen Lochplatte ($\rho = 7{,}85$ kg/dm^3)!

Tafel 3.18. Arbeitsstufen beim Schmieden einer Maueröse

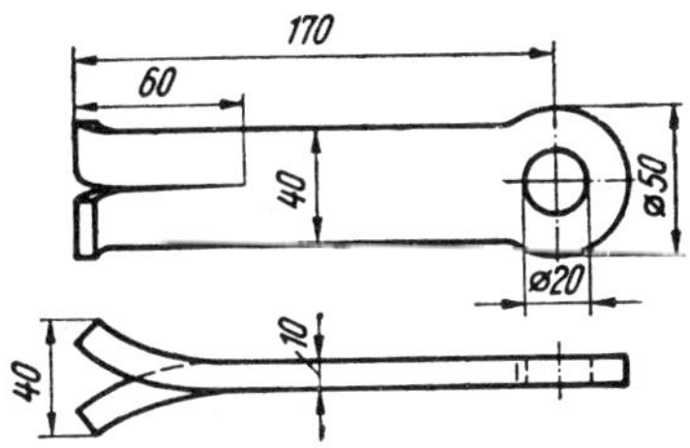

Technische Darstellung

Bild	Arbeitsstufe	Beschreibung der Arbeitsstufe	Arbeitsmittel
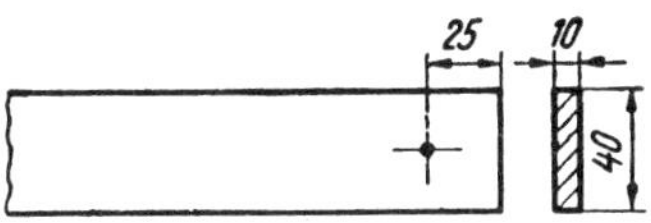	Lochmitte anreißen	Flachstahl 40 mm × 10 mm, 25 mm vom Ende Lochmitte anreißen und ankörnen	Amboß, Stahlmaß, Reißnadel, Körner, Hammer
	Werkstück erwärmen	Körnerschlag dunkelgelb (1100 °C) erwärmen	Schmiedeherd, Feuergeräte
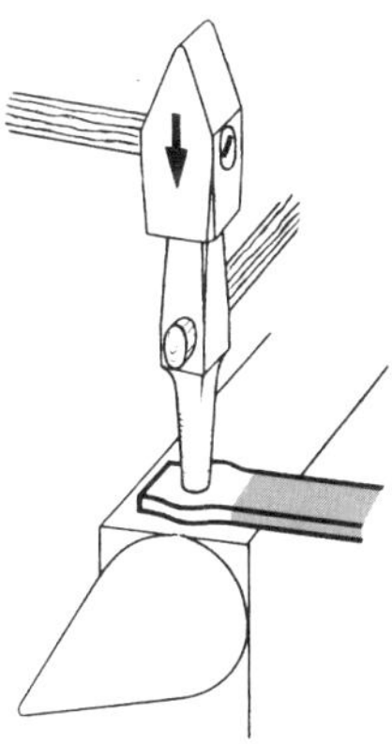	Lochen	Lochhammer auf Körnerschlag setzen, eintreiben, auf ∅ 20 mm lochen	Amboß, Lochhammer, Vorschlaghammer
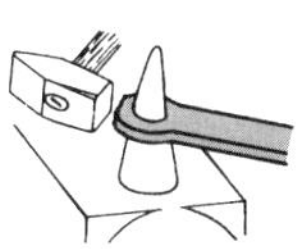	Loch außen runden	Werkstückende erwärmen, Loch auf Hörnchen außen runden	Amboß, Hörnchen, Handhammer

Bild	Arbeitsstufe	Beschreibung der Arbeitsstufe	Arbeitsmittel
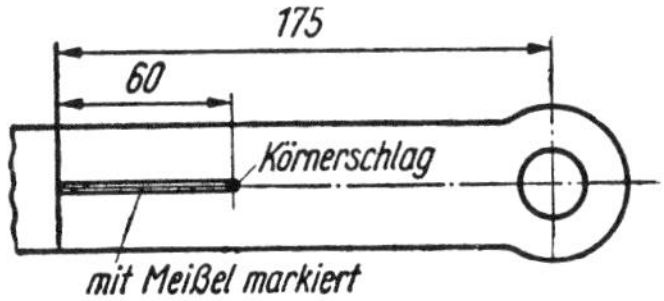	Längen anreißen	Abschrotlänge 175 mm von Lochmitte anreißen Spaltlänge 60 mm von Anrißlinie auf Werkstückmitte anreißen und ankörnen Spaltlinie mit Kaltmeißel markieren	Stahlmaß, Reißnadel, Anschlagwinkel Körner, Hammer, Kaltmeißel
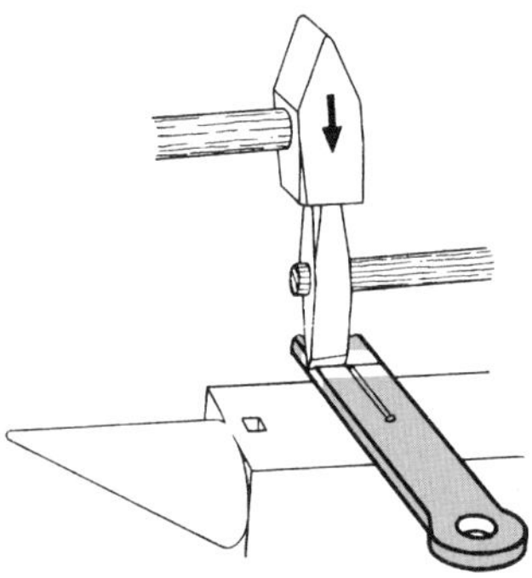	Schmiedestück erwärmen	Schmiedestück an Anrißlinie 200 mm vom Ende gelbrot (1000 °C) erwärmen	Schmiedeherd, Feuergeräte
	Abschroten	Schmiedestück wird mit Schrothammer über Amboßkante abgeschrotet	Amboß, Schrothammer, Vorschlaghammer, Zange
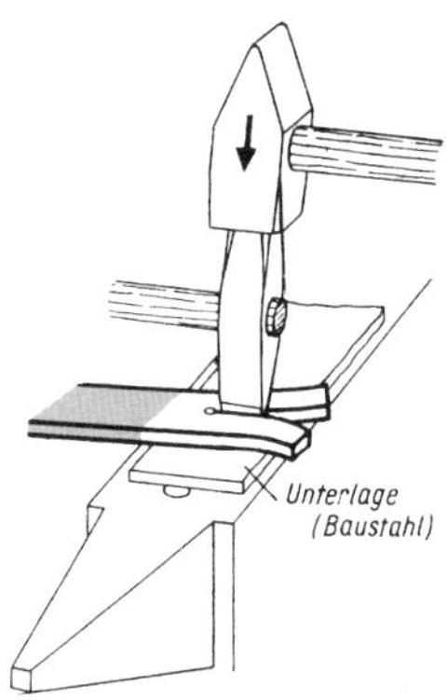	Spalten	Maueröse vom Ende 60 mm in Längsrichtung aufspalten	Amboß, Schrothammer, Vorschlaghammer, Zange
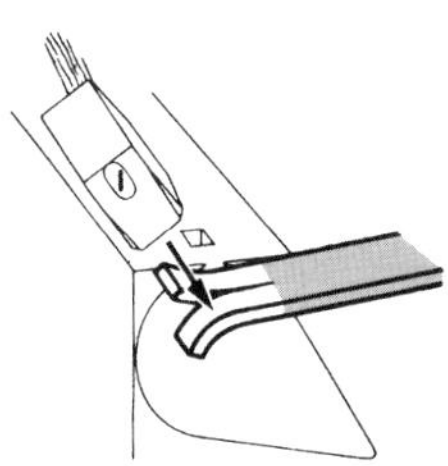	Spalt-Enden aufbiegen	Spalt-Enden auf Amboßhorn aufbiegen	Amboß, Zange, Handhammer

Tafel 3.19. Lochen mit Loch- und Schlitzwerkzeugen

Lochtechnik	Ausführung	Arbeitsmittel	Vorteile	Nachteile	Anwendung
1. Lochen mit Lochhammer	Werkstück erwärmen; Lochhammer etwa $^{3}/_{4}$ Werkstoffdicke auf Amboß eintreiben; Werkstück wenden. Lochhammer abkühlen, über Amboßloch, Lochscheibe oder Lochplatte fertiglochen	Lochhammer, Zuschlaghammer, Amboß, Lochscheibe, Lochplatte	Lochhammer läßt sich gut halten, da aufgestielt; Lochung kann schnell ausgeführt werden, Zeitersparnis; Arbeitsproduktivität wird erhöht	Loch ist leicht keglig und hat keine gleiche Weite in seiner gesamten Tiefe; nur grobes Lochen möglich (Vorlochen)	grobe Lochungen, für die keine besondere Maßgenauigkeit erforderlich ist, z. B. bei Bau- und Wagenbeschlägen sowie Spannvorrichtungen
2. Lochen mit Lochhammer und Lochdorn	Mit Lochhammer vorlochen wie unter 1., dann passenden Lochdorn (0,25 bis 0,75 mm Übermaß) in das Loch eintreiben; Loch evtl. noch von außen „überschmieden", dann Lochdorn durchtreiben	Lochhammer, Zuschlaghammer, Amboß, Lochplatte, Lochdorn mit entsprechendem Querschnitt	Loch hat auf der gesamten Lochtiefe gleiche Weite, innere und äußere Lochwand kann glattgeschmiedet werden	Längere Arbeitszeit, mehr Lochwerkzeuge erforderlich als unter 1.	Lochungen, bei denen das Loch an allen Stellen gleiche Lochweite und ein genaues Lochmaß haben muß; Löcher mit großer Tiefe und glatter Wandung
3. Lochen mit Lochdorn	Ausführung wie unter 1., dabei statt Lochhammer Lochdorn benutzen; werden dünne Querschnitte, z. B. Bleche, gelocht, kann gleich von einer Seite durchgelocht werden; hierbei Lochunterlage benutzen, deren Loch nur wenig weiter ist als der Lochdorn; dünne Bleche können kalt gelocht werden	Lochdorn, Zuschlaghammer, Zange, Amboß, Lochplatte	nur ein Lochwerkzeug erforderlich; Lochdorn kann durch das Werkstück getrieben werden, dadurch sofort an allen Stellen gleiche Lochweite und glatte Lochwand	Lochdorn muß mit der Zange gehalten werden	

Tafel 3.19. (Fortsetzung)

Lochtechnik	Ausführung	Arbeitsmittel	Vorteile	Nachteile	Anwendung
4. Lochen mit Schlitzhammer und Schlitzdorn	Schlitzlänge bestimmen und ankörnen; Werkstück hoch erwärmen, Schlitzhammer etwa $^{3}/_{4}$ Werkstoffdicke eintreiben, wieder herausnehmen und abkühlen; Werkstück wenden und über Schlitzunterlage fertigschlitzen; Schlitz aufstauchen und passenden Schlitzdorn eintreiben; Lochstelle außen glattschmieden und Schlitzdorn durchtreiben	Amboß, Schlitzunterlage, Schlitzhammer, Zuschlaghammer, Schlitzdorn mit entsprechendem Querschnitt	kein Werkstoffverlust, keine Schwächung des Querschnitts und der Festigkeit; in schmale Werkstücke können verhältnismäßig große Löcher eingearbeitet werden	Die Arbeit dauert länger, die Arbeitsproduktivität ist geringer; es ist mehr Werkzeug erforderlich als bei den Lochtechniken unter 1. bis 3.	Fertigen verhältnismäßig großer Löcher in Werkstücken mit kleinem Querschnitt besonders bei Durchsteckarbeiten
5. Lochen mit Schlitzmeißel und Schlitzdorn	wie unter 4., nur wird statt des Schlitzhammers der Schlitzmeißel benutzt; der Schlitzmeißel kann ganz durch das Stück hindurchgetrieben werden	Amboß, Schlitzunterlage, Lochplatte, Schlitzmeißel, Zange, Zuschlaghammer, Schlitzdorn mit entsprechendem Querschnitt	wie unter 4., außerdem können Schlitze mit parallelen Schlitzwänden hergestellt werden		

9. Eine runde Lochplatte ∅ 75 mm, 18 mm dick, hat in der Mitte ein quadratisches Loch von 28 mm × 28 mm.
   Berechnen Sie
   a) das Volumen
   b) die Masse der Lochplatte ($\rho = 7{,}85\ kg/dm^3$)!
10. In einer Schmiede sind Streben aus Flachstahl 25 mm × 10 mm herzustellen, die auf Zug beansprucht werden. In der Mitte sollen alle Streben ein Loch ∅ 15 mm erhalten. Ein Schmied bohrt die Löcher, ein anderer locht sie. Beim Lochen wird die Breite des Flachstahls an der Lochstelle von 25 mm auf 30 mm vergrößert. Berechnen Sie die zulässige Belastung jedes Stabes, wenn die zulässige Beanspruchung $\sigma_{z\ zul} = 84$ MPa beträgt!
11. Es sind zwei Quadratlöcher durch Schlitzen und Aufdornen herzustellen:
   a) Stabbreite 16 mm, Kantenlänge = 16 mm
   b) Stabbreite 28 mm, Kantenlänge = 28 mm.
   Berechnen Sie die Schlitzlänge ($Z = 1{,}7$)!
12. In einen Quadratstahl 16 mm × 16 mm sind drei Rundlöcher durch Schlitzen einzuarbeiten. Die Rundlöcher sollen folgende Durchmesser erhalten:
   a) ∅ 12 mm, Verhältniszahl $Z = 1{,}2$
   b) ∅ 16 mm, Verhältniszahl $Z = 1{,}3$
   c) ∅ 20 mm, Verhältniszahl $Z = 1{,}4$.
   Berechnen Sie die jeweilige Schlitzlänge!

3.3. Fügen

Viele Schmiedestücke erhalten ihre endgültige Form und Größe durch Fügen von Teilen. Der Schmied bevorzugt das Schrumpfen und das Schweißen.

3.3.1. Preßverbindungen durch Schrumpfen

3.3.1.1. *Zweck und Anwendungsbereich*

Durch Schrumpfen werden erwärmte, ringförmige Außenteile (Bunde, Ringe, Scheiben, Reifen, Zahnkränze) mit kalten Innenteilen (Wellen, Achsen, Bolzen, Radkörpern) verbunden. Nach dem Erkalten entsteht zwischen den Berührungsflächen ein fester Sitz (Bilder 3.132 und 3.133). Dadurch stellt der Schmied sichere, unlösbare Preßverbindungen her.

Es können Teile gleichen und verschiedenen Werkstoffs durch Schrumpfen gefügt werden.

In der Schmiede wird geschrumpft:

Stahl auf Stahl,	z. B. Bunde auf Wellen
Stahl auf Stahlguß,	z. B. Laufkränze auf Waggonräder
Stahl auf Holz,	z. B. Radreifen auf Wagenräder und Ringe auf Radnaben.

Schrumpfverbindungen sparen Verbindungs- und Sicherungselemente. Da die Form durch Fügen einzelner Teile hergestellt wird, können Werkstoff und Fertigungszeit eingespart werden. Maschinenteile, die an ihrer Oberfläche eine hohe Verschleißfestigkeit haben müssen, können in ihrem Kern aus normalem Kohlenstoffstahl oder aus Gußeisen bestehen, auf den ein Kranz aus hochwertigem Stahl aufgeschrumpft wird.

> Schrumpfen ist ein Verfahren zur Herstellung unlösbarer Verbindungen.
> Durch Aufschrumpfen von Teilen aus hochwertigem Stahl auf Teile aus Kohlenstoffstahl kann wertvoller Werkstoff eingespart werden.

Bild 3.132. Schrumpfteile

Bild 3.133. Herstellen der Schrumpfverbindung

3.3.1.2. *Schrumpfvorgang*

Im allgemeinen dehnen sich feste Stoffe bei Temperaturerhöhung nach allen Richtungen (räumliche Ausdehnung) in gleichem Maß aus. Für Schrumpfverbindungen wird die Längenausdehnung genutzt. Ein Stahlstab, der bei 20 °C 1 m lang ist, dehnt sich bei Temperaturerhöhung um 1 K 0,000 012 m aus. Der Wert 0,000 012 $\frac{1}{K}$ ist der mittlere Längenausdehnungskoeffizient α für Stahl.

Wird ein Stahlstab von 1 m Länge von 20 °C auf 220 °C erwärmt, dehnt er sich um $1\,m \cdot 0{,}00012\,\frac{1}{K} \cdot 200\,K = 0{,}0024\,m$ aus. Kühlt der Stahlstab ab, nimmt die Länge um die gleiche Größe ab; er schrumpft. Da sich die Ausgangslänge l_1 beim Erwärmen um 1 K um α vergrößert, dehnt sich der Stahlstab bei 1 K Erwärmung (Bild 3.134) um

$$\Delta l = l_1 \cdot \alpha.$$

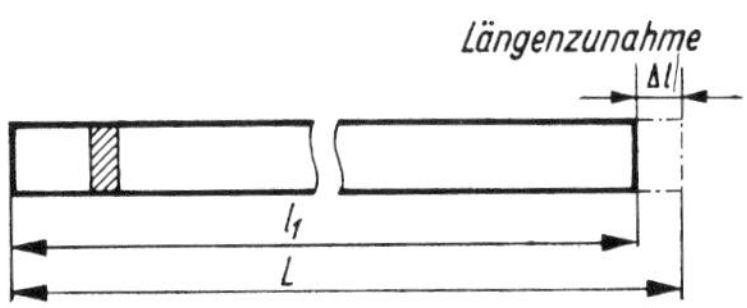

Bild 3.134 Längenzunahme

Wird der Stab von der Anfangstemperatur t_1 auf eine Endtemperatur t_2 erwärmt, ist die Längenzunahme

$$\Delta l = l_1 \cdot \alpha\,(t_2 - t_1).$$

Die Gesamtlänge des Stahlstabs nach dem Erwärmen ist

$$L = l_1 + \Delta l$$
$$L = l_1 + [l_1 \cdot \alpha \cdot (t_2 - t_1)];$$

Δl Längenzunahme
l_1 Ausgangslänge
α Längenausdehnungskoeffizient
L Gesamtlänge
$t_2 - t_1$ Temperaturdifferenz.

Die Längenzunahme eines Werkstücks ist um so größer, je größer die Ausgangslänge, der Längenausdehnungskoeffizient und die Temperaturdifferenz sind.

▲ Aufgabenbeispiel

Ein Stahlstab von 1 m Länge wird von 20 °C auf 850 °C erwärmt. Wie groß sind Längenzunahme und Gesamtlänge?

Gesucht:

a) Längenzunahme Δl
b) Gesamtlänge L.

Gegeben:

Stahlstab 1 m lang
$t_1 = 20\,°C$
$t_2 = 850\,°C$.

Lösung:

a) $\Delta l = l_1 \cdot \alpha\,(t_2 - t_1)$
$\Delta l = 1\,m \cdot 0{,}000012/K \cdot (850\,°C - 20\,°C)$
$\Delta l = 1\,m \cdot 0{,}000012/K \cdot 830\,K$
$\Delta l = 0{,}009960\,m$ — $\underline{\Delta l = 9{,}96\,mm \approx 10\,mm.}$

b) $L = l_1 + [l_1 \cdot \alpha \cdot (t_2 - t_1)]$
$L = 1\,m + [1\,m \cdot 0{,}000012/K \cdot (850\,°C - 20\,°C)]$
$L = 1\,m + [1\,m \cdot 0{,}000012/K \cdot (830\,K)$
$L = 1\,m + 0{,}00960\,m$ — $\underline{L \approx 1{,}01\,m.}$

Beim Erwärmen auf eine Schmiedetemperatur von 850 °C beträgt die Längenzunahme 1 % der Ausgangslänge.

Eine Schrumpfverbindung besteht aus Innenteil und Außenteil. Vor dem Verbinden muß der Außendurchmesser des Innenteils größer sein als der Innendurchmesser des Außenteils. Das Außenteil wird durch Erwärmen gedehnt und damit geweitet und dann über das Innenteil gestreift.

Infolge Wärmeleitung beginnt ein Temperaturausgleich zwischen Außen- und Innenteil. Kühlt eine Schrumpfverbindung langsam ab, wird das Innenteil warm, und es dehnt sich ebenfalls aus. Das Außenteil kann dadurch bleibend gedehnt werden, weil sein Werkstoff im ganzen Querschnitt noch gleichmäßig warm und damit plastisch ist. Eine Schrumpfverbindung soll darum schnell abkühlen. Die Teile sind sonst nicht fest verbunden. Das Außenteil muß schnell in Wasser oder im kalten Luftstrom abgekühlt werden. Der Wärmefluß zum Kühlmittel ist dann größer als der zum Innenteil; das Außenteil kann sich nicht bleibend dehnen.

Während des Abkühlens entsteht zwischen Außen- und Innenteil eine gleichmäßig verteilte Spannung, deren Kräfte einen festen Preßsitz beider Teile verursachen.

Beim Schrumpfen muß das innere Teil Übermaß haben. Durch Erwärmen wird das äußere Teil geweitet, so daß es über das Innenteil geschoben werden kann. Beim Abkühlen schrumpft das erwärmte Teil und sitzt fest.
Die Gesamtspannung beim Schrumpfen darf die Elastizitätsgrenze des Werkstoffs nicht überschreiten, weil sonst eine bleibende Formänderung entsteht, die einen Preßsitz unmöglich macht.

3.3.1.3. *Preßverfahren*

Schrumpfen

Schrumpfteile werden mit vorgeschriebenen Toleranzen hergestellt und dann aufgeschrumpft. Größere Schrumpfringe, die keine engen Toleranzen erfordern, werden in der Schmiede meistens gebogen, geschweißt, gerundet und aufgeschrumpft. Eine typische Schrumpfarbeit ist das Beschlagen eines Wagenrads (Bild 3.135). Hierbei wer-

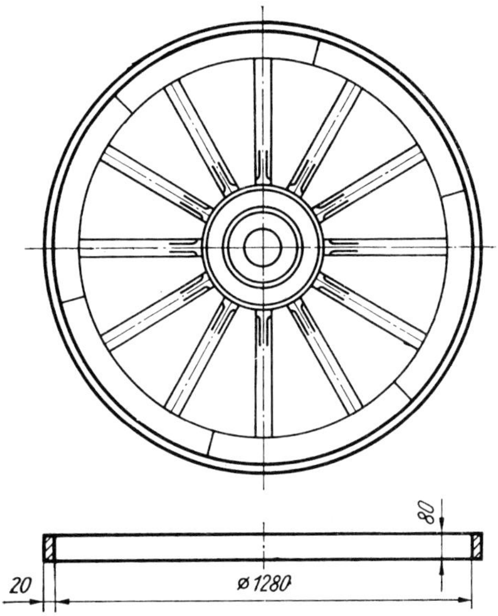

Bild 3.135
Rad mit aufgeschrumpftem Reifen

den Reifen-, Naben- und Speichenringe aufgeschrumpft. Die Erfahrung zeigt, daß sich dünne, abgenutzte Radreifen, die beim Nachbinden von Rädern erneut verwendet werden sollen, schwieriger aufschrumpfen lassen als neue, dicke Reifen. Das hängt nicht von der geringen Längenzunahme beim Erwärmen, sondern vom schnelleren Erkalten des dünnen Reifenquerschnitts ab. Deshalb sind dünne Reifen möglichst schnell zu verarbeiten.

Soll ein Ring auf eine Welle geschrumpft werden (Bild 3.136), muß der Innendurchmesser des Rings kleiner als der Wellendurchmesser sein. Die Welle muß Übermaß

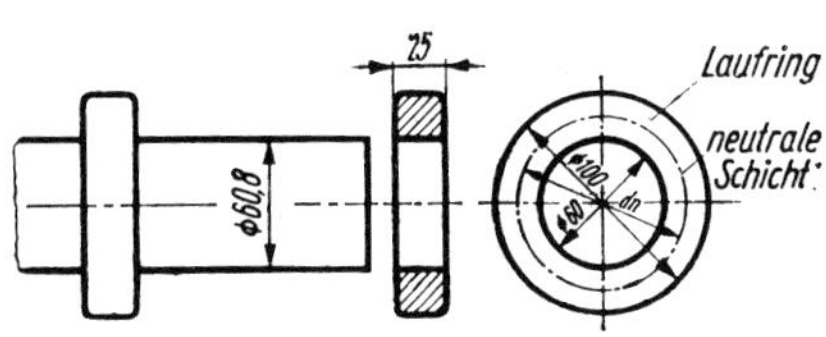

Bild 3.136. Welle mit Laufring

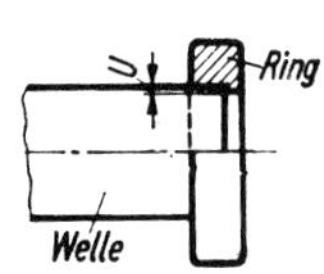

Bild 3.137. Welle mit Übermaß

haben (Bild 3.137). Der Ring wird auf etwa 850 °C erwärmt. Dabei treten eine Auflockerung des Gefüges und eine Längenzunahme ein. Der Durchmesser vergrößert sich, und der Ring kann auf die Welle geschoben werden. Wird der Ring abgekühlt, schrumpft er auf seine Ausgangslänge und erzeugt einen Preßsitz. Je größer das Übermaß der Welle ist,

um so höher muß der Ring erwärmt werden
um so größer ist folglich das Schrumpfmaß

um so größer ist die entstehende Schrumpfspannung
um so fester ist der Sitz des Rings.

Ist das Übermaß der Welle zu groß, kann beim Schrumpfen die Spannung im Ring so groß werden, daß er reißt.

Dehnen

Sind Preßverbindungen herzustellen, bei denen das äußere Teil nicht erwärmt werden kann, wird das innere Teil in flüssiger Luft bis −195 °C gekühlt. Hierbei schrumpft es; der Außendurchmesser verringert sich, und es kann in das äußere Teil eingeführt werden. Beim Dehnen wirkt das gegenläufige Prinzip des Schrumpfens. Der feste Sitz der verbundenen Teile wird im Gegensatz zum Schrumpfen durch Ausdehnung herbeigeführt. Preßverbindungen dieser Art werden überwiegend im Maschinenbau angewendet.

Aufgaben

1. Welchen Zweck hat das Schrumpfen?
2. Nennen und beschreiben Sie Schrumpfverbindungen aus der Werkstattpraxis!
3. Worauf beruht die Wirkungsweise der Schrumpfverbindungen?
4. Beschreiben Sie den Vorgang des Schrumpfens!
5. Erklären Sie den Unterschied zwischen einer Schrumpf- und einer Dehnpreßverbindung!
6. Wie werden Schrumpfverbindungen abgekühlt?
7. Es ist eine Schrumpfverbindung nach Bild 3.136 herzustellen. Der Bund ist auf 1 000 °C zu erwärmen.
   Berechnen Sie
   a) die Ausgangslänge des Bundes
   b) die Längenzunahme
   c) die Gesamtlänge
   d) den Durchmesser des warmen Bundes!
8. Ein Radreifen hat eine Länge von 3 m. Er wird zum Aufschrumpfen um 500 °C erwärmt.
   Berechnen Sie die Längenzunahme!
9. Ein Wagenrad hat einen Durchmesser von 1,28 m. Es soll mit einem Reifen 80 mm × 20 mm beschlagen werden. Der Reifen wird von 20 °C auf 620 °C erwärmt (s. Bild 3.135).
   Berechnen Sie
   a) theoretische Reifenlänge l_1
   b) Längenzunahme Δl
   c) tatsächliche Reifenlänge nach Abzug der Längenzunahme Δl
   d) Masse des Reifens, wenn $\rho = 7{,}85$ kg/dm³ ist!
10. Ein Radreifen 60 mm × 18 mm hat eine Länge von 3,60 m. Er wird zum Aufschrumpfen erwärmt
    a) im Rundfeuer von 20 °C auf 520 °C
    b) im Glühofen von 20 °C auf 820 °C.
    Berechnen Sie die Längenzunahme für *a* und *b*!
11. Die Beschlagteile eines Wagenrads haben folgende Maße:

	Innendurchmesser mm	Breite mm	Dicke mm
1 Reifen	1 200	75	20
2 Speichenringe	260	30	10
1 Nabenring	200	70	3
1 Nabenring	160	60	3

Berechnen Sie die Gesamtmasse ($\rho = 7{,}85$ kg/dm³)!

3.3.2. Feuerschweißen

Man unterscheidet Schmelz- und Preßschweißverfahren. Das Feuerschweißen gehört zu den Preßschweißverfahren. Es ist das erste und älteste aller Schweißverfahren und wird noch heute in der Schmiede angewendet. Durch Schweißen werden in der Schmiede unlösbare Verbindungen hergestellt. Es hat für die Volkswirtschaft noch Bedeutung, weil es im Vergleich zu anderen Fügeverfahren verschiedene Vorteile vereinigt.

3.3.2.1. *Zweck und Anwendungsbereich*

Beim Feuerschweißen werden Teile aus gleichem Metall unter Hammerschlägen ohne Zusatz eines verbindenden Metalls unlösbar verbunden. Das Feuer- oder Hammerschweißen erhielt seine Bezeichnung, weil die Schweißhitze im offenen Schmiedefeuer erzeugt und die Verbindung durch Hammerschläge auf dem Amboß hergestellt wird (Bild 3.138).

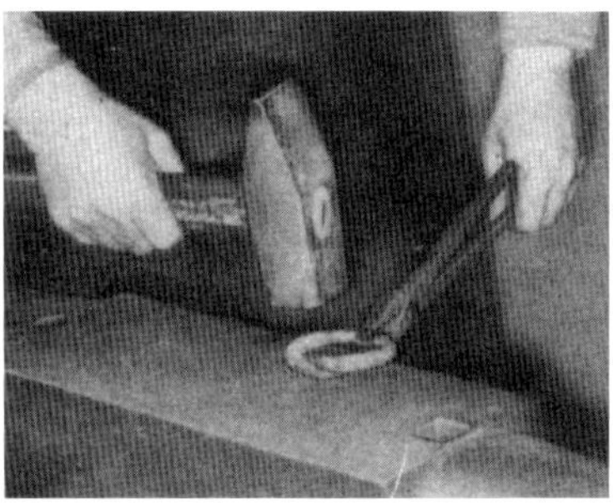

Bild 3.138
Feuerschweißen eines Rings

Bedeutung und Anwendung des Feuerschweißens sind infolge der Entwicklung moderner, leistungsfähiger und wirtschaftlicher Schweißverfahren jedoch zurückgegangen. Das Feuerschweißen wird heute fast nur noch in Schmiedebetrieben angewendet. Obwohl dort auch verschiedene andere Schweißverfahren eingesetzt werden können, werden Kettenglieder, Ringe und andere Kleinteile im Feuer geschweißt, weil das Verschweißen der im Feuer erwärmten Schmiedeteile wirtschaftlich erfolgen kann. So werden z. B. Schiffsketten im Feuer geschweißt.

Feuerschweißen ist ein Verfahren, durch das zwei Teile aus gleichem Metall durch Hammerschläge ohne Zusatzwerkstoff im teigigen Zustand unlösbar stoffschlüssig verbunden werden. Es wird nur noch in der Schmiede angewendet.

3.3.2.2. *Schweißvorgang*

Schweißbare Metalle

Alle Metalle können durch Erwärmen aus dem festen in den flüssigen Aggregatzustand übergeführt werden. Geht der Übergang langsam vor sich, entsteht vor dem Verflüssigen ein knetbarer, teigiger, breiiger Zustand. Der Übergang in den teigigen Zustand erfolgt bei den verschiedenen Metallen unterschiedlich schnell. Geht der Übergang plötzlich und schnell vor sich, ist die teigige Zone nur ganz kurze Zeit oder gar nicht vorhanden, z. B. bei Grauguß, Aluminium. Es erfolgt ein schneller Umschlag des festen Werkstoffs in den flüssigen Zustand. Es lassen sich folglich nur die Metalle im Feuer schweißen, die beim Ändern ihres Aggregatzustands von fest in flüssig eine teigige Zone bilden und sich langsam verflüssigen, z. B. Stahl, Stahlguß, Kupfer. Bei Stahl hängt die Größe der teigigen Zone und somit auch die Feuerschweißbarkeit vom Kohlenstoffgehalt ab. Je größer der Kohlenstoffgehalt ist, desto geringer ist die

Schweißbarkeit. Stahl läßt sich nur bis zu einem C-Gehalt von 0,3 % im Feuer schweißen.

Stähle mit einem Kohlenstoffgehalt unter 0,3 % sind nicht härtbar. Trotzdem muß der Schmied oft Werkzeuge „verstählen", d. h. zur Erneuerung der Schneide härtbare Stahlkeile in abgenutzte Werkzeuge einschweißen. Besondere Schweißmittel (Schweißplättchen) ermöglichen das Feuerschweißen von härtbarem Stahl mit einem Kohlenstoffgehalt über 0,5 %.

Es gibt Stähle mit Legierungszusätzen, die härtbar und feuerschweißbar sind. Ein Stahl mit einem größeren Mangangehalt ist noch im Feuer schweißbar, wenn der C-Gehalt über 0,5 % liegt.

Metalle lassen sich nur im teigigen Zustand im Feuer schweißen. Bei Stahl sinkt die Feuerschweißbarkeit mit zunehmendem Kohlenstoffgehalt und hört bei 0,3 % C ganz auf. Manche härtbaren Stähle können auf Grund ihrer Legierung (Mangan) oder durch Verwenden von Schweißmitteln im Feuer schweißbar sein.

Erwärmen

Damit die Schweißstücke nicht verbrennen, sind sie so in das Schmiedefeuer einzulegen, daß die dünnsten Stellen (Abschärfungen) nach oben zeigen. Die Schweißstellen müssen gleichmäßig erwärmt werden. Ungleiche Schmiedestücke müssen zum gleichen Zeitpunkt Schweißtemperatur haben. Dünne Schmiedestücke werden später als dicke in das Schmiedefeuer eingelegt oder seitlich des Feuers erhitzt.

Schweißstücke müssen mit glühenden Kohlen umgeben sein und dürfen nicht vom Gebläsewind bestrichen werden, da sonst der Stahl überhitzt wird und verbrennt. Die Werkstücke werden auf 850 °C (hellrot) langsam und gleichmäßig bis in den Kern erwärmt, dann schnell auf Schweißtemperatur gebracht (1 350 bis 1 400 °C). Auf dieser Temperatur ist der Stahl so lange zu halten, bis er teigig wird. Der Beginn der Schweißtemperatur ist am geradlinigen Aufsprühen sternartiger Funken erkennbar. Sobald Funken aufsprühen, muß das Flußmittel auf die Schweißstelle gestreut werden, um sie vor weiterer Oxydation zu schützen. Das weitere Aufsprühen der Funken zeigt an, daß die Schweißstelle teigig geworden ist. Der geübte Schmied kann diesen Zustand mit bloßem Auge richtig erkennen.

Zum Erwärmen der Schweißstücke muß das Feuer abgeflammt und schwefelfrei sein.
Die Verbindungsstellen sind langsam bis auf 850 °C und dann schnell bis zur Schweißtemperatur von 1 350 · · · 1 400 °C zu erwärmen.

Schweißen

Wie alle Stoffe bauen sich auch Metalle aus Atomen auf, die sich durch bestimmte Kräfte gegenseitig binden. Diesen inneren Werkstoffzusammenhang nennt man „Kohäsion". Die Kohäsion kommt nur zur Wirkung, wenn sich die Atome bis etwa

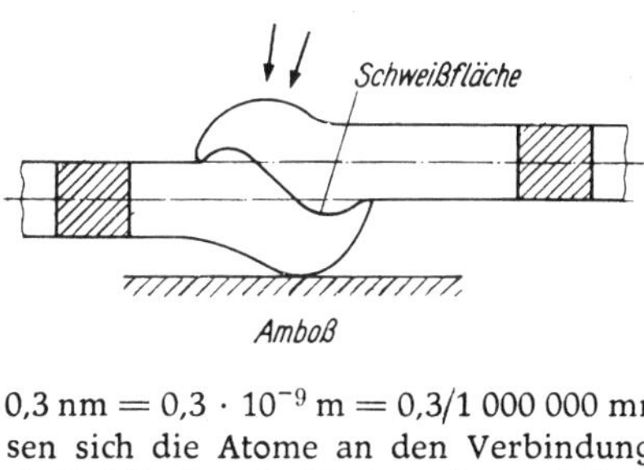

Bild 3.139
Feuerschweißverbindung (Prinzip)

0,3 nm = 0,3 · 10^{-9} m = 0,3/1 000 000 mm genähert haben. Beim Feuerschweißen müssen sich die Atome an den Verbindungsflächen auf diesen Abstand nähern, um eine stoffschlüssige Verbindung herzustellen. Unter großem Druck und hoher, kurz unter dem Schmelzpunkt liegender Temperatur entsteht die Verbindung (Bild 3.139). Durch

Erwärmen des Stahls wird die teigige Zone erreicht. Das Gefüge ist stark aufgelockert und das Metall so plastisch, daß die vorher getrennten Teile durch Druck (Hammerschläge) auf den geringen Atomabstand kommen und eine innige stoffschlüssige Verbindung eingehen, wenn die Verbindungsflächen metallisch rein sind.

Beim Feuerschweißen werden die Atome der metallisch reinen Verbindungsflächen der bis zur teigigen Zone erwärmten Stahlenden durch Druck auf so kleine Abstände gebracht, daß eine innige stoffschlüssige Verbindung entsteht.

Schweißmittel

Schweiß- oder Flußmittel haben die Aufgabe, die noch vorhandenen oder beim Schweißen sich bildenden Verunreinigungen oder Oxide zu lösen und in eine leichtflüssige Schlacke überzuführen. Die Zusammensetzung der Schweißmittel richtet sich nach den Schweißwerkstoffen.

Schweißmittel legen sich als schützende Hülle um die teigige Schweißstelle. Dadurch werden ein starker Abbrand und weitere Oxydation verhindert, der Hammerschlag wird aufgelöst und die Verbindungsstelle metallisch rein. Als Schweißmittel verwendet man Borax, Quarzsand, Schweißpulver und Schweißplättchen. Ein wesentlicher Bestandteil der Schweißmittel ist Kieselsäure. Schweißplättchen werden beim Schweißen von härtbarem Stahl und beim Verbinden von Baustahl mit Werkzeugstahl angewendet. Sie bestehen aus weichen, kohlenstoffarmen Drahtgeflechten, die mit klargekochtem Borax überzogen sind. Sie bilden eine dünne Schicht an der Schweißstelle, wodurch die Verbindung verbessert, die Festigkeit des Stahls aber herabgesetzt wird.

Durch Schweiß- oder Flußmittel werden

1. die Verbindungsflächen metallisch rein
2. durch Bildung einer schützenden Hülle die Verbindungsflächen vor weiterer Oxydation geschützt
3. starker Abbrand verhindert und
4. härtbare Stähle im Feuer schweißbar.

3.3.2.3. *Feuerschweißverfahren*

Vorbereiten

Bei jeder Feuerschweißung ist die richtige Vorbereitung der Schweißenden wichtige Voraussetzung für die Qualität. Die Vorbereitung ist unterschiedlich und hängt von der Art der Feuerschweißung ab. Alle Vorbereitungen dienen dem Zweck,

- an der Schweißstelle den Materialquerschnitt zu vergrößern
- ein sicheres Haften der Schweißflächen zu erreichen.

Als Folge jeder Erwärmung der Schmiedestücke bildet sich Hammerschlag. Dieser Abbrand ist bei Schweißhitze besonders groß. Beim Schweißen wird das Material an der Schweißstelle zusammengedrückt und kräftig durchgeschmiedet. Die Schweißenden müssen deshalb genügend angestaucht sein, damit keine Querschnittsschwächung auftritt (Bild 3.140).

Verbinden

Sobald die Schweißenden teigig sind, werden sie aus dem Feuer genommen und auf den Amboß geschlagen. Dabei springt die flüssige Schlacke von den Schweißflächen ab. Die Schweißenden werden auf dem Amboß übereinandergelegt und vom Zuschläger durch leichte Druck- oder Setzschläge verbunden. Die Hammerschläge sind so zu führen, daß die Schweißflächen in der Mitte zuerst verschweißen, damit Schlackenreste aus der Schweißfuge herausgepreßt werden. Trotz sorgfältiger Schweißarbeit läßt sich nicht vermeiden, daß geringe Schlackenteile eingeschweißt werden. Die gleichmäßige Gefügeverbindung wird stellenweise unterbrochen, die Festigkeit des Teils an der Schweißstelle gemindert.

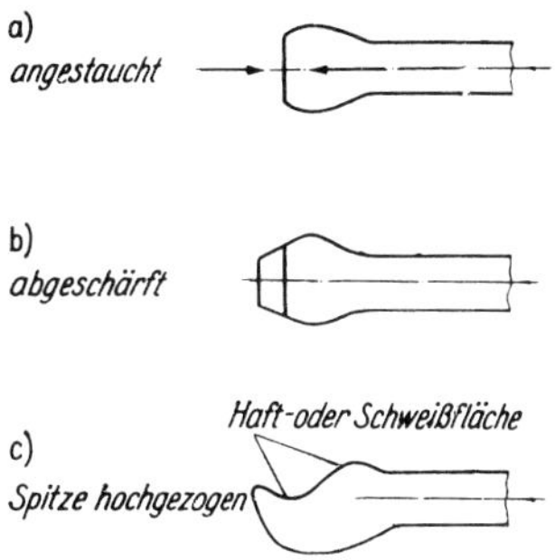

Bild 3.140
Vorbereiten der Schweißnähte

Nach dem Schweißen wird die Schweißstelle mit schnellen, kräftigen Schlägen unter Wenden des Werkstücks gleichmäßig durchgeschmiedet und in die gewünschte Form gebracht. Dadurch werden geringe Schlackeneinschlüsse gleichmäßig verteilt. Sie liegen nicht mehr in einer Ebene, und die Festigkeit wird erhöht. Trotz guter Schweißung verringert sich die Festigkeit um 10 bis 15 % (Bild 3.141).

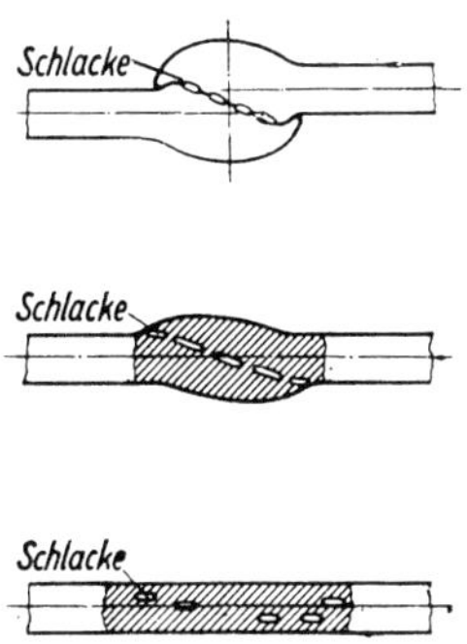

Bild 3.141
Schlackeneinschlüsse

Das Feuerschweißen ist möglichst in einer Hitze durchzuführen. Mehrmaliges Erhitzen macht das Gefüge grobkörnig. Damit verschlechtern sich die Festigkeitseigenschaften des Stahls. Eine gute Feuerschweißung muß folgenden Anforderungen entsprechen:

- Die Schweißstelle soll äußerlich nicht sichtbar sein.
- Sie muß sich bis zum rechten Winkel biegen lassen ohne aufzuplatzen.
- Sie muß Prellschläge aushalten.

Beim Feuerschweißen sind die Schweißenden zu entschlacken und so zusammenzufügen, daß sie sich in der Mitte zuerst berühren. Die Schweißverbindung ist durch leichte Druckschläge herzustellen. Anschließend ist sie gut durchzuschmieden.

3.3.2.4. *Arten des Feuerschweißens*

Beim Feuerschweißen unterscheidet man zwei Verbindungsverfahren:

- Die vorbereiteten Schweißteile werden einzeln erhitzt, dann zusammengefügt und verschweißt (überlappte Schweißung).
- Die vorbereiteten Schweißteile werden ineinandergesteckt, dann erst erhitzt und verschweißt (Keil-, Gabel- und Klauenschweißung).

Vom Querschnitt, von der Festigkeit und vom Verwendungszweck des Schmiedeteils ist die Ausführung der Feuerschweißung abhängig. Man unterscheidet überlappte, Keil-, Gabel- und Klauenschweißung.

Überlappte Schweißung

Rund-, Quadrat- und Flachstähle bis 25 mm Dicke werden an den Schweißenden gestaucht, abgeschärft und lappenartig geformt. Die vorbereiteten Schweißteile können einzeln erhitzt und auf dem Amboß zusammengelegt werden (Bild 3.142). Bei Ringen und Gelenken werden die Enden vor dem Schweißen zusammengelegt.

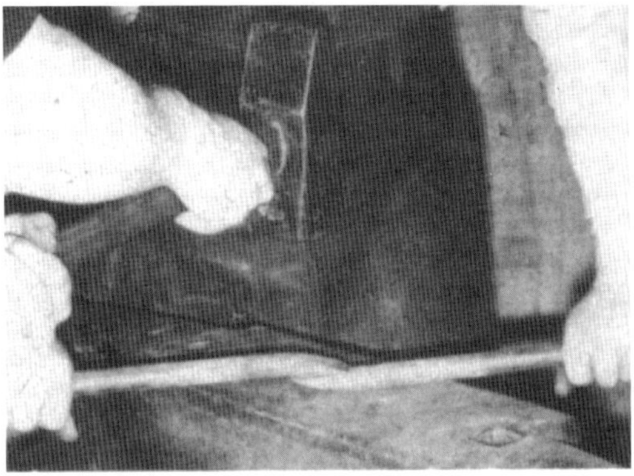

Bild 3.142
Überlappte Schweißung

Keilschweißung

Sie wird bei großen dicken Werkstücken mit verschiedenem Querschnitt, wie Achsen, Wellen, Reifen, und beim Verstählen von Werkzeugen u. a. angewendet. Ein Schweißende wird gestaucht und aufgespalten, am anderen Ende wird ein Keil angeschmiedet (Bild 3.143). Der Keil wird in die Aussparung gedrückt, die Lappen werden angelegt (Bild 3.144) und die Schweißstelle zum Schweißen im Feuer erhitzt.

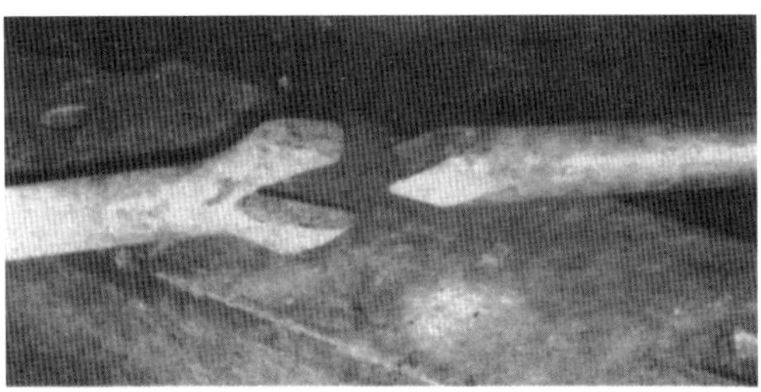

Bild 3.143
Vorbereitete Keilschweißung

Bild 3.144
Keilschweißung (Vorgang)

Gabelschweißung

Flachstähle geringer Dicke werden gabelförmig vorbereitet. Dabei werden beide Schweißenden abgeschärft und in der Mitte in Längsrichtung aufgespalten. Von den gegenüberliegenden Teilen wird jeweils eins nach oben und das andere nach unten gebogen (Bild 3.145). Dann werden die Schweißenden zusammengeschoben, angedrückt, verstempelt und geschweißt (Bild 3.146).

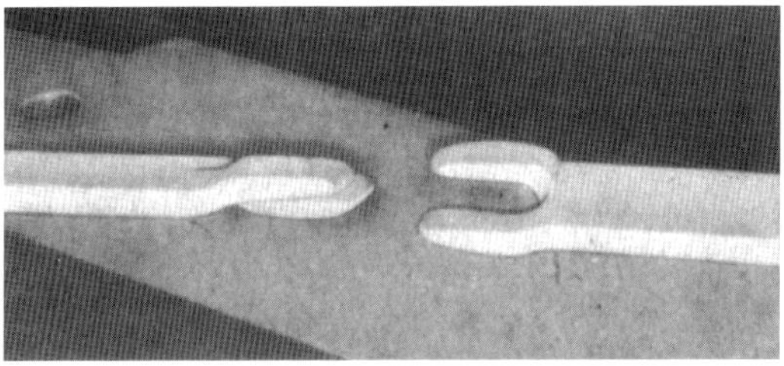

Bild 3.145
Vorbereitete Gabelschweißung

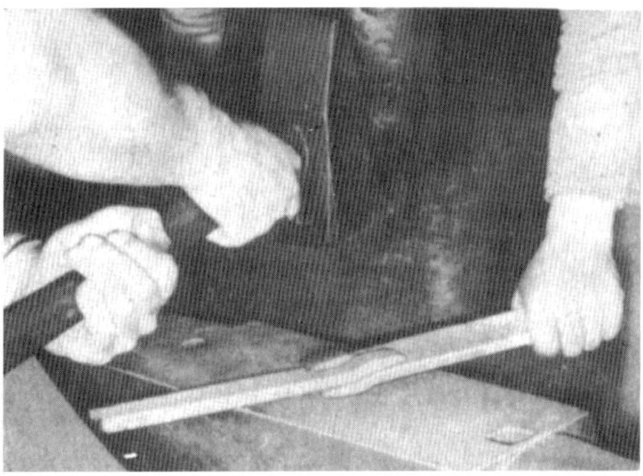

Bild 3.146
Gabelschweißung (Vorgang)

Klauenschweißung

Stark beanspruchte Teile mit großen Querschnitten werden klauenförmig geformt. Beide Schweißenden werden angestaucht, und aus der Mitte werden rechteckige Stücke herausgetrennt (Bilder 3.147 und 3.148).

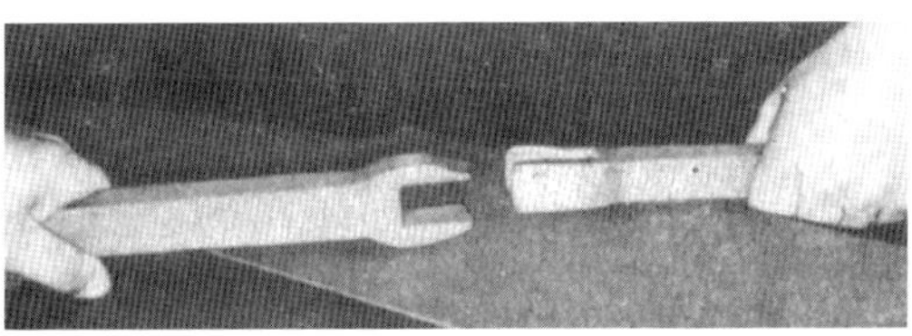

Bild 3.147
Vorbereitete Klauenschweißung

Tafel 3.20
Feuerschweißen

Voraussetzungen	*Vorbereitung für*	*Ausführung*
Schweißbare Metalle	Überlapptschweißung	Erwärmen
Vorbereitete Schweiß-Enden	Keilschweißung	Schweißen
	Gabelschweißung	Durchschmieden
Schweißmittel	Klauenschweißung	

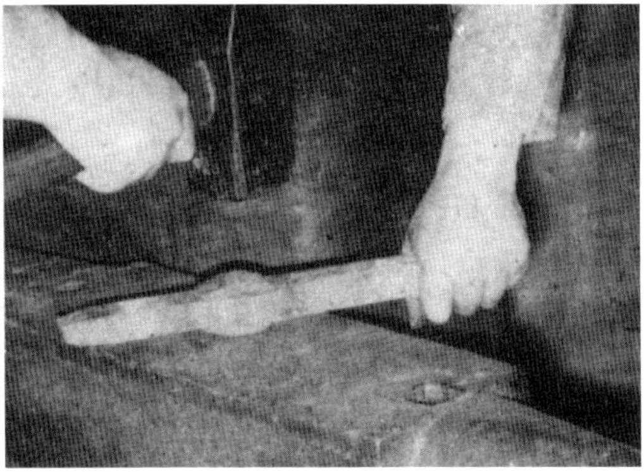

Bild 3.148
Klauenschweißung (Vorgang)

Eine typische Feuerschweißarbeit ist das Aufschweißen eines Kopfs auf einen Bolzen (Bild 3.149). Es wird häufig dem Anstauchen vorgezogen. Das Verstärken eines Flachstahlendes für Hebel oder Auge erreicht man sehr schnell durch Umlegen des Flachstahls und anschließendes Verschweißen (Bild 3.150).

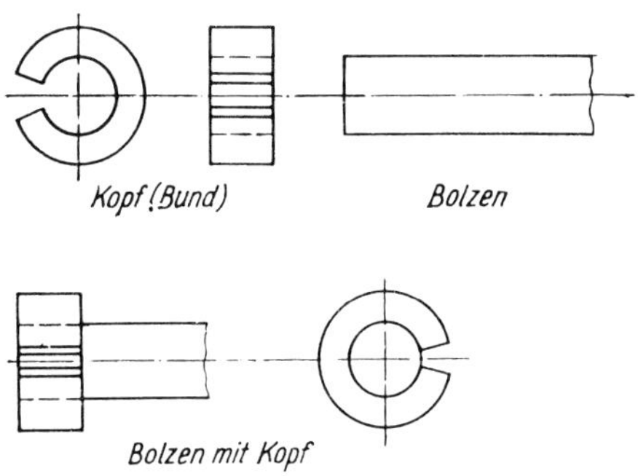

Bild 3.149
Aufschweißen eines Kopfs

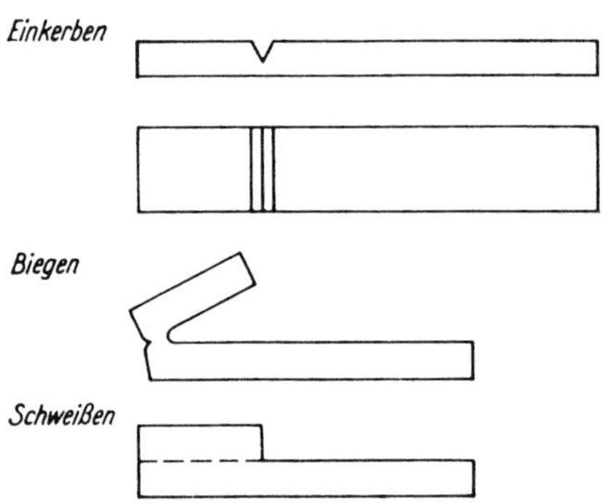

Bild 3.150
Verstärken eines Flachstahlendes

Aufgaben

1. Warum müssen die Schweißenden zum Feuerschweißen vorbereitet werden?
2. Welche Metalle lassen sich im Feuer schweißen?
3. Wie können härtbare Stähle im Feuer geschweißt werden?

4. Welchen Einfluß haben die Schweißmittel auf den Schweißvorgang?
5. Wie werden die Schweißenden zum Feuerschweißen erwärmt?
6. Erklären Sie die inneren Vorgänge im Stahl beim Herstellen der Schweißverbindung!
7. Nennen Sie die Arten der Feuerschweißung!
8. Warum müssen die Schmiedestücke nach dem Feuerschweißen gut durchgeschmiedet werden?
9. Ein Rundstahl ⌀ 18 mm, St 34, ist im Feuer überlappt geschweißt worden. Hierdurch hat er an der Schweißstelle 12 % seiner Festigkeit verloren.
   Berechnen Sie, bei welcher Belastung der Rundstahl reißt:
   1. ungeschweißt
   2. an der Schweißstelle!

4. Stoffeigenschaftsändern und Werkstoffprüfung

Neben dem Umformen des Stahls steht der Schmied oft vor der Aufgabe, die Eigenschaften eines Stahls zu ändern.

Die Eigenschaften des Stahls können durch Schmieden, Glühen, Härten und Anlassen geändert werden. Durch werkstattmäßige Prüfverfahren kann der Schmied feststellen, welche Eigenschaften der Stahl hat.

4.1. Härten

4.1.1. Zweck und Anwendungsbereich

Härten hat den Zweck, den Widerstand des Stahls gegen Eindringen eines anderen Körpers und gegen bleibende Formänderung zu erhöhen.

Schneidwerkzeuge müssen gehärtet werden. Sie können nur dann in den Arbeitsgegenstand eindringen, wenn ihre Härte größer als die des Arbeitsgegenstands ist.

Meßzeuge werden an den Meßflächen gehärtet, weil sie sich dort nicht abnutzen dürfen.

Maschinenteile, die aufeinander gleiten oder rollen, wie Führungen, Zapfen, Wellen, Zahnräder, Nocken usw., nutzen sich um so weniger ab, je härter ihre Gleitflächen sind.

Schlagwerkzeuge wie Hämmer und Hilfshämmer können nur im gehärteten Zustand ihre Aufgaben erfüllen.

4.1.2. Härtevorgang

Das Gefüge des Stahls besteht im Bereich von Raumtemperatur bis 723 °C bei einem C-Gehalt von 0,8 % aus Perlit, unter 0,8 % C aus Ferrit und Perlit, über 0,8 % aus Perlit und Zementit. Der Gitteraufbau ist raumzentriert. Stahl mit einem C-Gehalt von 0,8 % läßt sich gut härten.

Beim Erwärmen des Stahls über 723 °C wird er flächenzentriert, und der Kohlenstoff wandert in die Mitte des Kristallgitters (Bild 4.1). Das Gefüge ist Austenit. Kühlt der Stahl langsam ab, so verläßt der Kohlenstoff das Gitter und geht in seine Ausgangslage zurück.

Wird der Stahl schnell abgekühlt, also abgeschreckt, kann der Kohlenstoff nicht aus dem Gitter herauswandern, weil die Abkühlungsgeschwindigkeit größer ist als seine Diffusionsgeschwindigkeit. In der Gittermitte treffen ein C-Atom und ein Fe-Atom aufeinander. Dadurch entsteht ein Zwangszustand. Er verursacht im Kristall Spannungen, die sich als Härte äußern. Der Stahl ist glashart und spröde. Das Gefüge setzt sich aus feinen, nadelartigen Kristallen zusammen und heißt Martensit. Stahl mit dieser Vollhärte ist technisch nicht verwendbar, weil er bei der geringsten Belastung zerspringt.

Beim Anlassen wird der Stahl wieder erwärmt (200···300 °C). Dadurch kann das C-Atom von der Mitte nach der Seite diffundieren. Der Abstand zwischen ihm und dem Fe-Atom wird größer, die Spannung und die Sprödigkeit verringern sich, die

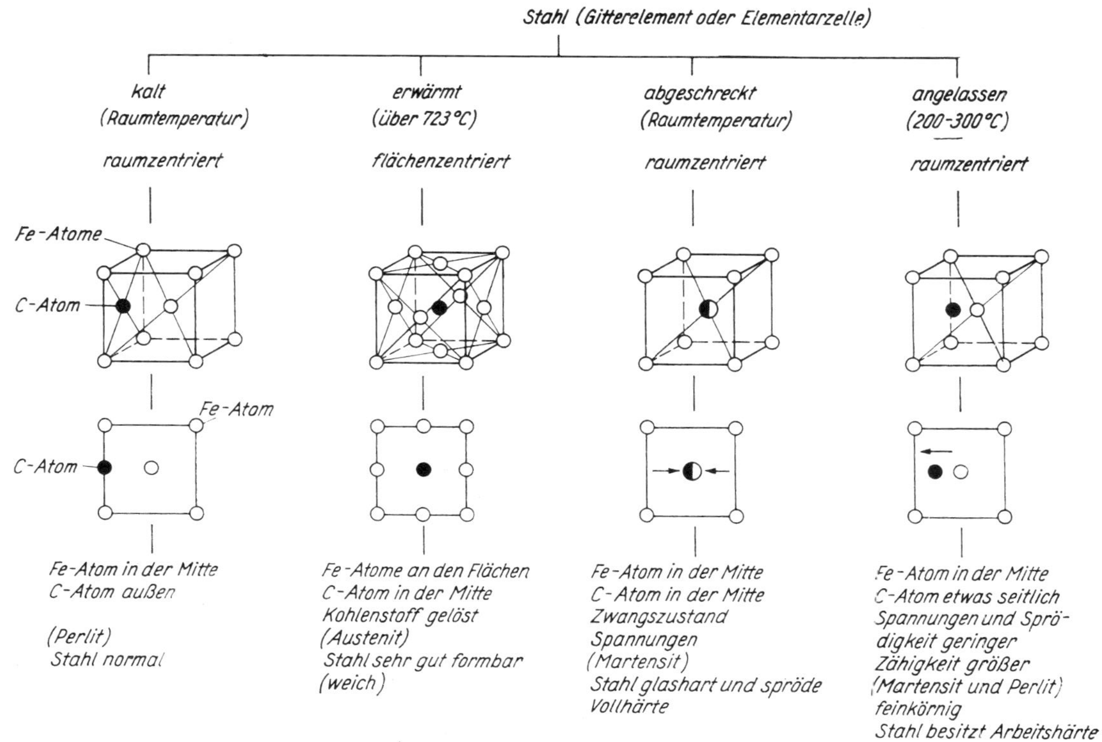

Bild 4.1. Härtevorgang

Zähigkeit wird größer. Die Vollhärte wird in Arbeitshärte umgewandelt. Kohlenstoffarmer Stahl kann nicht gehärtet werden.

Die Härte des Stahls wird durch Kohlenstoffatome verursacht, die sich beim Erwärmen in das kubisch flächenzentrierte Gitter einordnen und bei schnellem Abkühlen ihren Platz schwer verlassen können, dadurch bildet sich ein Zwangszustand, der sich als Härte äußert. Durch das Anlassen wird die Vollhärte in die Arbeitshärte umgewandelt.
Es können nur Stähle gehärtet werden, in denen genügend Kohlenstoff vorhanden ist.

4.1.3. Arbeitsstufen

Der Erfolg des Härtens hängt vor allem vom gewissenhaften Ausführen der erforderlichen Arbeitsstufen ab. Diese Arbeit verlangt von einem sozialistischen Facharbeiter Verantwortungsbewußtsein. Vom Ergebnis seiner Arbeit wird in hohem Maß die kontinuierliche Arbeit in der Fertigung und in der Reparatur beeinflußt.

Falsch gehärtete Maschinenteile unterliegen stärkerem Verschleiß und führen zu einer geringen Lebensdauer der Maschine.

Nicht sachgemäß gehärtete Schneidwerkzeuge führen bei Werkzeugmaschinen infolge des notwendigen Werkzeugwechsels zu Stillstandszeiten. Die Planerfüllung unserer sozialistischen Produktion kann dadurch gefährdet werden. Fehlerhaft gehärtete Montagewerkzeuge können die Reparaturzeiten an hochproduktiven Maschinen unserer sozialistischen Landwirtschaft so ungünstig beeinflussen, daß u. U. die Bergung von Nahrungsgütern in Frage gestellt wird.

Beim Härten unterscheidet man drei Arbeitsstufen:

Erwärmen
Abschrecken
Anlassen.

4.1.3.1. *Erwärmen*

Der Schmied erwärmt seine Stücke meistens im Schmiedefeuer. Zum Erwärmen hochwertiger Werkzeuge wird als Brennstoff Holzkohle, zum Erwärmen der üblichen Schmiedestücke Schmiedekohle oder Koks verwendet.

Die Härtetemperaturen können genau eingehalten werden, wenn das Härtegut in Härteöfen oder in Schmelzbädern erwärmt wird. Beim Erwärmen mit dem Schweißbrenner besteht die Gefahr, daß die Stücke örtlich überhitzt werden. Die Härtetemperaturen (Bild 4.2) liegen grundsätzlich über 723 °C. An den Glühfarben kann die Höhe der Temperatur verhältnismäßig sicher eingeschätzt werden:

Dunkelkirschrot $\hat{=}$ 740 °C
Kirschrot $\hat{=}$ 780 °C
Hellkirschrot $\hat{=}$ 810 °C.

Tafel 4.1. Härtetemperaturen

% C-Gehalt	0,5	0,6	0,7	0,8	1,0	1,5
Temperatur °C	830	815	800	780	770	770
Glühfarbe	Hellkirschrot		Kirschrot		Dunkelkirschrot	

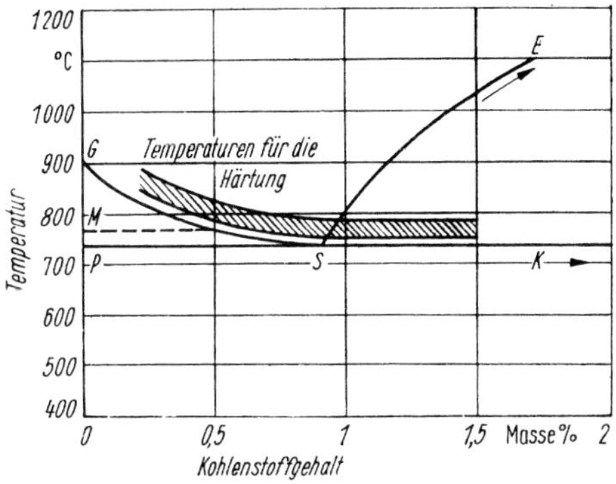

Bild 4.2
Härtediagramm

Beim Erwärmen sind folgende Regeln zu beachten:

- Das Schmiedefeuer muß gut abgeflammt sein, damit die Kohle keinen Schwefel mehr enthält. Nimmt das Härtegut Schwefel auf, wird es weichfleckig, d. h., es wird an verschiedenen Stellen nicht hart.
- Die Stücke müssen im Schmiedefeuer allseitig von Glut umgeben sein. Werden sie vom Gebläsewind angeblasen, entkohlt die Außenschicht und bleibt trotz Abschreckens weich.
- Werkzeugschneiden sind vor zu scharfem Feuer zu schützen und deshalb nach oben zu richten.

4.1.3.2. *Abschrecken*

Härtestücke werden vollständig oder nur teilweise abgeschreckt. Der Schmied härtet meistens Werkzeuge, bei denen nur Teile (z. B. die Schneiden) hart sein dürfen. Meißel-, Körner-, Durchschlag- und Hilfshammerköpfe müssen zäh bleiben, damit sie wegen der Hammerschläge nicht zerspringen. Deshalb schreckt der Schmied die Köpfe nicht ab. Die im nicht abgeschreckten Werkzeugteil verbleibende Restwärme wird zum Anlassen genutzt.

Der Schmied schreckt seine Werkstücke meistens in Wasser ab (Bild 4.3). Wasser ist ein wirksames Abschreckmittel, das in seiner Wirkung durch Zusätze von Salz und

Tafel 4.2. Abschreckmittel und Abkühlungsgeschwindigkeiten

Abschreckmittel	Abkühlungsgeschwindigkeit, bezogen auf ruhende Luft = 1	Wirkung	Anwendung
Ruhende Luft	1		
Druckluftstrom	4	sehr mild	
Talg	8		legierte Stähle
Öl	14	mild	
Glyzerin	15		
Petroleum	20	weniger mild	kohlenstoffreiche Stähle
Wasser mit Ölschicht	22		
Wasser mit Seife	24	weniger kräftig	(0,8···1,5 % C)
Wasser 22 °C	30	kräftig	
Wasser mit Kochsalz	32	schroff	kohlenstoffarme Stähle
Wasser mit Säure	35	sehr schroff	(0,5···0,8 % C).
Leitungswasser 8 °C	40		

Bild 4.3
Härten durch Abschrecken in Wasser

Säure schroffer oder durch Zusätze von Seife und Glyzerin milder wird. Es soll nicht schroffer abgeschreckt werden, als es die gewünschte Härte erfordert. Die in der Praxis erprobten Abschreckmittel sind aus Tafel 4.2 zu ersehen.

Je größer die Abkühlgeschwindigkeit, um so härter und spröder wird der Stahl, um so geringer ist seine Dehnbarkeit. Wird zu schnell abgekühlt, d. h., ist die Abkühlgeschwindigkeit hoch, entstehen im Härtestück Spannungen. Die geringste Abkühlgeschwindigkeit, bei der noch gehärtet wird, heißt die kritische Abkühlgeschwindigkeit. Sie beträgt z. B. für Kohlenstoffstahl 200 K/s.

Beim Erwärmen wird der Werkstoff in Breite, Länge und Dicke des Härtestücks gedehnt, beim Abkühlen schrumpft er. Die Außenschichten, die mit dem Abschreckmittel in Berührung kommen, schrumpfen schneller als der Kern des Härtestücks. Dadurch können Härterisse entstehen.

Beim Abschrecken sind folgende Regeln zu beachten:

- Die Härtestücke sind sofort nach dem Erwärmen einzutauchen, damit die Härtetemperatur nicht vorher sinkt.
- Lange Werkstücke (Meißel, Körner, Durchschläge, Lochhämmer, Schrothämmer) werden mit dem zu härtenden Ende senkrecht in Längsrichtung (Bild 4.4), flache scheibenförmige Härtestücke (Blattfedern, Schneidplatten) hochkant seitlich in Querrichtung eingetaucht (Bild 4.5).

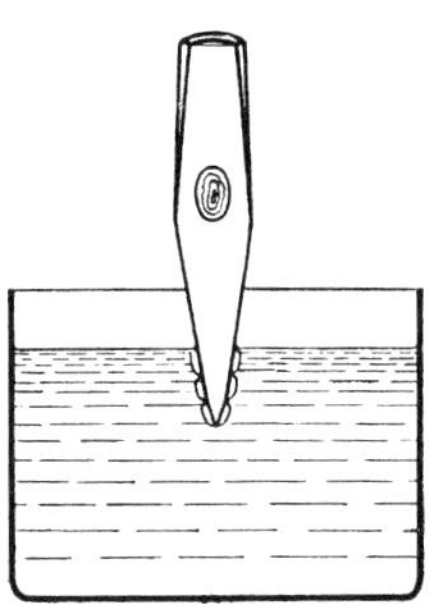

Bild 4.4
Abschrecken eines Schrothammers

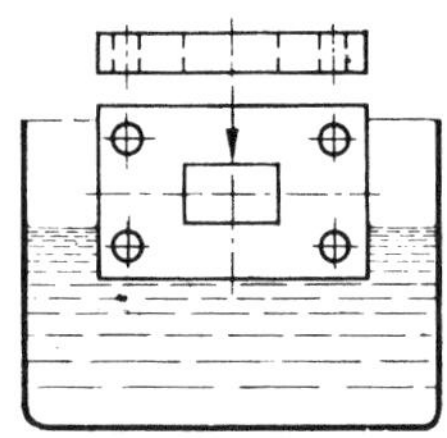

Bild 4.5. Abschrecken einer Schneidplatte

- Das Abschreckmittel muß beim Abschrecken alle zu härtenden Stellen des Härtestücks umspülen. Anderenfalls wird das Stück ungleichmäßig hart, und es entstehen beim Abschrecken Spannungen (Bild 4.6).
- Die Härtestücke sind im Abschreckmittel zu bewegen, damit sich keine isolierende Dampfschicht um das Stück bildet, anderenfalls wird das Stück nicht genügend hart. Sollen bestimmte Partien an Härteteilen nicht hart werden, sind sie entweder nicht zu erwärmen (Meißelkopf) oder mit Lehm abzudecken.

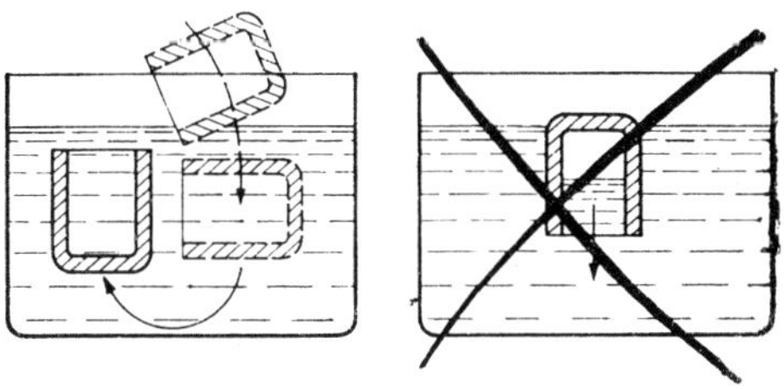

Bild 4.6
Abschrecken einer Buchse

4.1.3.3. *Anlassen*

Nach dem Abschrecken werden Schmiedestücke aus Werkzeugstahl angelassen, um ihnen die Sprödigkeit der Vollhärte zu nehmen. Härte und Festigkeit werden durch Anlassen verringert, die Zähigkeit aber erhöht. Die Vollhärte wird zur Arbeitshärte. Um den Anlaßvorgang beobachten zu können, wird die abgeschreckte Stelle mit einem Sandstein blank gerieben, damit die Anlaßfarben sichtbar werden. Blanker Stahl oxydiert beim Erwärmen an der Oberfläche. Die Oxidschicht ist hauchdünn und nimmt mit der Temperatur an Dicke zu. Dadurch wird ihre Farbe bei einer Temperaturzunahme von etwa je 10 K sichtbar geändert. Diese Farben nennt man Anlaßfarben (Tafel 4.3).

Tafel 4.3. Anlaßfarben und Anlaßtemperaturen

Anlaßfarbe	Anlaßtemperatur °C	Anwendung
Weißgelb Hellgelb	210 220	Meßzeuge
Gelb Dunkelgelb	230 240	Meißel für harte Werkstoffe, Spiralbohrer, Dreh- und Hobelmeißel
Gelbbraun Braunrot	250 260	Hand- und Zuschlaghämmer, Gewindeschneidbohrer, Fräser, Reibahlen, Metallsägeblätter
Purpurrot Violett	270 280	Körner, Durchschläge, Lochhämmer, Kaltschrothämmer, Abschrote, Schraubenzieher, Steinbohrer
Dunkelblau Kornblumenblau	290 300	Meißel für weiche Werkstoffe, Warmschrothämmer, Kehl-, Setz-, Schlichthämmer, Federn
Hellblau	310	Hilfsgesenke und Gesenkhämmer, Kopfmacher und Nietenzieher, Beile und Äxte, Sensen
Graublau	320	
Graugrün	330	

Der Verwendungszweck eines Werkzeugs bestimmt seine Anlaßtemperaturen. Auf Schlag und Stoß beanspruchte Schmiedewerkzeuge müssen zäh sein, deshalb werden sie bis zu hohen Temperaturen, Prüfzeuge hingegen nur niedrig angelassen. Prüfzeuge müssen verschleißfest sein, damit sie ihre Meßgenauigkeit behalten.

Die Anlaßfarben und Anlaßtemperaturen nach Tafel 4.3 gelten nur für Kohlenstoffstähle und für niedriglegierte Stähle. Hochlegierte Stähle zeigen erst bei höheren Temperaturen Anlaßfarben. Sie sind nach den Härtevorschriften der Herstellerbetriebe zu erwärmen, abzuschrecken und anzulassen.

Anlassen macht vollharte Werkzeuge weicher und zäher. Die Anlaßfarben lassen erkennen, welche Anlaßtemperaturen im Härtestück vorhanden sind. Wird große Zähigkeit gefordert, ist hoch anzulassen.

Das Härtegut kann von innen und von außen angelassen werden. Beim Anlassen von innen wird die innere Restwärme des Härteguts genutzt. Der Schmied läßt die Schneiden der Meißel, die Dorne und die Bahnen der Hilfshämmer von innen an, d. h., die Wärme wird von dem nicht gehärteten Teil zum abgeschreckten kalten Teil geleitet. Wärme fließt von einem Körper höherer zu einem Körper niederer Temperatur, bis beide Körper, beim Härtestück beide Teile, gleiche Temperatur angenommen haben. Diese Wärmeleitung erfolgt mehr im Kern des Werkstoffs als in den Randzonen. In den Randzonen wird die Wärme des Werkstücks von der kalten Luft abgeleitet. Deshalb ist der Kern meistens weicher und zäher als die Randzonen. Das wirkt sich günstig auf ein Werkzeug aus, denn es wird dadurch im Ganzen widerstandsfähiger.

Werkzeuge (Meißel), die von innen angelassen sind, brechen manchmal hinter der Schneide (etwa 20···30 mm) ab und zeigen an der Bruchstelle ein glashartes Gefüge, obwohl sie vorschriftsmäßig angelassen waren. In solchen Fällen war der Schaft zu hoch erwärmt worden, so daß nach dem Anlassen die Temperatur noch oberhalb der Umwandlungslinie lag (s. Bild 4.2). Dadurch wurde der Schaft beim Abkühlen neu gehärtet und blieb glashart.

Beim Anlassen von innen werden teilweise abgeschreckte Werkstücke mit der im anderen Werkstückteil verbleibenden Restwärme erwärmt. Es wird bei allen Schmiedewerkzeugen angewendet. Die Werkzeuge haben neben der gewünschten Härte einen zähen, widerstandsfähigen Kern.

Beim Anlassen von außen wird das Härtegut vollkommen abgeschreckt und dann von außen wieder neu erwärmt. Der Schmied läßt Schnittplatten, Drehpfannen, Blattfedern, Spanneisen usw. von außen an. Er legt das Härtegut dazu meistens auf eine

Tafel 4.4. Härtefehler

Fehler	Ursachen der Härtefehler beim Erwärmen	Abschrecken	Anlassen
Stahl ist zu weich	Stahl zu niedrig erwärmt oder zu lange erwärmt und entkohlt	Abschreckmittel zu mild, Abschreckzeit zu kurz	zu hoch angelassen
Stahl hat weiche Oberfläche	zu lange erwärmt; Oberfläche ist entkohlt		Oberfläche von außen zu hoch erwärmt (Schweißbrenner)
Stahl hat weiche Flecken	Schwefelaufnahme im Schmiedefeuer	nicht genügend bewegt; Dampfmantel hat sich gebildet	
Stahl ist zu hart		Abschreckmittel zu schroff	zu wenig angelassen
Stahl hat Härterisse	zu hoch erwärmt, verbrannt	Abschreckmittel zu schroff	
Stahl hat sich verzogen	ungleichmäßig erwärmt, vor dem Härten nicht ausgeglüht (Spannungen)	falsches Eintauchen beim Abschrecken	

rotglühende Stahlplatte. Die Wärme strömt langsam von einer Seite her in das aufgelegte Härtestück ein.

Soll das Härtestück allseitig angelassen werden, wird es auf der Stahlplatte gewendet, so daß die Anlaßwärme auch von der anderen Seite her einströmt.

Beim Anlassen von außen werden vollständig abgeschreckte Härtestücke neu auf Anlaßtemperatur erwärmt. Das Verfahren wird bei allen Stücken angewandt, die insgesamt und nicht nur teilweise hart sein müssen.

Tafel 4.5. Arbeitsstufen beim Härten eines Hammers

Werkstoff: C 70 W 2 (0,7 % C)

Bild	Arbeitsstufe	Beschreibung	Arbeitsmittel
	Hammer ausglühen	Geschmiedeten Hammer auf 850 °C erwärmen und in Asche langsam erkalten lassen (Normalglühen)	Schmiedefeuer mit Feuergeräten, Zange
	Hammer zum Härten erwärmen	Ausgeglühten Hammer gleichmäßig im Feuer auf 800 °C erwärmen	
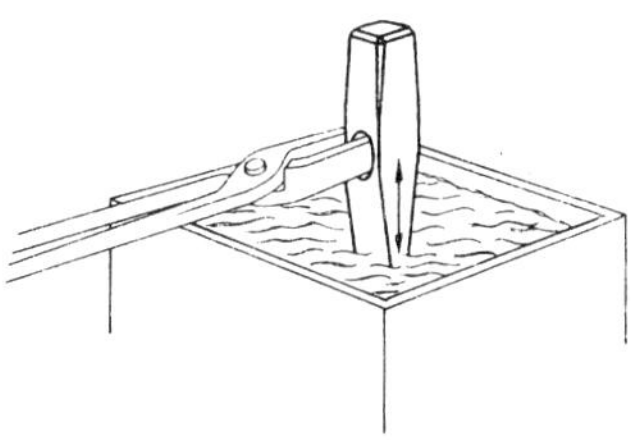	Hammer abschrecken	Zuerst Hammerfinne 20 mm tief in Wasser tauchen und leicht auf und ab sowie seitlich bewegen (schroffen Übergang und Dampfmantel vermeiden) Hammerbahn ebenso abschrecken (Mittelstück muß genügend warm bleiben)	Wasserbad, Zange
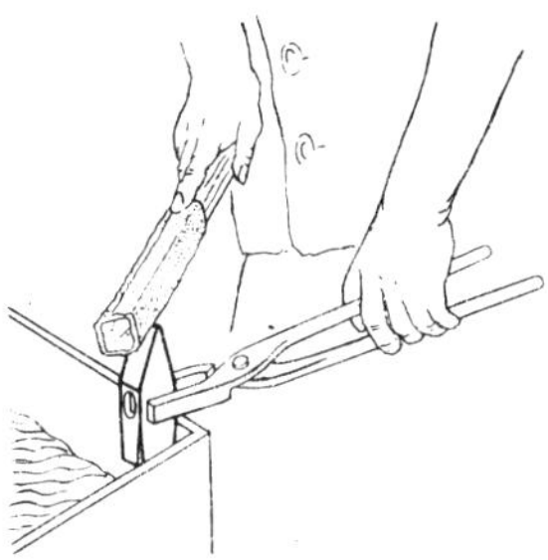	Hammer anlassen	Abgeschreckte Finne blankreiben Abgeschreckte Bahn blankreiben Anlaßfarben an Bahn und Finne gleichzeitig beobachten. Gelbbraun (250 °C) anlassen	Wasserbad, Zange, Sandstein
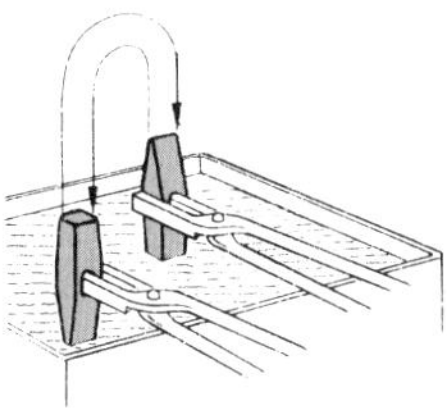	Hammer abkühlen	Ist gelbbraune Anlaßfarbe angelaufen, Hammer abkühlen. Meistens laufen beide Hammerseiten nicht gleichzeitig braungelb an. Die Seite, die die gewünschte Anlaßfarbe zuerst zeigt, ist zuerst abzukühlen. Wenn die andere Seite die gleiche Farbe zeigt, Hammer ganz abkühlen Mittelstück muß langsam erkalten, deshalb Hammerseiten abwechselnd so lange abkühlen, bis Mittelstück unter Umwandlungstemperatur erkaltet ist	Wasserbad, Zange

Tafel 4.5. (Fortsetzung)

Bild	Arbeitsstufe	Beschreibung	Arbeitsmittel
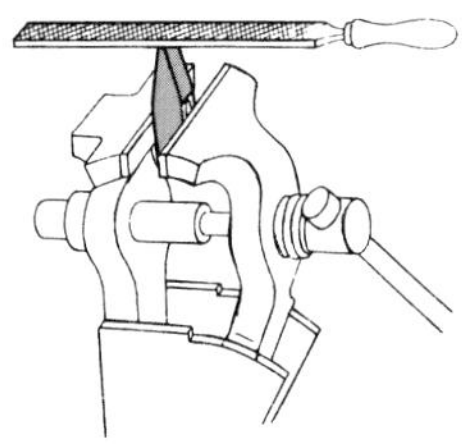	Prüfen der Härte	Bahn und Finne mit Schlichtfeile unter leichtem Andruck anfeilen. Greift Feile nicht an, ist Hammer hart, greift Feile an, ist Hammer weich. Hammer muß neu gehärtet werden	Schraubstock, Schlichtfeile

Aufgaben

1. Erklären Sie die inneren Vorgänge im Stahl beim Erwärmen, Abschrecken und Anlassen!
2. Warum sollen Härtestücke vor dem Härten ausgeglüht werden?
3. Warum müssen die Härtestücke beim Abschrecken im Abschreckbad bewegt werden?
4. Wie muß der Schmied Härtestücke in das Abschreckbad eintauchen?
5. Nennen Sie Abschreckmittel, die in der Schmiede verwendet werden, und erläutern Sie deren unterschiedliche Wirkung!
6. Warum werden Härtestücke nach dem Härten angelassen?
7. Wie entstehen Anlaßfarben, und welche Bedeutung haben sie?
8. Beschreiben Sie das Anlassen von innen!
9. Nennen Sie Härtestücke, die von außen angelassen werden, und beschreiben Sie die Arbeitstechnik beim Anlassen!
10. Nennen Sie Härtefehler, und erläutern Sie deren Ursachen!

4.2. Werkstoffprüfung in der Schmiede

4.2.1. Aufgaben der Werkstoffprüfung

Facharbeiter und Konstrukteure müssen wissen, wie sich ein Werkstoff bei der Bearbeitung mit Werkzeugen und wie sich der Werkstoff fertiger Teile unter den Betriebsbedingungen des Erzeugnisses verhält.

Um den richtigen Werkstoff wählen zu können, müssen die Eigenschaften der verfügbaren Werkstoffe bekannt sein oder erprobt werden. Daraus ergeben sich die Aufgaben der Werkstoffprüfung:

1. Ermitteln der Eigenschaften des Werkstoffs, wie Festigkeit, Dehnbarkeit und Härte
2. Aufklären der Ursachen werkstoffbedingter Schäden, wie Verformung und Bruch
3. Ermitteln, welcher Werkstoff im praktischen Gebrauch seinen Zweck voll erfüllt und so wirtschaftlich eingesetzt werden kann, daß seine Anschaffungs- und Bearbeitungskosten möglichst gering sind.

4.2.2. Prüfverfahren

In der Werkstoffprüfung werden hauptsächlich fünf Verfahren angewendet:

1. technologische Prüfungen
2. statische Prüfungen

3. dynamische Prüfungen
4. Gefügeprüfungen
5. zerstörungsfreie Prüfungen.

Tafel 4.6. Werkstoffprüfverfahren

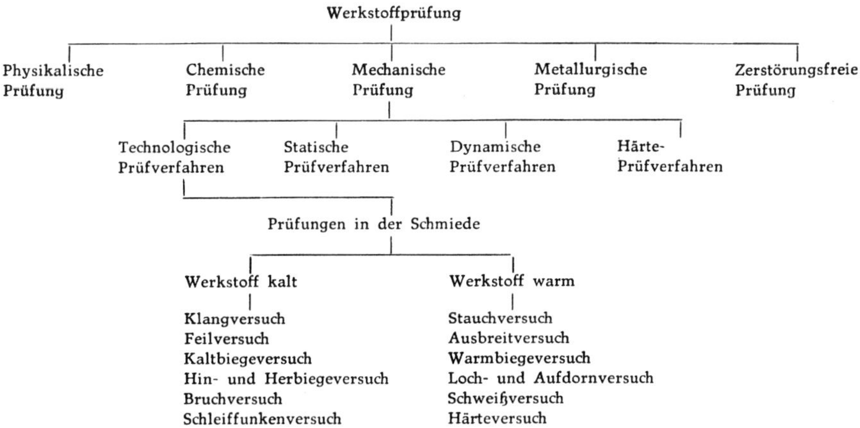

Die unter den Punkten 2 bis 5 genannten Prüfverfahren erfordern Einrichtungen, Maschinen und Geräte, über die nur die Versuchsabteilungen der Großbetriebe verfügen. Für Schmiede sind die technologischen Prüfungen wichtig, weil sie ohne großen Zeitaufwand und ohne teure Maschinen durchgeführt werden können.

In der Schmiede sind folgende technologischen Werkstoffprüfungen üblich:

Werkstoff kalt	*Werkstoff warm*
Klangversuch	Stauchversuch
Feilversuch	Ausbreitversuch
Kaltbiegeversuch	Warmbiegeversuch
Hin- und Herbiegeversuch	Loch- und Aufdornversuch
Bruchversuch	Schweißversuch
Schleiffunkenversuch	Härteversuch

Diese Prüfverfahren ergeben keine zahlenmäßigen Werte. Beurteilt wird das Verhalten der Werkstoffe an Probestücken. Diese werden Bedingungen unterworfen, die den späteren Verarbeitungsbedingungen des Werkstoffs ähnlich sind. In anderen Fällen beruht die Beurteilung auf Vergleich charakteristischer Erscheinungen (Klang, Funken) bekannter Werkstoffe.

> Technologische Prüfungen sind werkstattmäßige Prüfungen. Durch sie wird schnell nach dem Verhalten des Werkstoffs beurteilt, ob er sich für den vorgesehenen Verwendungszweck eignet.

4.2.2.1. *Prüfungen im kalten Zustand*

Klangversuch

Der Klangversuch gibt Aufschluß, ob das Probestück aus Grauguß, Bau- oder Werkzeugstahl besteht und ob Risse im Werkstoff enthalten sind. Ein frei aufgehängtes Probestück wird mit einem leichten Hammer angeschlagen. Es klingt. Oft läßt der Schmied die Probestücke auch auf den Amboß fallen und beurteilt dabei Tonhöhe und Klangdauer.

Grauguß klingt dumpf und kurz, Werkzeugstahl hell, singend und lange Zeit nachhallend. Baustahl liegt in der Tonhöhe und Klangdauer zwischen Werkzeugstahl und

Grauguß. Werkstücke ohne Fehler geben einen reinen, klaren Ton; rissige Werkstücke klingen klirrend wie ein gesprungener Topf.

Der Klangversuch zeigt, aus welchem Eisenmetall das Probestück besteht und ob Risse im Werkstück sind.

Feilversuch

Der Feilversuch läßt erkennen, ob ein Stahl weich oder hart ist. Das Schmiedestück wird unter mäßigem Druck mit der Flachfeile an einer Fläche angefeilt (Kanten dürfen nicht angefeilt werden, weil dadurch ein falsches Urteil entsteht). Greift die Feile bei gleichem Druck gut an, so ist der Werkstoff weich und zähe. Gehärtete Probestücke werden von der Feile nicht angegriffen. Durch Vergleich mit bekannten Probestücken, die vergleichsweise angefeilt werden, läßt sich annähernd der Kohlenstoffgehalt des zu prüfenden Stahls bestimmen, weil die Härte vom Kohlenstoffgehalt abhängt.

Der Feilversuch zeigt, ob ein Stahl hart oder weich ist und wieviel Kohlenstoff er etwa enthält.

Kaltbiegeversuch

Der Kaltbiegeversuch soll zeigen, ob der Werkstoff den vorgesehenen Biegevorgang aushält, ob er stark zurückfedert oder sich gleichbleibend biegen läßt. Ein Flachstahl wird unter stetig wachsendem Druck gebogen, bis sich an der Außenkante Risse zeigen (Bild 4.7). Der Schmied führt den Kaltbiegeversuch meist im Schraubstock aus (Bild 4.8).

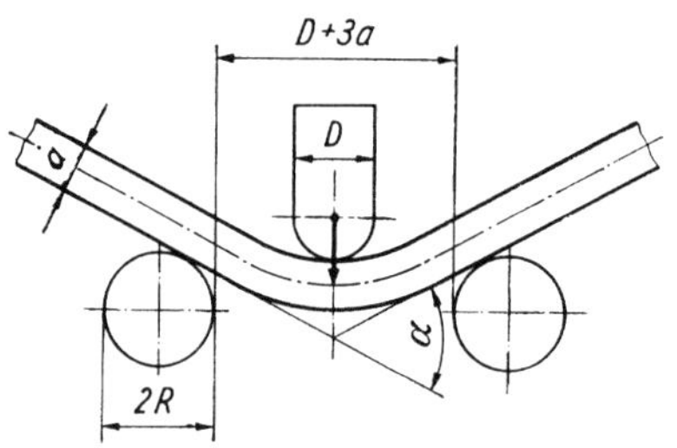

Bild 4.7. Biegeversuch

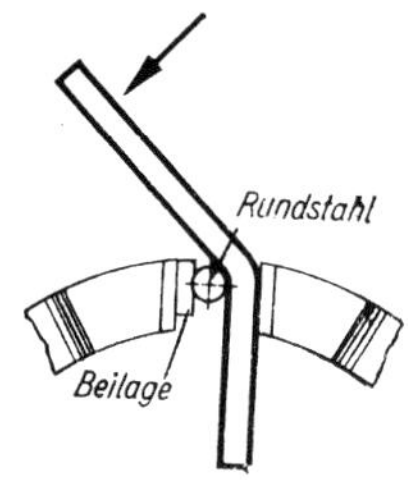

Bild 4.8. Kaltbiegen im Schraubstock

Stahl, der bei einem Biegewinkel, der kleiner ist als in der späteren Verarbeitung vorgesehen, einreißt und bricht, enthält zuviel Phosphor und darf im kalten Zustand nicht gebogen werden.

Wenn das Probestück federt, also elastisch ist, muß diese Versuchserfahrung beim Biegen des Werkstücks berücksichtigt und ein größerer Winkel gebogen werden.

Der Kaltbiegeversuch zeigt, ob ein Stahl wenig oder viel zurückfedert und ob er für die vorgesehene Biegung geeignet ist.

Hin- und Herbiegeversuch

Der Hin- und Herbiegeversuch (Bild 4.9) gibt Aufschluß über die Zähigkeit eines Werkstoffs. Dünne Bleche und Drähte werden mit abgerundeten Beilagen in den Schraubstock gespannt und so oft hin- und hergebogen, bis sie brechen. Die Anzahl der Biegungen ermöglicht Vergleiche der Zähigkeit verschiedener Werkstoffe. Das Verhältnis von Blechdicke oder Drahtdurchmesser zum Biegeradius muß jedoch berücksichtigt werden. Je dicker das Probestück ist, um so größer sind die auftretenden

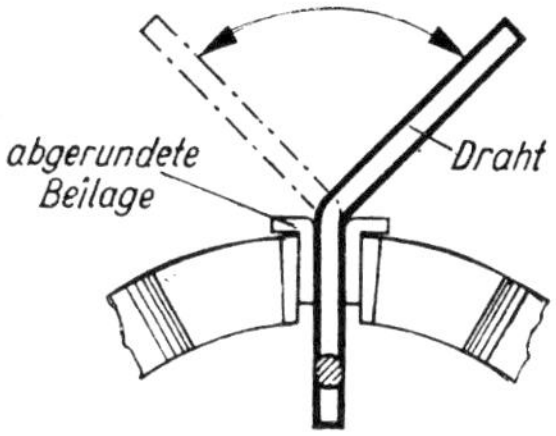

Bild 4.9
Biegeversuch

Zug- und Druckspannungen an der Biegestelle, um so weniger Biegungen hält es aus. Beispielsweise hält ein Draht von 2 mm Durchmesser aus kohlenstoffarmem Stahl bei einer Backenrundung von 5 mm Radius etwa 14 Biegungen aus. Ist die Backenrundung kleiner als 5 mm oder sind die Backen gar scharfkantig, bricht der Draht bei weniger Biegungen. Um verschiedene Werkstoffe vergleichen zu können, ist der Biegeradius dem Drahtdurchmesser angepaßt. Sinngemäß gelten die Biegeradien auch für die den Drahtdurchmessern entsprechenden Blechdicken.

Der Hin- und Herbiegeversuch gibt Auskunft über die Zähigkeit des Werkstoffs.

Bruchversuch

Der Bruchversuch läßt das Gefüge des Werkstoffs erkennen. Beim Bruchversuch kerbt der Schmied den Stahlstab meist etwas ein und bricht ihn dann im Schraubstock. Ist der Bruch grobkörnig, sehnig und mattglänzend, enthält der Stahl wenig Kohlenstoff. Je feinkörniger, glatter und glänzender die Bruchfläche ist, um so mehr Kohlenstoff enthält der Stahl. Grauguß bricht im Gegensatz zum Stahl ohne Einkerbung, da er kaum elastisch ist. Seine Bruchfläche ist sehr grobkörnig und dunkel.

Der Bruchversuch zeigt das Gefüge des Werkstoffs und läßt Rückschlüsse auf den C-Gehalt zu.

Schleiffunkenversuch

Der Schleiffunkenversuch gibt Aufschluß über die Werkstoffart. Das Probestück wird unter leichtem Druck mit einem scharfen Schleifkörper angeschliffen, damit ein Funkenbild entsteht. Im etwas abgedunkelten Raum ist das Funkenbild gut sichtbar.

Der Schmied kann Baustahl, Werkzeugstahl und Schnellarbeitsstahl sicher unterscheiden.

Tafel 4.7. Schleiffunkenversuch

Bild	Werkstoff	Schleiffunken
	Baustahl	strohgelbe, langauslaufende, keulenförmige Funken, am Ende kleine hellgelbe Verästelungen
	Werkzeugstahl	langauslaufende Funkenlinien als Strahlenbündel mit vielen hellgelben Sternchen auf der ganzen Länge
	Schnellarbeitsstahl	dunkelrote, kugelförmige Funken, Funkenlinien mehrfach unterbrochen, braunrot

Am Funkenbild kann man die verschiedenen Stahlarten unterscheiden.

4.2.2.2. *Prüfungen im warmen Zustand*

Stauchversuch

Der Stauchversuch zeigt die Stauchfähigkeit eines Werkstoffs. Der Schmied führt ihn an einem warmen Rundstahl aus, dessen Höhe h_1 doppelt so groß ist wie der Durchmesser ($h_1 = 2\,d$; Bild 4.10). Läßt sich das Probestück auf ein Drittel seiner ursprünglichen Höhe herunterstauchen, ohne einzureißen, dann ist seine Stauchfähigkeit gut. Solcher Stahl kann z. B. für Niete verarbeitet werden.

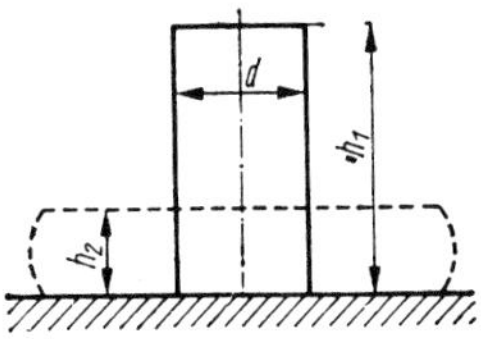

Bild 4.10. *Stauchversuch*

Läßt sich das Probestück nur wenig herunterstauchen und reißt es dabei ein, enthält es zuviel Schwefel und ist rotbrüchig. Die Stauchfähigkeit S wird nach folgender Gleichung errechnet:

$$S = \frac{h_1 - h_2}{h_1} \cdot 100\,\%;$$

S Stauchfähigkeit in Prozenten der Höhe vor dem Stauchen
h_1 Höhe vor dem Stauchen
h_2 Höhe nach dem Stauchen.

▲ Aufgabenbeispiel

Das Probestück hat einen Durchmesser von 15 mm, eine Höhe von 30 mm. Beim Stauchen zeigen sich bei einer Höhe von 10 mm die ersten Risse. Berechnen Sie die Stauchfähigkeit S!

Gesucht:

Stauchfähigkeit S in Prozenten der Höhe vor dem Stauchen.

Gegeben:

$d = 15$ mm
$h_1 = 30$ mm
$h_2 = 10$ mm.

Lösung:

$$S = \frac{h_1 - h_2}{h_1} \cdot 100\,\%;$$

$$S = \frac{30\text{ mm} - 10\text{ mm}}{30\text{ mm}} \cdot 100\,\% \qquad \underline{S \approx 66\,\%.}$$

▌ Der Stauchversuch zeigt die Stauchfähigkeit des Stahls.

Ausbreitversuch

Der Ausbreitversuch zeigt, ob sich ein Werkstoff strecken und breiten läßt. Der Schmied breitet einen Quadratstahl so weit aus, bis sich an den Kanten Risse zeigen. Kantenrisse können früher oder später auftreten. Sie geben den Grad der Schmiedbarkeit an (Bild 4.11). Die Breitung B in Prozent ist

$$B = \frac{b_2 - b_1}{b_1} \cdot 100\,\%;$$

B Breitung in Prozenten der Breite vor dem Ausbreiten
b_1 Breite vor dem Ausbreiten
b_2 Breite nach dem Ausbreiten.

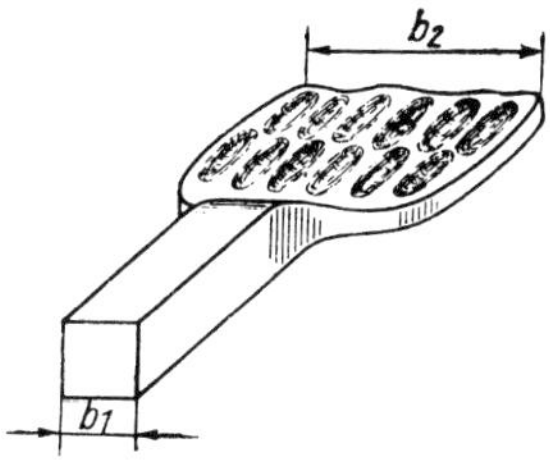

Bild 4.11
Ausbreitversuch
Stauchversuch

▲ Aufgabenbeispiel

Es wird ein Ausbreitversuch an einem Quadratstahl 30 mm × 30 mm durchgeführt. Die ersten Kantenrisse zeigen sich bei einer Breite b_2 von 90 mm.

Gesucht:

Breitung in Prozenten der Breite vor dem Ausbreiten.

Gegeben:

$b_1 = 30$ mm
$b_2 = 90$ mm.

Lösung:

$$B = \frac{b_2 - b_1}{b_1} \cdot 100\ \%$$

$$B = \frac{90\ \text{mm} - 30\ \text{mm}}{30\ \text{mm}} \cdot 100\ \% \qquad \underline{B = 200\ \%.}$$

Liegt die Breitung unter 150 %, ist der Stahl schlecht schmiedbar.

▌ Der Ausbreitversuch zeigt, ob der Stahl zum Breiten geeignet ist.

Warmbiegeversuch

Der Warmbiegeversuch soll zeigen, ob sich der Werkstoff warm biegen läßt. Er wird wie der Kaltbiegeversuch durchgeführt. Reißt der Stahl ein oder bricht er, dann enthält er zuviel Schwefel und ist rotbrüchig.

▌ Der Warmbiegeversuch zeigt, ob sich der Stahl in warmem Zustand gut biegen läßt.

Loch- und Aufdornversuch

Der Lochversuch gestattet es, einzuschätzen, ob sich ein Stahl für das Lochen eignet.

Der Aufdornversuch ist eine Erweiterung des Lochversuchs. Er soll zeigen, wie weit ein Werkstoff aufgedornt werden kann, ohne zu reißen. Ein Flachstahl wird in der Mitte mit einem Lochwerkzeug (Kegel 1:5) warm gelocht. Das Loch wird mit einem Dorn (Enddurchmesser $D = 25$ mm) erweitert, bis die Lochwand einreißt. Die Breite

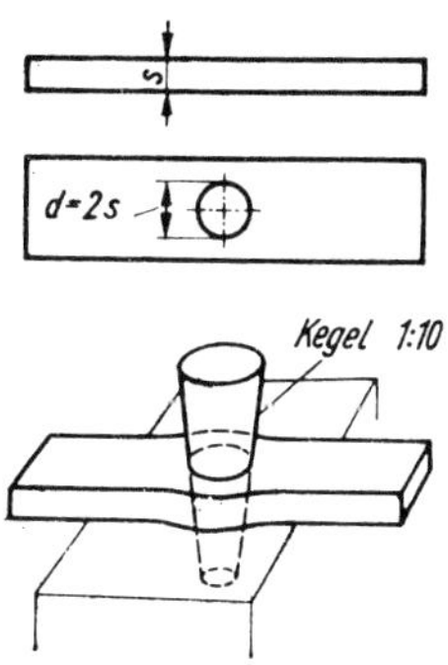

Bild 4.12
Aufdornversuch

des Flachstahls muß sich zur Dicke wie 5:1 verhalten (z. B. Flachstahl 50 mm × 10 mm). Der Durchmesser des Lochhammers soll doppelt so groß sein wie die Dicke des Flachstahls (Bild 4.12). Der keglige Dorn muß ein Kegelverhältnis von 1:10 haben.

Das Gütemaß ist die Aufweitung in Prozenten des Vorlochdurchmessers. Die Aufdornfähigkeit kann man berechnen:

$$A = \frac{d_2 - d_1}{d_1} \cdot 100\,\%;$$

A Aufdornfähigkeit in Prozenten des Vorlochdurchmessers
d_1 Lochdurchmesser vor dem Aufdornen
d_2 aufgedornter Lochdurchmesser.

Ein guter Schmiedewerkstoff muß eine Aufweitung des Vorlochdurchmessers um 100 % ermöglichen.

▲ Aufgabenbeispiel

In einem Flachstahl 25 mm × 5 mm soll ein Loch von 8 mm Durchmesser erweitert werden. Bei 18 mm Durchmesser zeigen sich die ersten Risse. Berechnen Sie die Aufdornfähigkeit!

Gesucht:

Aufdornfähigkeit in Prozenten des Volumendurchmessers.

Gegeben:

$d_1 = 8$ mm
$d_2 = 18$ mm.

Lösung:

$$A = \frac{d_2 - d_1}{d_1} \cdot 100\,\%$$

$$A = \frac{18\text{ mm} - 8\text{ mm}}{8\text{ mm}} \cdot 100\,\% \qquad \underline{A = 125\,\%}.$$

Die Aufdornfähigkeit liegt über 100 %, der Stahl ist zum Aufdornen geeignet.

Loch- und Aufdornversuch zeigen, ob ein Werkstoff zum Lochen und Erweitern der Löcher gut geeignet ist.

Schweißversuch

Die Prüfung auf Schweißbarkeit soll zeigen, ob Werkstoffe für die Schweißverfahren, z. B. die Feuer-, Gas-, Widerstands- oder Lichtbogenschweißung, den gestellten Anforderungen entsprechen. Der Schmied führt hauptsächlich den Feuerschweißversuch durch. Überlappt zusammengeschweißte Probestäbe werden in den Schraubstock gespannt und an der Schweißstelle rechtwinklig gebogen. Reißt die Schweißung an den Schweißflächen, enthält der Stahl zuviel Kohlenstoff. Bricht der Stahl an der Schweißstelle, enthält er zuviel Schwefel, oder er ist verbrannt. Die Schweißstelle kann warm und kalt gebogen werden.

Probestücke, die nach anderen Verfahren geschweißt sind, werden ähnlich geprüft. Beim Biegen der Schweißstelle muß die Wurzelseite der Schweißnaht auf der Innenseite der Biegestelle liegen.

Mit dem Schweißversuch wird die Schweißbarkeit des Werkstoffs ermittelt.

Härteversuch

Der Härteversuch zeigt, ob ein Stahl härtbar ist. Er läßt Rückschlüsse auf den Kohlenstoffgehalt zu. Zum Härteversuch wird der Stahl erwärmt, in Wasser abgeschreckt und angefeilt. In Zweifelsfällen wird eine keilförmige Schneide an den Stahl angeschmiedet, gehärtet und geschliffen. Der Schmied bearbeitet mit dieser Schneide ein Stück Baustahl. Dringt die Schneide in den Baustahl ein, ist sie hart. Also hat dieser

Stahl einen Gehalt von über 0,5 % Kohlenstoff. Beim Scharfschleifen der Schneide kann gleichzeitig das Funkenbild betrachtet und der Stahl beurteilt werden.

Der Schmied kann die Härte auch prüfen, indem er eine Spitze an den Stahl schmiedet, diese abschreckt und über der Amboßkante biegt. Biegt sich die Spitze, ist der Stahl weich und kohlenstoffarm; bricht sie ab, ist der Stahl kohlenstoffreich, hart und spröde. Außerdem kann die Bruchfläche betrachtet und beurteilt werden.

Der Härteversuch zeigt

1. die Härtbarkeit des Stahls
2. den etwaigen C-Gehalt
3. das Funkenbild
4. die Biegbarkeit
5. die Bruchfläche mit dem Gefüge.

Aufgaben

1. Warum führt der Schmied Werkstoffprüfungen durch?
2. Nennen Sie Prüfverfahren, die sich in der Schmiede durchführen lassen!
3. Was kann man durch den Klangversuch feststellen?
4. Beschreiben Sie den Feilversuch!
5. Was zeigt der Bruchversuch?
6. Vergleichen Sie die Funkenbilder verschiedener Schleiffunkenversuche miteinander!
7. Warum sind Stauch-, Ausbreit-, Loch-, Aufdorn- und Schweißversuch für den Schmied besonders wichtig?
8. Beschreiben Sie die verschiedenen Ausführungen des Härteversuchs!
9. Zwei Rundstähle ∅ 20 mm und 50 mm lang werden heruntergestaucht. Der eine Rundstahl zeigt bei 15 mm, der andere bei 22 mm Länge die ersten Risse. Berechnen Sie die Stauchfähigkeit in Prozent!
10. An einem Quadratstahl 15 mm × 15 mm wird der Ausbreitversuch durchgeführt. Bei einer Breite von 30 mm zeigen sich die ersten Kantenrisse. Berechnen Sie die Breitung in Prozent!
11. An einem Flachstahl 40 mm × 8 mm wird der Loch- und Aufdornversuch durchgeführt. Das Stück wird gelocht, Lochdurchmesser 16 mm. Beim Aufdornen zeigen sich bei 26 mm Lochdurchmesser die ersten Risse in der Lochwandung. Berechnen Sie die Aufdornfähigkeit!

Sachwörterverzeichnis